これだけは知っておきたい

橋梁メンテナンスのための
構造工学入門（実践編）

編著（公社）土木学会 構造工学委員会

はじめに

近年，高度経済成長期に集中整備された橋をはじめとする社会インフラの老朽化が顕在化しています．諸外国では老朽化に伴う落橋事故が相次ぎ，我が国では2012年12月に笹子トンネル天井板落下事故が発生しました．こうした状況を踏まえ，国土交通省では2013年を「メンテナンス元年」と称し，建設から維持管理へと大きく舵を切りました．具体的には，橋梁やトンネルといった道路構造物の長寿命化修繕計画の策定を要請するとともに，2014年に制定された道路橋定期点検要領の中で，全ての道路橋に対し，５年に１回の頻度で近接目視点検を義務化しました．その結果，メンテナンスに関わる人材不足が露呈し，点検結果の精度や長寿命化修繕計画の信ぴょう性などの問題が浮き彫りとなりました．

このような状況下で，少しでもメンテナンスの本質やその中での構造工学の重要性を知ってもらいたいと考え，2019年５月に「これだけは知っておきたい　橋梁メンテナンスのための構造工学入門」を発刊しました．本書は予想以上の反響を呼び，講習会も各地で満員となったため，毎年のように増刷を重ねています．このように，橋梁メンテナンスのための構造工学を学ぼうとする技術者が増えることは歓迎すべきことですが，次に必要なことは個々の技術者のさらなるレベルアップです．というのも橋梁メンテナンスはいわば橋の医療であり，一朝一夕の浅学では，すぐに立ち行かなくなることが明白なためです．そこで，橋梁技術者のさらなる技術力の向上を願い，この度，「橋梁メンテナンスのための構造工学入門【実践編】」が発刊される運びとなりました．

建設産業において，「メンテナンス」の次は，「生産性向上」，そして今はDXが声高に叫ばれています．実際，ドローンをはじめとするロボットやAI，IoTなどを駆使してメンテナンスの高度化や生産性向上が急速に進められています．AIの特筆すべき能力として，記憶力，処理の正確さ＆スピード，疲れ知らずといったことが挙げられます．そのため，ルーチンワーク，マニュアル的な定型業務を得意とし，写真判定による既設構造物の健全性評価などはうってつけと思われます．従って，単なる点検技術者では，近い将来AIに取って代わられることが容易に想像されます．一方，AIの苦手なこととして，今まで存在しない新しい価値を生み出す創造性や，相手の気持ちを理解する対人能力にあると言われています．医師や弁護士，教員が，患者や社会的弱者，学生のことを真摯に考え，寄り添う限り，ロボットやAIに置き換わることがないように，メンテナンス技術者が，構造物，そしてその地域や住民に寄り添う限り，容易に淘汰されることはありません．本シリーズの対象である実践的技術者は，AIに淘汰されず，むしろAIを適切に使いこなし，最後の判断はAIではなく自らの責任とプライドを持って行う者であることを願っています．

最後に，本書の編集に携わった本間淳史委員長，津野和宏副委員長，石井博典幹事長をはじめ，執筆者や協力いただいた関係者の皆様に厚くお礼申し上げます．

構造工学委員会
委員長　岩城一郎

序

近年，橋梁をはじめとする構造物のメンテナンスの重要性が認識されたことに伴い，維持管理に携わる若手技術者や自治体技術者向けに数多くの指針や手順書などが制作されてきました．そのような状況の中で土木学会構造工学委員会では，単に点検や診断のポイントだけでなく，構造工学の視点に基づく教本作りを目指して，「これだけは知っておきたい　橋梁メンテナンスのための構造工学入門」（入門編）を2019年5月に上梓しました．実際の橋梁構造物と学校で習う構造力学を結びつけることを念頭において制作された本書は，想像以上の反響を呼び，増刷を重ねるとともに，講習会も毎回盛況となりました．

この結果を踏まえて，維持管理の現場において構造工学を学ぶことへの需要と期待の大きさを再認識し，構造工学委員会は，この続編として，より実務に踏み込んだワンランク上の教本「実践編」を制作することを企画しました．

「入門編」では，橋の構造とその挙動等について，構造工学的な視点から基本事項を解説しました．今回の「実践編」では，まず第Ⅰ編で橋に力学的影響を与える作用について丁寧に解説しました．第Ⅱ編では，各種の構造物の代表的な損傷について解説し，それに対応する標準的な補修・補強方法について，計算例を示しながら解説しています．第Ⅲ編では，橋梁メンテナンスの実務を行ううえで欠かせない，解析技術や点検・診断技術について説明しています．

本書の制作にあたっては，構造工学委員会の中に委員会を組織して，入門編と同様にそれぞれの分野で実務に精通している技術者・研究者によって執筆を行いました．本書は，まずは橋梁専門誌である『橋梁と基礎』において，「橋梁メンテナンスのための構造工学【実践編】」と題して，2021年4月から2022年7月まで全15回の連載を行い，その後，それらの原稿に加筆修正したのち，編集して取りまとめたものです．

コロナ禍にあって活動が制約を受けながらも，積極的に制作の中心を担っていただいた津野和宏副委員長，石井博典幹事長に感謝いたします．また，「入門編」に引き続いてカバー写真撮影を引き受けていただいた写真家の山崎エリナ様，および解説図のイラスト作成をしていただいた草間紳様にお礼申しあげます．忙しい中，執筆を担当いただいた委員（著者）のみなさまにお礼申しあげます．

世の中に橋梁メンテナンスに関する出版物が数多あれど，構造工学の観点からここまで丁寧に解説した図書はこれまでなかったと自負しています．入門編をすでに購読され業務に役立てられている方，実務において構造力学的な診断をされたい方，あるいはこれから橋梁メンテナンスの実務を担当される方など，すべての技術者にとって有益な図書であると確信しています．本書の性格上，多少専門的な内容が含まれていますが，可能な限りわかりやすく仕上げていますので，頑張ってお読みいただけることを願っています．

メンテナンス技術者のための教本作成小委員会
委員長　本間　淳史

土木学会　構造工学委員会
メンテナンス技術者のための教本開発研究小委員会
委員構成

委 員 長　本間　淳史（東日本高速道路(株)）
副委員長　津野　和宏（国士舘大学）
幹 事 長　石井　博典（(株)横河ブリッジホールディングス）

委　員（50音順）

秋山　充良（早稲田大学）
麻生　稔彦（山口大学）
安東　祐樹（ショーボンド建設(株)）
石原　大作（パシフィックコンサルタンツ(株)）
岩城　一郎（日本大学）
岩崎　英治（長岡技術科学大学）
勝地　弘（横浜国立大学）
北野　勇一（川田建設(株)）
北原　武嗣（関東学院大学）
金　哲佑（京都大学）
小西　拓洋（(株)アイ・エス・エス）
坂井　康伸（清水建設(株)）
佐藤　尚次（中央大学）
高橋　宏和（日本工営(株)）
武田　篤史（(株)大林組）
田中　泰司（金沢工業大学）
長井　宏平（東京大学）
中村　聖三（長崎大学）
中村　光（名古屋大学）
藤山知加子（横浜国立大学）
増井　隆（首都高速道路(株)）
松村　寿男（瀧上工業(株)）
松村　政秀（熊本大学）
松山　公年（日本工営(株)）
森﨑　啓（パシフィックコンサルタンツ(株)）

執筆者

第1編
第1章　佐藤　尚次（中央大学）
　　　坂井　康伸（清水建設(株)）
第2章　佐藤　尚次（中央大学）
　　　坂井　康伸（清水建設(株)）
第3章　武田　篤史（(株)大林組）
　　　北原　武嗣（関東学院大学）
第4章　石原　大作（パシフィックコンサルタンツ(株)）
　　　勝地　弘（横浜国立大学）

第2編
第1章　石井　博典（(株)横河ブリッジホールディングス）
　　　岩崎　英治（長岡技術科学大学）
第2章　増井　隆（首都高速道路(株)）
　　　中村　聖三（長崎大学）
第3章　安東　祐樹（ショーボンド建設(株)）
　　　津野　和宏（国士舘大学）
第4章　北野　勇一（川田建設(株)）
　　　田中　泰司（金沢工業大学）
第5章　本間　淳史（東日本高速道路(株)）
　　　岩城　一郎（日本大学）
第6章　中澤　治郎（パシフィックコンサルタンツ(株)）
　　　森﨑　啓（パシフィックコンサルタンツ(株)）
　　　角田　明（(株)川金コアテック）
　　　青柳　裕之（(株)川金コアテック）
　　　松村　政秀（熊本大学）
第7章　高橋　宏和（日本工営(株)）
　　　秋山　充良（早稲田大学）

第3編
第1章　松村　寿男（瀧上工業(株)）
　　　藤山知加子（横浜国立大学）
第2章　西村　学（パシフィックコンサルタンツ(株)）
　　　森﨑　啓（パシフィックコンサルタンツ(株)）
　　　中村　光（名古屋大学）
第3章　小西　拓洋（(株)アイ・エス・エス）
　　　金　哲佑（京都大学）
第4章　松山　公年（日本工営(株)）
　　　長井　宏平（東京大学）

目　次　CONTENTS

第Ⅲ編　技　術

第Ⅰ編

作　用

第1章

作用とは

1-1 作用と荷重

構造力学では，集中荷重，分布荷重，モーメント荷重など「荷重」が条件として与えられますから，作用と聞くと，荷重との違いを疑問に思うことでしょう．作用の荷重の違いを説明すると，

(1) 荷重(loads)と作用(actions)の違いを整理して示すと，荷重は力学計算の中で用いられる「力」のモデルといえます．作用は必ずしも「力」に限定した概念ではなく，もっと幅広い概念を包括しています．

(2) 設計計算などで使用するには，荷重は便利な概念ですが，メンテナンスを考えるときには，構造物を劣化させる要因，あるいは劣化した構造物が破壊や損傷などの被害や，様々な不具合を生じるに至るメカニズムについて理解を深める必要があります．作用は，物理現象や化学現象など，力にモデル化される以前の要素を与える場合もあり，より本質的なものといえます．

などが挙げられます．

ISOなどの国際標準では，作用という用語が広く用いられてきており，近年JISの中にも反映されています[1)]．国土交通省が定める示方書類の共通原則である「土木・建築にかかる設計の基本」[2)] や，土木学会の性能設計の標準である「土木構造物共通示方書」[3)] にも作用の概念が取り入れられています．

作用が幅広い概念であるというのは，例えば飛来した塩分が浸透して鉄筋を腐食させるなどの，力として表現するのが困難な現象も「環境作用」として包含するなどのことを意味しています．また，例えば温度の構造物への影響も，力学的な条件に変換して，設計計算の条件として，荷重の枠内で考えていくことはもちろんできます．しかし，考えるべき対象が，「建設時との気温の違い（構造物全体の温度の問題）」なのか「構造物内の温度差（日照面と日陰面など）」なのか，「内容物温度（ボイラーやLNGタンク）」なのか「物体内部から発生する熱（ダム等のコンクリートの水和熱等）」なのか等，現象の性質によって設計やメンテナンス上の扱いを変えていくことを検討すべきならば，作用として，現象そのものに注目するほうが合理的である場合もあります．

1-2 作用の種類

平成29年版の「道路橋示方書・同解説　Ⅰ共通編」[4)] では，「作用の種類」として「死荷重」「活荷重」「衝撃の影響」「プレストレス力」「コンクリートのクリープの影響」「コンクリートの乾燥収縮の影響」「土圧」「水圧」「浮力または揚圧力」「温度変化の影響」「温度差の影響」「雪荷重」「地盤変動の影響」「支点移動の影響」「遠心荷重」「制動荷重」「橋桁に作用する風荷重」「活荷重に対する風荷重」「波圧」「地震の影響」「衝突荷重」「その他」がリストアップされ，それ

ぞれに対して「特性値」という具体的な値が条文の中，あるいは解説で提示されています．特性値とは，「設計計算において作用や材料の性質，部材等の応答の性質を最も適切に代表できるものとした指標の値をいう」とされています．材料強度などではJISなどで規格が定められている場合には，それを用いるのが普通です．一方，作用や荷重の場合，死荷重算定のもととなる構造物や付属物の単位重量などを別にすると，特性値を「規格値」と解釈するのは無理があります．構造物が供用される期間中に遭遇する厳しいほうの条件を「見込み」を立てて定めたものであり，また「ここまでの荷重の作用には耐えられるようにしておきましょう」という「保証値」としての意味もあると考えてよいでしょう．

「道路橋示方書」では，作用と総称しながら，個々の項目は荷重と呼んでいます．前に述べたように，設計計算のためには，構造力学計算の荷重条件が力で表現されなければなりませんので，その便宜のために，もともとの現象を力学モデルに変換したものを示しているのです．先に挙げた荷重のリストの中には，橋梁特有の荷重も多く，他の種類の構造物の設計に，そのままの形で用いることは，必ずしも適切ではありません．「道路橋示方書」に示される作用の概要を**表1-1-1**にまとめましたので，参考にしてください．

以降では，**表1-1-1**に挙げた荷重の中から，死荷重と活荷重を取り上げて，次の**第2章**で具体的な条件の紹介と，その意味，また力学計算における具体的な条件設定の方法などを説明していくことにします．

さらに，**第2章**では，これらの荷重の「作用としての側面」に焦点を当てて，追加的な説明を行います．詳しいことは後述しますが，「そもそも特性値って何なのか」という問いかけも，重要な意味をもっていると考えていただきたいです．死荷重やプレストレスのように，「最初に設定した値のものがほぼ実際そのとおり載荷され，値がほとんど変化しない」性質のもの（永続作用）もありますが，ほとんどの作用，荷重はそうではありません．走行車両，気温，風などは時々刻々変化しますし，供用期間全体の中で見れば極めて大きい値の出現をみることもあります（変動作用）．こういうものに「ある特定の値」を指定して，構造計算し，安全性を照査して供用する意味は何でしょう．上に「見込み」と書きましたが，その意味も考えてみましょう．

新規に構造物を建設する際には，一定の水準の施工が行われることを前提にしつつ，設計における条件を標準化して，完成する構造物の品質や性能を保証することが理に適っています．でも，供用開始後の構造物が遭遇する環境や用いられ方，作用の変動などは，構造物により異なります．メンテナンスを考えるならば，「初期にどういう設計荷重で構造物が形づくられたか」とともに，「現実にどういう作用のはたらきがあったか」も重要です．その意味で，「設計荷重ルール」と並行して「作用としての現象把握を広く行う」ことも有益なことといえます．

文献3）の「2016年制定土木構造物共通示方書　性能・作用編」では，作用として「固定作用」「地盤作用（土圧・強制変位など）」「構造的作用（プレストレス力など）」「走行作用（活荷重）」「風作用」「地震作用」「温度作用」「雪作用」「降雨作用」「水圧作用（静水圧・流水圧・浮力）」「波浪作用」「火災作用」「衝撃作用」「環境作用」「その他の作用」を挙げています．

「道路橋示方書」と似ていますが，降雨，火災，環境など，通常の構造計算では考慮に入れないものも含まれています．これらは，計算条件となることにとらわれず，「構造物に悪影響を及ぼす可能性のある現象」としてピックアップされています．併せて参考にしていただければと思います．

表1-1-1 道路橋示方書[4]に記載されている作用

作用の種類	説明	特性値の定め方等
1）死荷重	構造物自身の重さにより生じる力で，材料の単位体積重量に体積を乗じて算出する．	死荷重は，材料の単位体積重量を適切に評価して定めなければならない．
2）活荷重	構造物上を移動する自動車や列車，歩行者等の重さにより生じる力で，橋の上に自動車が連行して走行する状態や，歩道に群衆が集まる状態を想定して定められている．	道路橋では，活荷重は自動車荷重（T荷重，L荷重），群衆荷重及び軌道の車両荷重とし，A活荷重及びB活荷重に区分しなければならない．
3）衝撃の影響	活荷重の載荷に際して考慮する動的な影響．車両が伸縮装置を乗り越える際の衝撃や，車両の振動による車両荷重の増幅の影響を考慮するために定められている．	活荷重の載荷に際しては，別途定められた規定による場合を除き，動的な影響による応答の増幅分を衝撃の影響として考慮しなければならない．
4）プレストレス力	コンクリート構造物に導入するプレストレスによって生じる力．	コンクリートの弾性変形，PC鋼材とシースの摩擦，定着部におけるセットの影響，クリープ，乾燥収縮，リラクセーションなどを考慮する．
5）コンクリートのクリープの影響	変形が拘束される不静定構造物において，コンクリートのクリープの影響によって生じる不静定力等．例えば鋼桁上のRC床版がクリープ変形しようとする際に，鋼桁の拘束によりRC床版，鋼桁の双方に力が作用する状態を考慮する．	コンクリートのクリープによる影響は，クリープひずみとして考慮するものとする．
6）コンクリートの乾燥収縮の影響	変形が拘束される不静定構造物において，コンクリートの乾燥収縮の影響によって生じる不静定力等．例えば鋼桁上のRC床版が乾燥収縮する際，鋼桁の拘束により自由に収縮できないため，RC床版，鋼桁の双方に力が作用する状態を考慮する．	コンクリートの乾燥収縮による影響は，乾燥収縮によるひずみ（コンクリートの乾燥収縮度，構造系に変化がない場合は15～20×10^{-5}）として考慮するものとする．
7）土圧	地盤と接する構造物に作用する土の圧力．	土圧は，構造物の種類，土質条件，構造物の変位や土に生じるひずみの大きさ，土の力学特性の推定における不確実性等を適切に考慮して設定しなければならない．
8）水圧	水と接する構造物に作用する水の圧力．	水圧は，水位の変動，流速，洗堀の影響及び橋脚の形状・寸法を適切に考慮して設定しなければならない．
9）浮力または揚圧力	浮力は構造物の底面に作用する上向きの静水圧によって生じる力，揚圧力は一時的な構造物位置の水位の上昇により生じる上向きの力．	浮力又は揚圧力は，間げき水や水位変動を考慮して適切に定めなければならない．
10）温度変化の影響	構造物の温度変化によって生じる伸縮，そりなどの変形，温度変化による変形が拘束されることによって生じる力等．	コンクリート橋の場合は－15～35℃（地域による），鋼橋の場合は－10～50℃（地域および構造形式による）を考慮する．
11）温度差の影響	部材間または部材各部における相対的な温度差によって生じる力等．例えば，橋においては床版と桁の温度差を見込んで，その影響を考慮する．	鋼構造の部材間の相対的な温度差は15℃，コンクリート床版と鋼桁の温度差は10℃，コンクリート構造の床版とその他部材との温度差は5℃とし，温度分布はそれぞれ一様とする．
12）雪荷重	雪と接する構造物に作用する雪の圧力．	雪荷重を考慮する必要のある地域においては，雪荷重の設定にあたって，架橋地点の積雪状態や設計の前提となる除雪等の維持管理の条件を適切に考慮しなければならない．
13）地盤変動の影響	基礎周辺地盤の圧密沈下，背面盛土による軟弱地盤の側方移動，河川の流れ，波浪による洗堀，川床低下などの影響．	下部構造完成後，地盤の圧密沈下等による地盤変動が予想されるところではこの影響を適切に考慮しなければならない．
14）支点移動の影響	支点移動による部材応力度の増加等．	不静定構造物において，地盤の圧密沈下等のために長期にわたり生じる支点の移動及び回転の影響が想定される場合には，この影響を適切に考慮しなければならない．
15）遠心荷重	曲線軌道がある場合等で発生する車両の遠心力によって生じる力．	遠心荷重は，自動車及び軌道車両の通行，橋の構造形式を適切に考慮して設定しなければならない．
16）制動荷重	車両の制動によって生じる力．	制動荷重は，自動車及び軌道車両の通行，橋の構造形式を適切に考慮して設定しなければならない．
17）風荷重	第4章 風作用（風荷重）参照．	風の影響は，架橋地点の位置，地形及び地表条件や橋の構造特性，断面形状を適切に考慮して設定しなければならない．
18）波圧	砕波（沖合いから浅海域への波の進入によって波高が変化し前方へとくずれる現象）による波の圧力等．	波圧は，構造物が接地される水深及び波の条件を適切に考慮して設定しなければならない．
19）地震の影響	第3章 地震作用参照．	地震の影響は，変動作用として定義する，橋の供用期間中にしばしば発生する地震動による影響と，偶発的作用として定義する，橋の供用期間中に発生することは極めて稀であるが一旦生じると橋に及ぼす影響が甚大であると考えられる地震動による影響を適切に設定しなければならない．
20）衝突荷重	自動車，流木，船舶等の衝突によって生じる力．	橋に自動車，流木又は船舶等が衝突するおそれのある場合には，これらの衝突の影響を適切に設定しなければならない．

〔参 考 文 献〕
1）JIS A 3305：2020 建築・土木構造物の信頼性に関する設計の一般原則（2020）
2）国土交通省：土木・建築にかかる設計の基本（2002）
https://www.mlit.go.jp/kisha/kisha02/13/131021/131021.pdf（2021年4月時点）
3）土木学会：2016年制定土木構造物共通示方書 性能・作用編，土木学会（2016.9）
4）日本道路協会：道路橋示方書・同解説 Ⅰ共通編（2017.11）

第２章

死荷重と活荷重

2-1　道路橋示方書の死荷重と活荷重の規定

死荷重について，「道路橋示方書」の条文には「(1) 死荷重は，単位体積重量を適切に評価して定めなければならない.」とあり，その解説で，「橋の設計において死荷重の影響は大きく，死荷重がばらつく要因には，各種材料の単位体積重量のばらつきや部材の寸法のばらつきがある．そのため，設計にあたっては材料の単位体積重量の特性値をそのばらつきに関する統計的データに基づいて信頼性を明らかにしたうえで適切に反映しなければならない」としています.

条文のつづきに「(2) **表1-2-1**に示す単位体積重量を用いて死荷重を算出した場合は (1) を満足するとみなしてよい.」とあるため，実際の設計では材料の単位体積重量の評価を省略して，**表1-2-1**の単位体積重量を用いて死荷重を算出することができます．また，材料の単位体積重量を (2) によらず定める場合についても，条文の (4) から (6) で統計データに基づいて単位体積重量の特性値を定める方法が具体的に示されています.

活荷重は，「道路橋示方書」では「(1) 活荷重は，自動車荷重（T荷重，L荷重)，群集荷重及び軌道の車両荷重とし，大型の自動車の交通の状況に応じてA活荷重及びB活荷重に区分しなければならない.」としています.

道路橋を設計するうえで，特に重要な活荷重は，自動車荷重（T荷重，L荷重）ですので，ここでは主にT荷重とL荷重について説明したいと思います.

自動車荷重（T荷重，L荷重）は，道路構造令第35条の規定を受け，設計自動車荷重を245 kNとし，これに交通量と大型の自動車の交通状況を勘案して，荷重強度および自動車荷重の載荷方法を設定した荷重値を定めたもので，標準的な設計では，床版および床組みを設計する場合は車道部分にT荷重を，主桁を設計する場合は車道部分にL荷重を載荷します.

T荷重は**図1-2-1**に示すような集中荷重で，橋軸方向に1組，橋軸直角方向には組数に制限がないものとして，設計部材に最も不利な応力が生じるように載荷します．T荷重のイメージは**図1-2-2**に示すものであり，総重量245 kNの大型の自動車1台の走行による影響を簡便に

表1-2-1　材料の単位体積重量（単位：kN/m^3）[1)]

材 料	単位体積重量
鋼・鋳鋼・鍛鋼	77.0
鋳鉄	71.0
アルミニウム	24.5
プレストレスを導入するコンクリート（設計基準強度60 N/mm^2以下)	24.5
プレストレスを導入するコンクリート（設計基準強度60～80 N/mm^2)	25.5
コンクリート	24.5
セメントモルタル	21.0
木材	8.0
瀝青材（防水用)	11.0
アスファルト舗装	22.5

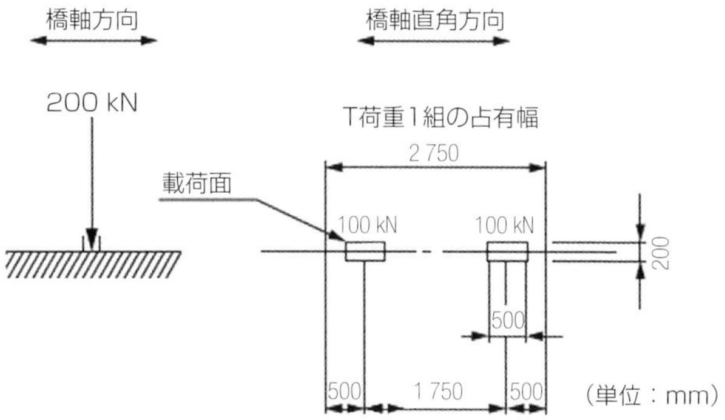

図1-2-1　T　荷　重[1)]

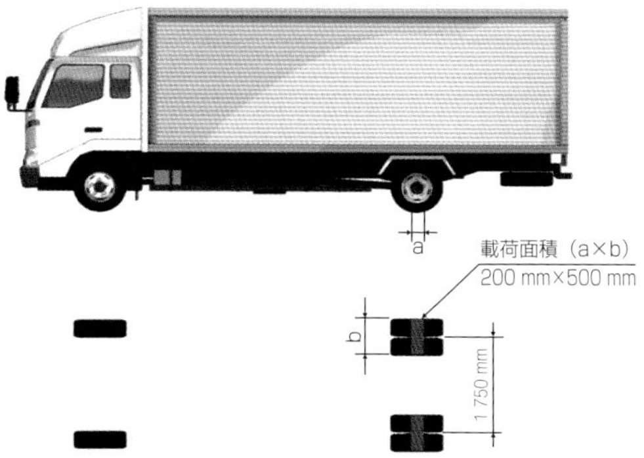

図1-2-2　T荷重のイメージ

算定するための荷重モデルといえます．

A活荷重，B活荷重については，前述した「道路橋示方書」の条文（1）にも記載がありましたが，条文のつづきで「(3) 高速自動車国道，一般国道，都道府県道及びこれらの道路と基幹的な道路網を形成する市町村道の橋の設計ではB活荷重を適用しなければならない．その他の市町村道の橋の設計にあたっては，大型の自動車の交通の状況に応じてA活荷重又はB活荷重を適用しなければならない.」としています．

つまり，B活荷重を適用する橋は大型の自動車の走行頻度が高い状況を想定しており，A活荷重を適用する橋は大型の自動車の走行頻度が比較的低い状況を想定していることになります．

先ほど，T荷重は大型の自動車1台の走行による影響を算定するための荷重モデルと説明しましたが，支間長がある長さを超えた場合は，隣接する大型車の影響も無視できません．そのため，B活荷重を適用する橋の床組みを設計する場合には，T荷重によって算出した断面力等に**表1-2-2**に示す係数を乗じることが規定されています．

次にL荷重についてですが，標準的な設計では主桁を設計する場合に車道部分に載荷する荷重で，2種類の等分布荷重p_1，p_2を**図1-2-3**に示すように載荷する荷重です．p_1，p_2の荷重値は**表1-2-3**に示す値となります．

等分布荷重p_1は1橋につき1組とし，着目している点または部材に最も不利な応力が生じるように載荷します．p_1の載荷長Dは等分布荷重p_1を載荷する橋軸方向の長さですが，A活荷重を適用する場合は6 m，B活荷重を適用する場合は10mと規定されています．**表1-2-3**にあるとおり，p_1は，曲げモーメントを算出する場合とせん断力を算出する場合で荷重値が異なりますので注意してください．

等分布荷重p_2は橋軸方向のp_1の載荷長Dを含めた範囲に載荷する主載荷荷重で，**表1-2-3**に示すように支間長80 m以下では一定値，80 mを超える場合は低減を考慮し，その最小値を3.0 kN/m^{2}としています．

上記のp_1，p_2からなる主載荷荷重を載荷する幅は橋軸直角方向に5.5 mと規定されており，この5.5 m以外の範囲には従載荷荷重（主載荷荷重の50%）を載荷します．

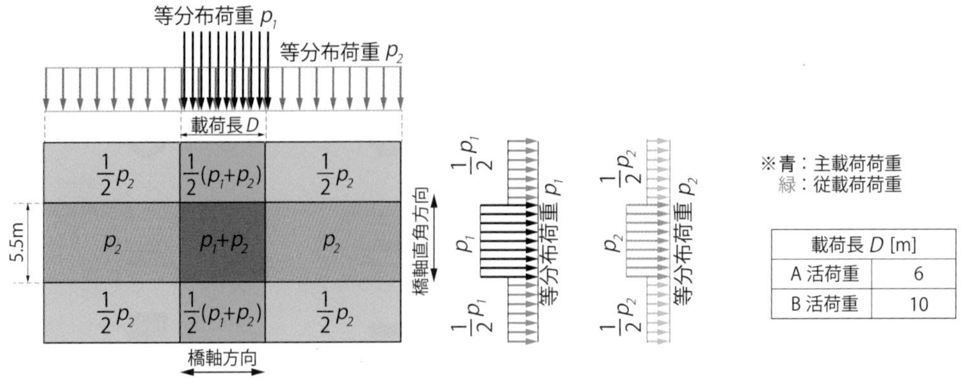

(1) 道路橋示方書の活荷重の規定(L荷重)

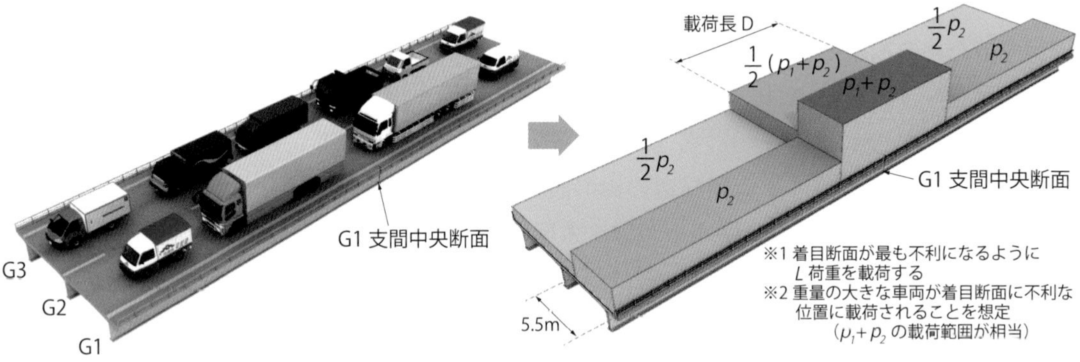

(2) 実際の活荷重とL荷重の関係

図1-2-3　L　荷　重[1)]

表1-2-2　床組みを設計する場合に乗じる係数[1)]

部材の支間長 L（m）	$L \leqq 4$	$4 < L$
係　数	1.0	$\frac{L}{32}+\frac{7}{8}$

表1-2-3　L荷重[1)]

荷重	主載荷荷重（幅5.5 m）						従載荷荷重
	等分布荷重 p_1			等分布荷重 p_2			
	載荷長 D（m）	荷重（kN/m^2）		荷重（kN/m^2）			
		曲げモーメントを算出する場合	せん断力を算出する場合	$L \leqq 80$	$80 < L \leqq 130$	$130 < L$	
A活荷重	6	10	12	3.5	$4.3-0.01L$	3.0	主載荷荷重の50%
B活荷重	10						

ここに，L：支間長（m）

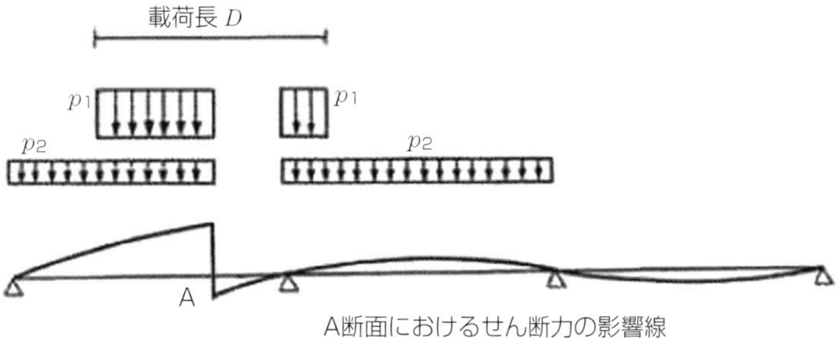

図 1-2-4　等分布荷重p_1の載荷方法[1)]

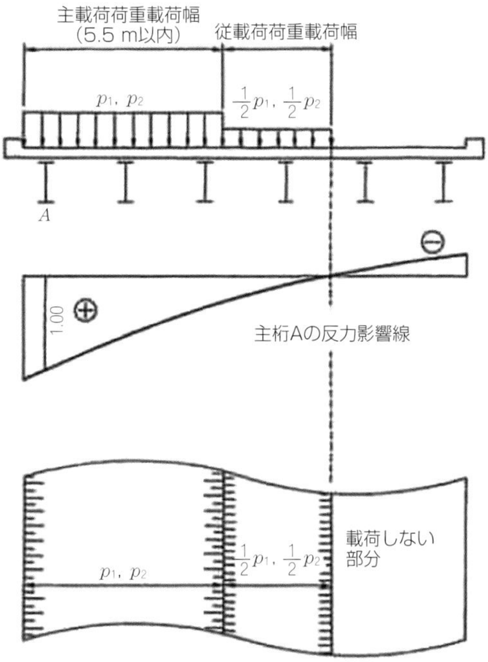

図 1-2-5　従載荷荷重の載荷方法[1)]

以上のL荷重のp_1，p_2の載荷方法や荷重値は，主桁の設計で支配的な影響を与える大型の自動車が同時に載荷される状況を想定して決められており，主桁の設計で着目している点または部材に最も不利な応力が生じる位置に大型の自動車を連行させて載荷するとともに，その周囲にその他の車両を載荷するという考え方がもとになっています．

主桁の設計で着目している点または部材に最も不利な応力を生じるように載荷することについては，少しわかりにくいので，橋軸方向と橋軸直角方向のそれぞれに対して，「道路橋示方書」の解説例を紹介します．

図 1-2-4 は橋軸方向の例ですが，A断面におけるせん断力の影響線が等分布荷重p_1の載荷長Dより短い区間で正負反転しています．このような場合に最も不利な応力を生じるような載荷とは，載荷長Dの範囲内で同一符号区間のみに活荷重を載荷することになります．そのほか

「道路橋示方書」には，斜橋や曲線橋を設計する場合の等分布荷重p_1の載荷方法についての留意点も解説されていますが，ここでは割愛します．

図1-2-5は，橋軸直角方向の主載荷荷重と従載荷荷重の載荷方法の例になります．主桁Aの反力影響線より，最も不利な応力を生じるような載荷を考えると，主載荷荷重の載荷範囲は**図1-2-5**のように左側の載荷幅5.5 mの範囲となります．また，従載荷荷重の載荷範囲は反力影響線が負となる部分には載荷しないほうが不利になります．

「道路橋示方書」の活荷重には，これまで説明した自動車荷重（T荷重，L荷重）のほか，群集荷重と軌道の車両荷重がありますが，これらの活荷重はそれぞれ歩道と軌道に載荷する荷重です．群集荷重は等分布荷重として荷重値が定められており，床版および床組みを設計する場合は5.0 kN/m^2，主桁を設計する場合はL荷重の等分布荷重p_2と同様の支間長Lに応じた荷重値で規定されています．軌道の車両荷重は「道路橋示方書」には具体的な記載はありませんが，軌道に載荷する荷重は，軌道の車両荷重とT荷重またはL荷重のうち設計部材に不利な応力を与える荷重を載荷する規定になっています．

2-2　道路橋活荷重の変遷と作用としての取扱い

2-1では現行の道路橋死荷重，活荷重についての説明を行いました．死荷重＝構造物の本体や付属物の重量に起因する荷重であって，作用と荷重を区別して説明する意味はほとんどないと思われますので，ここでは活荷重を作用として解釈する話題を中心にします．

余談ですが，英語のDead LoadとLive Loadを，橋梁では直訳していますが，建築物では「固定荷重（構造物本体）」「積載荷重（家具など設置物や利用・居住者など）」と称しています．橋梁側の見方からすれば，これらの相違はほとんど「設置位置の自由度の違い」だけですので，皆を死荷重に含めてしまう扱いになるほうがふさわしく感じられると思われます．橋梁の活荷重は，これらとは全く性質の異なるもので，「土木構造物共通示方書」では「走行作用」と位置づけています．

「道路橋活荷重」のもとになる作用は，橋梁上を走行する車両の重量です．歩道部には歩行者を想定した群衆荷重を考えますが，ここでは議論を車両に限定します．

「道路橋示方書」の解説文では，現行の活荷重規定は，「道路構造令第35条の規定を受け，設計自動車荷重を245 kNとし」となっています．245 kN≒25 tfであり，1994年に現在の活荷重規定が旧規定から変更された当時は，旧規定の呼び方（一等橋TL-20，二等橋TL-14）になぞらえて，TL-25と称されたこともあります（以降は歴史の話なので，しばし重力単位系を用いることをお許しください）．

戦前はTL-13相当で設計されていた道路橋が，20tfの車両の通行を可能とするTL-20に規定変更されたのは，1956年のことでした．終戦から10年ほど過ぎた時期のことで，日本国内に総重量20 tfを超える車両は，ほとんど見られませんでした．すなわちこの時期の改定は，「実情を反映してのもの」ではなく，米国AASHO（当時）の規定などを参考に，「将来日本が経済発展して，米国並みの車両の通過需要が発生することへの備え」の意味で決められたものでした．政策的決定といえます．1953年に道路特定財源制度が発足した（2009年廃止）ことも合わせ，戦後復興を支えた大きな枠組みの一環として理解できるでしょう．

この施策は十分当を得たものといえましたが，改定から30年を待たずして，社会の動きのほうが規定を追い越してしまいました．大型車が増加し，違法過積載車も目立つようになり，高速道路や一般道の特定路線向けにトレーラ荷重（43 tf規格）の設定を行った時期もありますが，1980年代半ばには，改定議論が活発化し，既存橋梁を新しい基準の要求条件に合わせて改修していくレトロフィットの施策や，過積載の検査，取締りによる抑制策なども含めた慎重な議論の末，現行規定への改定に至ったわけです．こうした規定の変遷について，詳しくお知りになりたい方には，文献2）がよい参考資料となります．

この流れからご理解いただけると思いますが，TL-20が政策目標としての設定であったのに対し，現行TL-25は，現実の後追い的に定められたものです．しかも，現実問題として，25 tfに上方修正された総重量上限を超える違法過積載車の走行が，なくなったわけでもありません．第3章，第4章で扱われる地震作用，風作用が，自然現象に起因するもので，もとの物理現象（地面の揺れや空気の流速など．これらを総称して作用因子といいます）が構造物にどのような応答（作用効果）をもたらすかのメカニズムを考えることと，極大事象の発生をどのように見積もるかが関心の中心であることに比べると，かなり性格が異なるものであります．

これはとりもなおさず，供用開始以降，橋に載荷された現実の車両重量の経過が，橋の損傷度合いに大きく関係してくることを意味します．メンテナンスを考えるうえで，このことは重要なポイントです．

設計活荷重として等分布荷重にモデル化される「前段階」としての「走行作用」は車両重量であるわけですが，これが床版・床組みを設計するためのT荷重と主桁を設計するためのL荷重に「分かれる」こと自体の中に，作用と荷重の違いが現れています．もとの原因（作用因子）としての車両重量は共通でも，輪重を直接受ける部位では「個々の車両の重さ」が問題になるのに対し，主桁は，曲げモーメントやせん断力（これらが作用効果）のもとになる「車両列」が問題になるのです．

設計荷重のモデルを作るときには，原因となる作用因子を直接力に置きかえるのでなく，それによる作用効果を考え，それが「設計供用期間内に発生するであろう，十分極大側の値となる」ようにアレンジして，力のモデルにします．**2-1**でL荷重のうちp_1荷重が，「曲げモーメントを算出する場合」と「せん断力を算出する場合」で別々な値を用いることが出てきました．橋の上に並ぶ車両列は共通なのに，なぜだろうと疑問に思われたかもしれませんが，理由付けはここにあります．車両列の中に，特に重い車が数台だけ入っていたときの影響が，曲げモーメントに比べてせん断力のほうが大きく出るので，設計荷重ではそれを反映させているのです．

このように「応答の極値から逆算して設計荷重モデルを構築すること」は広く行われています．耐震設計で構造物の固有周期によって作用力を変えることなども，この「応答からの逆算で荷重を決める」ことに当たります．

これに対して，T荷重のモデルは，原因となる作用因子である重量車そのものに近い形で与えられています．

文献3）の「土木構造物共通示方書　性能・作用編」では，付録に「走行作用」と「疲労の影響」の章をおいて，活荷重の作用としての側面を詳しく解説しています．ここでは，作用因子は「『車種，軸種，車重，軸重，軸距，車両の動特性』などの通行車両特性と『走行速度，車線別の車両特性，大型車混入率，日交通量，渋滞時間，車間距離』のような交通量特性により構成する」とされています．また「疲労を考える場合は，供用期間中にまれにしか発生しないような最大走行作用よりも，走行状態で定常的に受ける変動作用の方が重要になる」とも記述されています．また，「道路橋の走行作用（活荷重）は行政基準であり，地域の交通実態調査による結果を逐次反映することは現段階では難しい．一方，実態調査（或いはデータベース）による走行作用の確率分布を用い，走行作用を主作用として受ける土木構造物の合理的な補修・補強水準の決定に適用することが望ましい」とも書かれており，調査項目や基礎データ，軸重測定の方法なども提示されているので，メンテナンスの目的のためには有益な情報となっています．是非「道路橋示方書」と並べて，ご参照いただければと思います．

「土木構造物共通示方書　性能・作用編」の解説には，ある大型車混入率の条件下で，ランダムに車種，車重を与えて，車線上に車両列を発生させるシミュレーションの方法とそのアルゴリズム，試算結果の一例としての，種々の部位での断面力のヒストグラムなども提示されていますし，動的効果としての衝撃係数の分析，算定法も書かれており，天下り的に与えられた「L荷重規定」を超えて，実現象をトレースするための方法論に多くの示唆を与えてくれます．こうした試みは，前に示しました1980年代からの活荷重改定論議以降，継続的に行われているものです．

疲労については，文献4）に詳しいですが，そこでは実態調査にもとづいてT荷重を補正する考え方，さらに衝撃の影響を考慮する方法，設計計算で得られた応力と実際に発生する応力の誤差（構造解析上のモデルの誤差）を反映する方法，作用の繰返し回数を考慮する方法などが示されています．

疲労を引き起こすのは，各部位で実際に発生する応力の中に占める変動成分の振幅の影響が大きく，この直接の原因となるのが走行作用の特性であることは言うまでもありません．一方，作用の実態だけでなく，個々の橋梁がどの時代にどのような設計基準で設計されたかも重要な要素になっています．ひとつの例として，「道路橋示方書」にはたわみ照査の規定（例えば鋼橋・鋼部材編3.8.2）が定められています．耐荷性能とは別個に定められた規定で，その意味するところは，解説でも必ずしも明確に記述されていません．一般的には使用性の照査と理解されているわけですが，必ずしも単純でもないようです．過去において（1960年代後半以降）一時的にたわみ照査が省かれていた時期があり，その当時の「示方書」で設計された橋梁が，しばしば剛性の不足による問題を生じていたということを，伝聞として伺ったことがあります．

こうした，ある規定が副産物的に，明示されていない橋梁の性能の担保に役立ってきたという事例は，今後性能設計の考え方が進むにつれて整理されていくものと思われます．しかしながら，既設橋のメンテナンスのためには，作用ばかりでなく，このような過去の基準類がもつ特徴的な問題にも目を配ることが必要であると思われます．

〔参考文献〕

1）日本道路協会：道路橋示方書・同解説　I 共通編（2017.11）
2）藤原　稔：道路橋技術基準の変遷，技報堂出版（2015.10）
3）土木学会：2016年制定土木構造物共通示方書　性能・作用編，土木学会（2016.9）
4）日本道路協会：鋼道路橋の疲労設計指針，丸善（2002.5）

Column
コラム

改築工事で田中賞作品部門を受賞した橋

帝都復興院初代橋梁課長として隅田川にかかる永代橋，清洲橋など数々の名橋を生み出した故・田中豊博士は，日本の橋梁界，鋼構造界の育ての親であり，近代日本橋梁史上もっとも著名な技術者です．公益社団法人土木学会は，1966年に田中豊先生の名前を冠した「土木学会田中賞」を設立し，毎年，橋梁・鋼構造工学に関する優秀な業績を表彰しています．

田中賞には業績部門，論文部門，作品部門，技術部門の４部門があります．このうち作品部門は，橋の計画・設計・製作・施工・維持管理などの面においてすぐれた特色を有する橋梁を表彰する賞ですが，1966年度から1989年度までの24年間は，全て新設橋が受賞してきました．1990年度，大規模な改築工事を実施した名神高速道路の蝉丸橋がはじめて既設橋として受賞しましたが，その後も新設橋の受賞が占める時代が続きました．2005年度に２橋目の既設橋（名神高速道路　下植野高架橋），2007年度に３橋目の既設橋（阪神高速湾岸線　港大橋）が受賞したのち，2011年度からは作品部門が「新設」と「改築」に区分され，以来，数多くの既設橋が田中賞作品部門を受賞しています．メンテナンスの重要性の高まりがうかがい知れます．

本書では，改築工事により土木学会田中賞作品部門を受賞した橋の中から５橋を取り上げ，その橋の特徴と改築工事の概要をコラムで紹介します．

耐震補強工事で2007年度田中賞を受賞した阪神高速湾岸線港大橋　（提供：阪神高速道路(株)）

【参考文献】公益社団法人土木学会田中賞選考委員会ホームページ，田中賞の主旨と由来，
https://committees.jsce.or.jp/tanaka_sho/node/3　最終閲覧日2023年４月21日

第3章

地 震 作 用

橋梁の設計において橋脚の構造諸元は，耐震設計が決定要因となる場合が大多数です．これは，死荷重や活荷重に対して発生する橋脚の断面力が軸力を中心とするのに対して，地震作用に対しては軸力に加えて曲げモーメントやせん断力が大きく発生するためです．実際に，**写真1-3-1**のような橋梁が大地震によって生じているのはご存じの通りです．したがって地震作用は，作用の中でも，非常に重要です．

一方で，地震作用は，「○○kN/m^2」「△△kN/m^3」などのような単純な設計値で表現することができません．また，設計基準における地震作用の項目には，「固有周期」などという一見荷重と関係なさそうな記述があります．その結果，設計基準や耐震設計計算書を読んでも，地震作用をイメージとして把握することが困難となるケースも多くあろうかと思います．

本章では，耐震設計を専門としない技術者を対象として，設計基準や耐震設計計算書に示される地震作用をイメージできることを目的として，基礎的な事項を示します．数式は極力排除しますが，避けては通れない数式もあります．したがって，本章に示される数式は最低限理解しなければならないものと理解してください．なお，当然のことながら，耐震設計を専門とする技術者はより深い理解が必要なので，本書の理解のみでは不足です．また，本章は概論として示すため一般論にとどめています．実務においては例外が多く存在することにも注意願います．

写真1-3-1　地震による橋梁被害の例[1)]

3-1　地震作用の表現方法

3-1-1　地震の大きさと地震動の大きさ

ニュースにおいて地震が伝えられる際は，マグニチュードと震度が示されます．東北地方太平洋沖地震を例にすると，「三陸沖の太平洋を震源とするマグニチュード9.0の地震が発生しました．各地の震度は，宮城県栗原市で震度7，宮城・福島・茨城・栃木の一部地域で震度6強が観測されました．」となります．この情報には，地震の大きさと，地震動の大きさが示されています．

マグニチュードは，「地震自体の規模の大きさ」であり，地震のエネルギーを対数表示したものです．マグニチュードにはいくつかの計算方法があり，日本では気象庁マグニチュード(M_{j})が一般的ですが極大地震に対してはモーメントマグニチュード（M_w）も利用されます．ちなみに，東北地方太平洋沖地震のマグニチュード9.0はM_wです．マグニチュードが大きいからといって，必ずしも地表面の揺れが大きいとは限りません．震源が深い場合や陸地から遠い場合には，地表面に届くまでに減衰して揺れが小さくなるためです．したがって，マグニチュードを耐震設計において直接的に用いることはほとんどありません．

ニュースで伝えられる「震度」は「気象庁震度階」と呼ばれ，その地点で地表面がどれだけ揺れたかを示す指標です．すなわち「地表面での地震動の揺れの大きさ」です．気象庁震度階は，地震波形から計算したものですが，計算の段階で様々な情報を喪失することから，耐震設計では用いられません．耐震設計においては，気象庁震度階とは異なる考え方である**3-1-4**で説明する「震度」が重要となります．地震の大きさと地震動の大きさについて，要点を下記の通りまとめます．

①地震の大きさと地震動の大きさは異なる．

②設計では，地震動の大きさが重要．

③気象庁震度階と耐震設計で用いる「震度」は異なる．

3-1-2　地震動と応答

地震作用をイメージする際に難しいのは，地表面の最大加速度が大きいからと言って，必ずしも地震荷重（慣性力としての水平方向地震力）や応答が大きくなるわけではないという点にあります．地表面の最大加速度と地震荷重の関係が複雑になるのは，地震動と構造物の共振度合いによって，荷重が大きくなったり小さくなったりするためです．したがって，地震作用を考慮するためには，地震動だけではなく「構造物の応答」も考慮する必要があるのです．

構造物の応答を考える場合に基本となるのは，式（1）に示す運動方程式です．

$$m\ddot{x}(t)+c\{\dot{x}(t)-\dot{w}(t)\}+k\{x(t)-w(t)\}=0 \qquad (1)$$

ここに，m：質量，c：減衰係数，k：ばね定数，$\ddot{x}(t)$，$\dot{x}(t)$，$x(t)$：それぞれ質点の加速度，速度，変位，$\dot{w}(t)$，$w(t)$：それぞれ地震動速度，地震動変位，t：時間.

この運動方程式は，橋梁を**図1-3-1**a）に示すよう1質点系にモデル化したときの，ある時間における質点の力の釣合を，**図1-3-1**b）に示すように考えて定式化したものです.」しかし，この式は，地震作用として地震動速度波形$\dot{w}(t)$と地震動変位波形$w(t)$の2つが必要となるため使いにくいという問題があります．そこで，一般的には，**図1-3-1**c）に示すように質点と地盤の相対変位$X(t)=x(t)-w(t)$を用いて，式（2）のように書き直します．

$$m\ddot{X}(t)+c\dot{X}(t)+kX(t)=-m\ddot{w}(t) \qquad (2)$$

ここに，$\ddot{w}(t)$：地震動加速度.

このように書き直すことで，式は単純になりますし，地震作用は地震動加速度波形$\ddot{w}(t)$のみで表すことができます．もし，構造物が複雑で1質点系で表せない場合でも，式（2）を行列・ベクトル表示するだけなので，この式だけ理解しておけばイメージできると思います．

なお，構造物の慣性力は$m\ddot{x}(t)$であり構造物の変形は$X(t)$であることから，動的解析ソフ

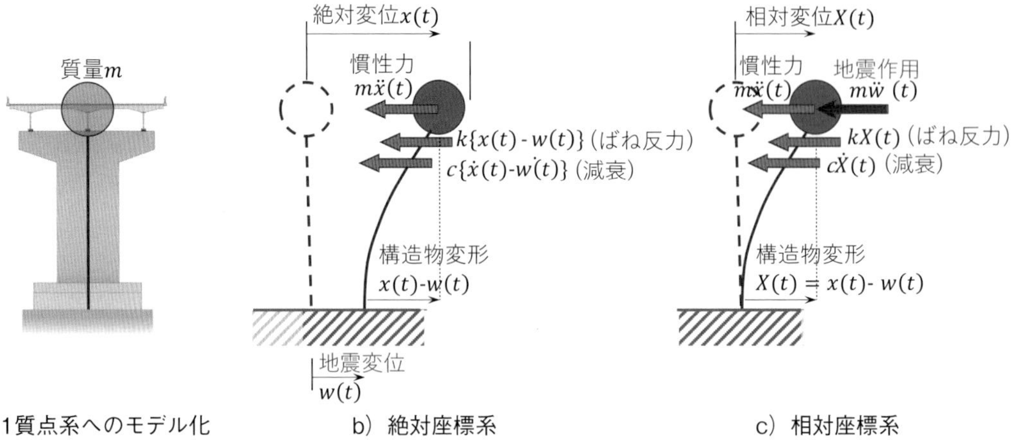

図1-3-1 1質点系における質点の力の釣合い

トでは，式（2）によって計算しながらも，加速度および変位の出力は，それぞれ$\ddot{x}(t)$，$X(t)$であるのが一般的です．すなわち加速度は絶対系表記で，変位は相対系表記で示されることに十分に注意してください．

この運動方程式（1），（2）を踏まえて，地震作用の表現方法（表し方）について考えていきます．

地震作用を直接的に表現するのであれば，地震動加速度波形$\ddot{w}(t)$ または，それに関連した最大値（例えば地震動最大加速度値）などの代表値で示すことが考えられます．地震動加速度波形$\ddot{w}(t)$を用いれば運動方程式（2）を解いて，構造物の挙動を精緻に把握することが可能です．しかし，地震動加速度波形$\ddot{w}(t)$ からは，応答の大きさを直接的にイメージすることはできないという短所があります．例えば，いくつかの地震動加速度波形が用意されていたとき，構造物の応答が最大となる波形を選定することは，煩雑な計算なしにはできません．

これに対し，地震作用を地震動としてではなく応答で表現すれば，地震作用を直接的に把握できます．応答加速度波形$\ddot{x}(t)$ やその最大値（例えば最大応答加速度）などの代表値で表現すれば，1質点系の地震荷重は，質量mを乗じるだけで$m\ddot{x}(t)$ と表すことができます．

地震作用を地震動で表現するということは，「地面がこれくらい揺れる地震動に対して設計する」ということであり，地震作用を応答で表現するということは，「構造物がこれくらい揺れる地震動に対して設計する」ということです．現在の設計法における地震作用は，地震動による表現と応答による表現の両方を用いていますので，それぞれの意味を理解して，明確にイメージできることが必要です．地震動と応答について，要点を以下の通りまとめます．

①構造物への作用は，応答によるものであり，地震動の大きさと共振の度合いによって変わる．

②地震作用の表現方法には，地震動による表現（地面がこれくらい揺れる地震）と応答による表現（構造物がこれくらい揺れる地震）がある．

3-1-3 地震動による表現

地震作用を地震動によって表現する方法を説明するには，フーリエ変換のイメージを持っておく必要がありますので，フーリエ変換について簡単に説明します.

フーリエ変換とは，「すべての波形は，単純な正弦波の足し合わせで書くことができる」という原理に基づいて，**図1-3-2**のように複雑な時刻歴波形を振動数が異なる多数の正弦波に分解する計算です．フーリエ変換を行うと，時刻歴波形は，振動数f（=1/T，T：周期）ごとに振幅と位相（周期的に変化する波の位置を表す情報のことですが，まずは厳密には理解できなくてもよいと思います）を有することになります.この振幅はフーリエ振幅スペクトルあるいは単にフーリエスペクトル，振動数特性などと呼ばれ,位相はフーリエ位相スペクトルあるいは位相特性と呼ばれます.フーリエ変換では情報が減ることはないため可逆性があり，フーリエ振幅スペクトルおよびフーリエ位相スペクトルを用いて逆フーリエ変換を行うと，再び時刻歴波形とすることができます.様々な教科書に示されるフーリエ変換の数式は難解であり，とっつきにくい印象を持ちやすいですが，難しく考えずに単純にイメージで理解するとよいでしょう．**図1-3-3**にフーリエ変換の例を示します．a)に示す時刻歴波形をフーリエ変換し，b)に示すフーリエ振幅スペクトル

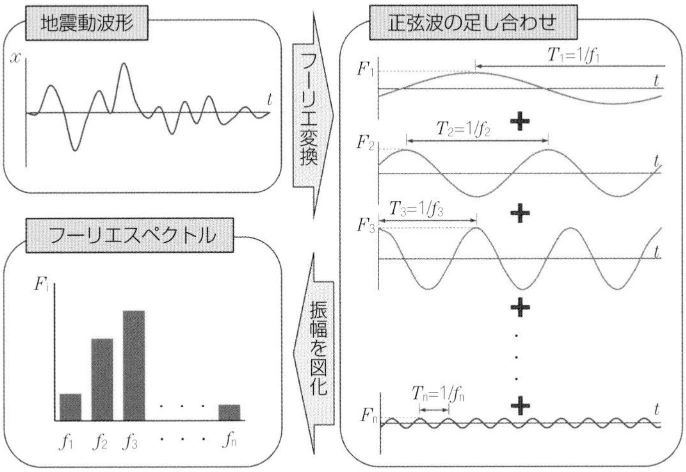

図1-3-2　フーリエ変換

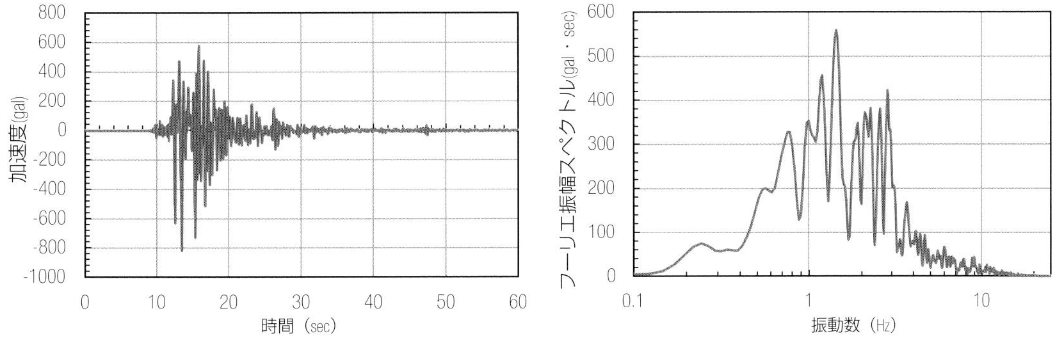

a）地震動時刻歴波形　　b）フーリエ振幅スペクトル

図1-3-3　フーリエ変換の例（1997年兵庫県南部地震　JMA神戸NS[2)]）

で表したものです．フーリエ振幅スペクトルからは，1.2Hz程度の成分が最も大きいこと，1～3Hz程度の成分はまんべんなく有効であること，0.4Hz以下と3Hz以上の成分は非常に小さいことがわかります．

さて，本題である地震作用を地震動によって表現する方法を説明します．

地震動によって表現する方法としては，最大加速度などの代表値として示すことが最も簡便に思えます．しかし，これは２つの観点から適当ではありません．１つ目の観点は，代表値では地表面の揺れを表現し得ないということです．例えば，10Hzで最大加速度10 m/s^2の正弦波と，1Hzで最大加速度5 m/s^2の正弦波をイメージしてください．前者の変位振幅は2.5 mmであり揺れというより「ふるえ」ですが，後者の変位振幅は130 mmであり大きな揺れと言えます．地震波は，正弦波ではなくランダムな波形ですが，前述のとおり正弦波の重ね合わせですから，フーリエスペクトルにおける支配的な振動数成分によって，正弦波の例と同様に最大加速度と揺れの大きさの関係が変わります．したがって，代表値のみで地表面の揺れを表現することはできません．

２つ目の観点は，代表値を応答の大きさと適切に結び付けることができないということです．構造物の応答は，構造物の揺れやすい振動数と地震動の卓越する振動数成分が一致したときに共振して大きな応答を生じますが，両者がかけ離れると応答は非常に小さくなります．例えば，**図1-3-3**に示す地震動は，固有振動数（固有振動数については3-1-4で説明します）1Hzの構造物に20 m/s^2程度の応答加速度を生じさせますが，固有振動数10Hzの構造物には10 m/s^2程度の応答加速度しか生じさせません．代表値が同等であっても応答の大きさは大きく変わり得るということから，代表値を応答の大きさと適切に結び付けることはできません．

いずれの観点においても，地震動における振動数特性の情報が抜けることによって，情報が足りなくなっているということです．代表値には，加速度，速度，変位の最大値のほか，特定の範囲の振動数成分のみに着目して計算する気象庁震度階やSI値という値もあります．しかし，気象庁震度階やSI値でも振動数特性の情報が不完全ということは単純な最大値の場合と同様であることから，設計作用を規定する表現に用いられることはほとんどありません．

結果的に地震動によって表現する際には，時刻歴波形が用いられます．時刻歴波形は，加速度，速度，変位で表すことが可能ですが，一般的に耐震設計においては地震動加速度波形$\ddot{w}(t)$が用いられます．これは，**3-1-2**のとおり，運動方程式（2）を解くのに便利だからです．

ここで，地震動について注意が必要です．ここまで，単に「地震動」という言葉を用いてきましたが，設計で用いる地震動には，基盤地震動と地表面地震動があります．地震波は，震源から基盤内を水平に伝播した後に，表層地盤内で鉛直に伝播し地表面の揺れとなります．基盤内での伝播では，基盤の剛性が非常に高いことから地震動の特性が大きくは変化しません．したがって，基盤地震動にはサイト特性が考慮されないのが一般的です．一方，表層地盤内での伝播は，サイトの地盤条件の影響を強く受けるため，地表面地震動はサイトの地盤条件が考慮されて示されます．これは，**図1-3-1**における地盤と構造物の関係と同様に，基盤の地震動が表層地盤を振動させ，その応答が地表面応答になるとイメージすることで理解できます．地震作用を地震動によって表現する方法について，要点を以下の通りまとめます．

①フーリエ変換はイメージでとらえれば難しくない．

②地震作用を地震動により表すときは，地震動加速度の時刻歴波形が用いられる．

③地震動は，最大値だけでなく振動数特性が重要．

④基盤地震動が表層地盤を振動させた応答が，地表面地震動となる．

3-1-4　応答による表現

（1）震　度　法

1質点系の構造物に作用する力の大きさは，**図1-3-1**や式（1）に示すように$m\ddot{x}(t)$です．したがって，地震動の大きさを応答加速度の最大値$\ddot{x}_{\max}$で定義すれば，設計においては，その他の荷重と同様に静的解析によって設計可能であり簡便です．このように，地震作用の大きさを構造物の最大応答加速度$\ddot{x}_{\max}$として与える設計法を「震度法」といいます．ただし，応答加速度の最大値$\ddot{x}_{\max}$の表現には，式（3）により無次元化した水平震度k_hを用いるのが一般的です．

$$k_h=\ddot{x}_{\max}/g \qquad (3)$$

ここに，g：重力加速度（9.8 m/s²）．

つまり，水平震度k_hとは，「重力の何倍の力が水平に働いたか」を表す指標です．

震度法は，1923年関東地震を契機に日本で開発されたものです．当時は関東地震の水平震度を0.4程度と見込み，設計震度に対して許容応力度以内にとどめれば，その2倍程度の地震動に対しても致命的な被害は避けられるとの見込みから設計水平震度0.2が採用されたとされています[3)]．

震度法は，基本的に1質点系で表すことのできる構造物のみが対象となりますが，一言で表すなら，次のような表現となります．

①震度法とは，水平荷重を重力の何倍見積もればよいかを示す設計法である．

（2）修正震度法

3-1-2において，構造物の応答は，地震動と構造物の共振の度合いによって変わることを示しました．しかし，**3-1-4（1）**に示す震度法は共振の度合いによらず設計水平震度を定めているため，この共振の度合いを考慮することができません．つまり，震度法は，相当にアバウトな設計法といえます．そこで，震度法をベースに共振の度合いを考慮したものが修正震度法であり，実務における簡便な耐震設計での主流の表現方法です．ただし，重力加速度gで除して設計水平震度とせずに，設計用応答加速度スペクトルとして示す基準類もあります．応答加速度スペクトルについては，**3-1-5**で説明します．

修正震度法は，構造物の固有周期と地盤特性によって，設計水平震度k_hを変動させる設計法です．

固有周期とは，構造物に静的な外力を与えて変形を与えた状態から急に外力を除去して振動させたときにあらわれる振動周期です．固有周期は与えた変形の大きさによらず一定であり，外力の周期が構造物の固有周期と一致するときに最も共振します．固有周期Tと固有振動数f

は逆数の関係にあり，**図1-3-1**のような１質点系であれば，

$$T=1/f=2\pi\sqrt{m/k} \qquad (4)$$

という式で容易に求めることができます．つまり，重い（質量mが大きい）ときや軟らかい（ばね定数kが小さい）ときに，固有周期Tは長くなりゆっくりと揺れることになります．一般的な桁橋の固有周期は，0.5～1.3（s）程度です．なお，１質点系ではなく多質点系で式（1），（2）をn次の行列で表す場合には，固有周期はn個求まります．周期が長いものから順に１次固有周期，２次固有周期……，n次固有周期と呼びますが，耐震設計において有効なのは１次～数次までのケースがほとんどです．

固有周期は，構造物だけではなく地盤にも存在します．地盤は質点系でなく連続体として考えるため，式（4）では計算できませんが，硬さと固有周期のイメージは構造物と同様であり，軟弱地盤では地盤の固有周期T_gが長く，堅固な地盤では地盤の固有周期T_gが短くなります．修正震度法における「地盤特性」とは，地盤の固有周期T_gによって分類されるのが一般的です．「道路橋示方書[4)]」においてはⅠ種～Ⅲ種地盤の３つに分類され，Ⅰ種地盤は堅固な地盤，Ⅱ種地盤は普通地盤，Ⅲ種地盤は軟弱地盤です．

つまり，修正震度法は，構造物の固有周期と地盤の固有周期の組合わせから共振の度合いを考慮したものなのです．ただし，構造物の固有周期Tと地盤の固有周期T_gが一致したときに共振が起きて設計水平震度k_hが大きくなるわけではありません．これは，ひずみの増大とともに剛性が低下する地盤の非線形性のためです．地盤の固有周期T_gは地盤ひずみが小さいときの地盤剛性を用いて計算されますが，地震時には地盤ひずみが大きくなり，実際の固有周期が設計値よりも長くなるのです．

修正震度法における設計水平震度k_hの例を**図1-3-4**に示します．地盤種別ごとに，構造物の固有周期によって設計水平震度k_hを容易に求めることができます．修正震度法について，要点を以下の通りまとめます．

①修正震度法とは，構造物の固有周期と地盤特性によって，設計水平震度k_hを変動させる設計法である．

②修正震度法の考え方が，現在の設計法の主流．

③地盤特性は，地盤の固有周期で分類される．

3-1-5　修正震度法に基づいた地震動波形による表現

本題に先立って，応答スペクトルについて説明します．

応答スペクトルは，ある地震動に対する，固有周期の異なる多数の構造物の弾性応答を一瞥できるように**図1-3-5**のようにグラフに表したものです．構造物の固有周期Tにおける縦軸を見ることで，応答を一目で知ることができます．**図1-3-5**の例は縦軸を応答加速度とした加速度応答スペクトルですが，縦軸を応答速度や応答変位とすれば，それぞれ速度応答スペクトル，変位応答スペクトルとなります．

応答スペクトルは，着目する地震動に対して，**図1-3-1**のような１質点系の動的解析を行う

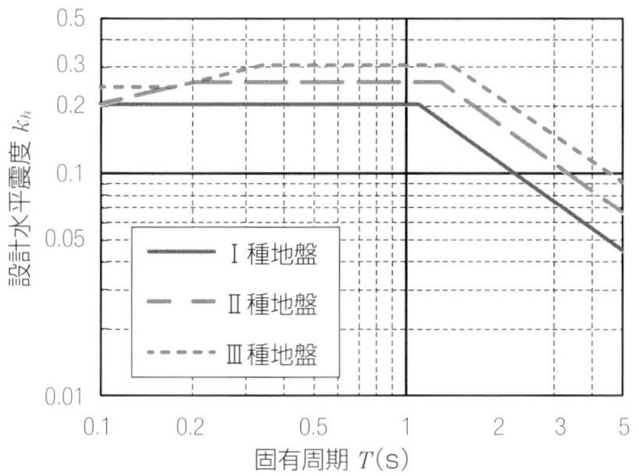

図1-3-4　修正震度法における設計水平震度
（道路橋示方書[4] L1地震動）

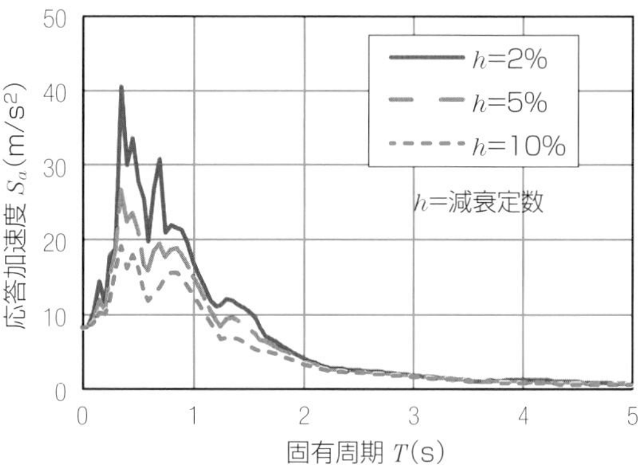

図1-3-5　加速度応答スペクトルの例
（1997兵庫県南部地震　JMA神戸NS[2]）

ことによって作成します．構造物は弾性とし，固有周期を様々に変化させることで，**図1-3-5**のようにプロットできます．構造物が弾性であれば，固有周期Tによってのみ応答が定まりますので，質量mやばね定数kの絶対値は応答に影響しません．なお，動的解析を行うためには減衰定数hが必要となりますが，加速度応答スペクトルでは，h=5%とするのが一般的です．減衰定数hが異なる場合は，**図1-3-5**に示すように応答スペクトルの値が異なることに注意が必要です．

ここで，**図1-3-4**の設計水平震度k_hと**図1-3-5**の応答加速度スペクトルを比較すると，横軸は同じであり，縦軸は式（3）に示すように重力加速度gがかかっているかどうかだけの違いであることがわかります．そこで，**図1-3-4**の設計水平震度k_hに重力加速度gを乗じた応答加速度スペクトルとなる地震波形を作成すれば，修正震度法と等価な地震波形ができます．つまり，修正震度法で地震作用の大きさを定義している基準に沿って動的解析を行う場合には，応答スペクトルが設計水平震度に等しくなるように調整した地震動加速度波形$\ddot{w}(t)$を用いれば，同等の地震作用を考慮したことになります．このように，ターゲットの応答スペクトルに合うように地震動を調整することをスペクトルフィッティングと呼びます．

スペクトルフィッティングは，以下の手順で行います．

①元となる地震波形を準備します．一般には，地盤種別や地震動の特性が合致した観測地震波形が用いられます．
②加速度応答スペクトルを計算し，固有周期ごとにターゲットとの比を算定します．
③**3-1-3**に示すフーリエ変換により，元波形を振幅スペクトルと位相スペクトルに分けます．
④②で求めた比を用いて，振幅スペクトルを振動数（周期）ごとに調整します．
⑤調整した振幅スペクトルと元波形の位相スペクトルを用いて，逆フーリエ変換により地震波形にします．

一般に，②～⑤の手順を10回程度繰り返せば，おおむねターゲットに近い加速度応答スペクトルを持つ地震波形を作成することができます．このようにして，作成された波形は，「元波形の位相特性を持ち，設計水平震度k_hをターゲットにスペクトルフィッティングされた地震波形」ということになります．

なお，同一のターゲットスペクトルにフィッティングされた地震波形は，構造物の弾性応答は位相特性にかかわらずほぼ同一ですが，非線形挙動が生じると応答は位相特性によって変化することに注意が必要です．応答スペクトルとスペクトルフィッティングについて，要点を以下の通りまとめます．

①応答スペクトルは，ある地震動に対する構造物の弾性応答を一瞥できるように示したグラフである．

②スペクトルフィッティングにより，修正震度法における設計水平震度k_hと等価な地震波形を作成することができる．

③スペクトルフィッティングを行うためには，元波形が必要であり，その位相特性が用いられる．

3-2 設計地震動

地震作用の大きさは，死荷重や活荷重のように単純に決めることが困難です．その理由は，主に以下の２点によるものです．

1）地震動の大きさは不確定性が高い．現状の科学において，最大の地震動を特定することは困難である．

2）地震動強さが大きいほど一般的には発生確率が小さいため，最大の地震動に対して十分な耐力を持たせることは著しく不経済となる．

このような中で，工学的な判断のうえで設計地震動が決められています．**3-2**では設計地震動の大きさについて説明します．

3-2-1 ２段階設計法

1997年兵庫県南部地震（阪神・淡路大震災）における大被害を受けて，土木学会は「土木構造物の耐震基準等に関する提言（第一次提言，第二次提言）」[5),6)]を行いました．これらの提言で中心となっているのは，２段階設計法の導入です．それ以前にも一部導入されておりましたが，本提言により各規準において２段階設計法が本格的に導入されています．この提言による２段階設計法は，現在の基準でも基本的な考え方は変わっておりません．

２段階設計法とは，設計地震動レベルとして２段階を考慮し，それぞれの地震動レベルに対してとどめるべき構造物の状態を設定する設計法です．２段階の設計地震動レベルは，多くの基準ではレベル１地震動（以下，L1地震動）およびレベル２地震動（以下，L2地震動）と呼ばれ，一般に以下のように定義されます．

L1地震動：構造物の供用期間内に１～２度発生する確率を有する地震動．原則として，それが作用しても構造物が損傷しないことを要求する．

L2地震動：供用期間中に発生する確率は低いが大きな強度を持つ地震動．重要な構造物および早期復旧が必要な構造物は，地震後比較的早期に修復可能である状態にとどめる．それ以外の構造物は損傷して修復不可能となっても，構造物全体系が崩壊しないことを原則とする．

3-2-2　設計地震動の大きさ

L1地震動は,「道路橋示方書」[4)]や「鉄道構造物等設計標準」(以下, 鉄道標準)[7)]などにおいて,最も揺れやすい構造物固有周期に対して震度0.2～0.4程度が設定されています.「道路橋示方書」に示されるL1地震動の設計水平震度は**図1-3-4**のとおりです．この大きさは，L1地震動の定義に即して, おおむね100年に一度程度の地震（再現期間100年と称す）を想定しています. このレベルの地震動は，古文書の解析などを含めた有史範囲内でその発生確率を想定することが可能ですので，確率的なアプローチがなされています.

L2地震動は，２種類に分けて考えられるのが一般的です.「道路橋示方書」ではタイプⅠ，Ⅱと分類され,「鉄道標準」ではスペクトルⅠ，Ⅱと分類されます．それぞれの特徴は以下のとおりです.

タイプⅠ，スペクトルⅠ：プレート境界で発生する海溝型地震を想定．継続時間が長く，繰返し数が多いという特徴を有する．1923年関東地震や2011年東北地方太平洋沖地震などがあてはまる.

タイプⅡ，スペクトルⅡ：内陸直下で発生する活断層による地震を想定．継続時間は短いものの，極めて大きな強度を有する．1995年兵庫県南部地震や2016年熊本地震などがあてはまる.

L2地震動の大きさは,「道路橋示方書」でも「鉄道標準」でも応答加速度スペクトルとして**図1-3-6**のように地盤種別ごとに表されています．これらの設定においては，再現期間が1000年以上に及ぶため, 有史の範囲では発生確率に高い信頼性を持たせることができません. 一方で，L2地震動に対する耐震性能確保に必要なコストを考慮すると，いたずらに地震動レベルを高くすることもできません．そこで，既往最大という考え方を基本とするのが一般的で

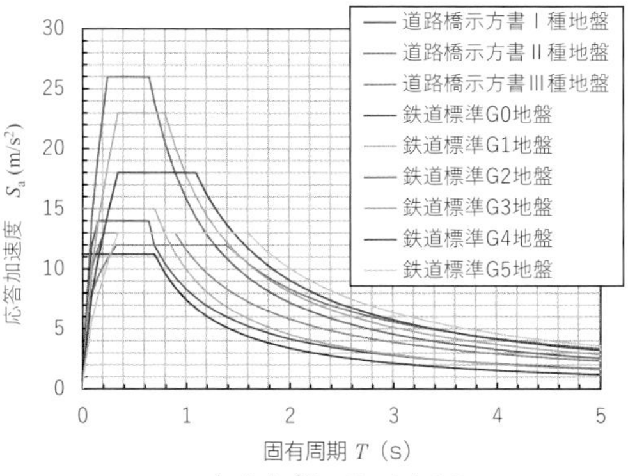

a）タイプⅠ，スペクトルⅠ

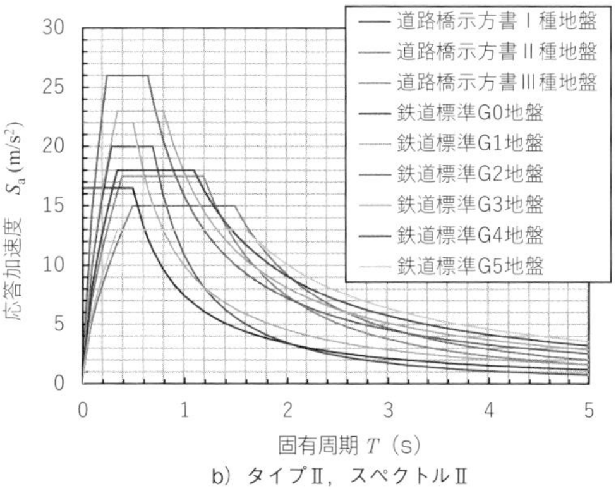

b）タイプⅡ，スペクトルⅡ

図1-3-6　L2地震動

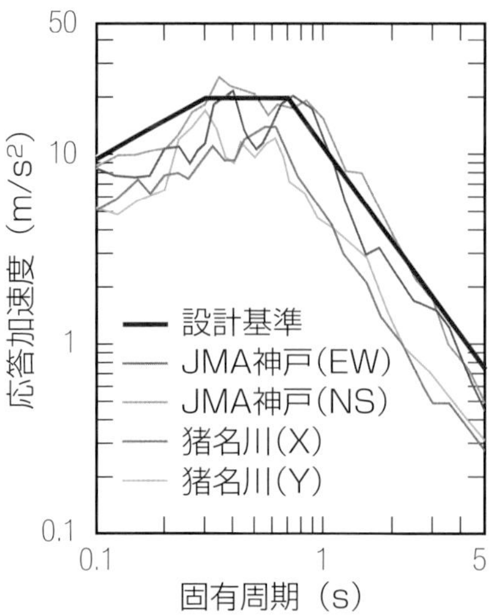

図1-3-7　加速度応答スペクトルの包絡による設計地震動レベルの設定
（道路橋示方書L2typeII-I種地盤[8]）

す．例えば，**図1-3-7**には「道路橋示方書」のL2地震動タイプⅡ（Ⅰ種地盤）の設計用応答加速度と，1995年兵庫県南部地震で観測された地震波の応答スペクトルが示されていますが，設計用応答加速度は，観測波形の包絡線を取るように設定されています[8]．「鉄道標準」では，観測記録を基本としていますが，既往地震から定めた地震規模（M_w:モーメントマグニチュード）と，合理的な震源距離により調整しているため，「道路橋示方書」より大きな地震動が採用されています．

なお，「鉄道標準」では，L2地震動に関して「強震動予測手法に基づき地点依存の地震動として設定する」ことが基本とされています．これは，構造物近辺の断層等を調査し，震源域やその挙動を想定し，さらに伝播・増幅を考慮して設計地震動を設定するものです．しかし，この方法によるL2地震動の設定は非常に煩雑であり，結果の妥当性判断には高い技術力を要することから，その適用は特殊な場合に限られているのが現状です．一般的な構造物においては，**図1-3-6**に示す標準的な設計用応答スペクトルが用いられます．L1地震動，L2地震動の大きさや分類について，要点を以下の通りまとめます．

①L1地震動の設計水平震度は確率的に決められている．

②L2地震動の設計水平震度は，既往観測波形を基本に決められている．

③L2地震動は，発生箇所によって2種類に分けられるのが一般的．

3-2-3　設計用地震動波形

動的解析により耐震設計を行う場合には，加速度応答スペクトルではなく，地震動波形が必要になります．その際には，設計用加速度応答スペクトルと等価となるように，**3-1-5**に示すスペクトルフィッティングによって作成した地震動波形を用います．スペクトルフィッティングに用いる元波形の考え方は，「道路橋示方書」[4]と「鉄道標準」[7]で若干異なります．

「道路橋示方書」では，タイプおよび地盤種別が同じ観測波形を3波用います．これは，

3-1-5にも示したとおり，非線形挙動に対する位相特性の影響で生じるばらつきを考慮したものです．照査においては，３波による応答の平均を用います．

「鉄道標準」では，非線形応答が大きくなるような位相特性を考慮した地震波形が用いられています．

いずれの基準でも，標準的に用いる地震動波形は公開されているため，スペクトルフィッティングの作業を自身で行う必要はありません．しかし，地震動波形と設計用加速度応答スペクトルの関係や，地震動波形の成り立ちを理解しておくことが，設計計算書を理解するうえで重要です．動的解析に用いる設計用地震動波計について要点を以下の通りまとめます．

①動的解析を行うときには，スペクトルフィッティングを行った地震動波形を用いる．

②動的解析に標準的に用いることのできる地震動波形は公開されている．

3-2-4　L2地震動を超える地震動

L2地震動は，長い地球の歴史に比するとほんの短い期間の経験から推測した大地震でしかありません．したがって，L2地震動より大きな地震動が発生しうることは自明のことといえます．

このようなL2地震動を超えることに対する備えとして，近年，「危機耐性」という考え方の導入が提唱されています．危機耐性とは，設計基準に示される照査対象事象（DBE = Design Basis Events）を超える事象や外部にある事象（BDBE = Beyond Design Basis Events）全体に対しても，社会への影響を小さくする性質です．これはL2地震動を超える地震動に限定されておらず，より幅広い事象に対する考え方です．2011年東北地方太平洋沖地震などで生じた被害に対して「想定外」としてきたことを反省し，今後はBDBEまでをもあらかじめ考慮して設計すべきとする考え方です[9)]．

しかし，この考え方自体は特に新しいものではなく，これまでの基準類においても危機耐性を保有させるための方策は記載されていました．例えば，「構造計画」の項目にはBDBEへの対応方法に関する記述が多くあります．ただし，照査する項目でないことから，必ずしも設計に反映されていたかどうかは疑問が残ります．また，余裕度や破壊形態を適切に設定することで，L2地震動を超える地震動に対しても直ちには崩壊しないような照査方法となっていました．ただし，様々な基準の「良い所取り」を行うと，この思想が実現しなくなる場合もあるので，注意が必要です．

構造物の計画，設計，構築，あるいは維持管理に携わる技術者は，L2地震動を超える地震動が起こりうることなどを理解し，危機耐性にも配慮することが重要です．危機耐性について，要点を以下の通りまとめます．

①L2地震動は発生しうる最大の地震動ではない．

②設計照査の範囲外に対しても社会への影響を小さくする危機耐性の導入が提唱されている．

3-3 まとめ

本章は，耐震設計計算書に示される地震作用をイメージとして把握できることを目標に執筆いたしました．

耐震設計は，性能とコストのバランスをとるのが非常に難しい分野です．したがって，基準類に示される作用の意味を理解しなければ良質なインフラ構造物とすることができません．本章の中で理解できない項目があった場合や，より深い内容を考慮する必要がある場合は，振動学の教科書などを調べて理解を深めるようにしてください．

さらに新設構造物の耐震設計とは異なり，維持管理や耐震補強・補修においては現有耐震性能や残存供用期間なども踏まえ，ライフサイクルにおける要求性能も勘案したうえでより適切な地震作用を考慮することも必要な場合もありえます．設計状況を踏まえたうえでの作用の把握は，「2016年制定土木構造物共通示方書　性能・作用編[10)]」なども参考になるでしょう．

〔参 考 文 献〕
1）土木学会：土木学会阪神大震災震災調査第二次報告会資料』(1995.3)
2）気象庁ホームページ：https://www.jma.go.jp/jma/kishou/info/coment.html（2021.3.11閲覧）
3）川島一彦：地震との戦い，鹿島出版会（2014）
4）日本道路協会：道路橋示方書・同解説 V 耐震設計編，平成29年3月（2017）
5）土木学会 耐震基準等基本問題検討会議：土木構造物の耐震基準等に関する提言（第一次提言）(1995.5)
6）土木学会 阪神・淡路大震災対応技術特別委員会：土木構造物の耐震基準等に関する提言（第二次提言）(1996.1)
7）鉄道総合技術研究所編：鉄道構造物等設計標準・同解説　耐震設計，丸善出版（2012）
8）土木研究センターホームページ：http://www.pwrc.or.jp/pdf/hasi_kawashima.pdf（2021.3.11閲覧）
9）武田篤史：橋梁耐震における危機耐性導入の動き，大林組技術研究所報，No.84（2020）
10）土木学会：2016 年制定土木構造物共通示方書 性能・作用編（2016.9）

第4章

風作用（風荷重）

橋梁設計において，風の作用は通常，風荷重で代表されますが，支間が長くなったり，たわみやすい構造や部材では風による振動（空力振動，動的作用）が問題となることがあります．また，空力振動は構造物の形や風速に応じて，様々な振動が発現することが特徴です．本稿では，まず構造物に対する代表的な風作用である風荷重と，橋梁設計における風荷重の取扱いを解説し，さらに動的作用の取扱いについても紹介します．

写真1-4-1　風による振動（フラッター）によって落橋するタコマ橋
（© University of Washington Libraries, Special Collections, UW21422）

4-1 風　荷　重

風は，主に気圧差によって生じる空気の流れです．空気は圧縮性を有しますが，橋梁設計で対象とする風速は音速に比べて十分に小さいため，非圧縮流体として扱うことができます．橋梁に風が作用すると，構造表面に沿って流れ（流線）が変化し，構造表面の圧力が無限遠点のものから変化します（ベルヌーイの定理）．この圧力変化を構造表面全体にわたって積分し，流れ方向成分を求めることで風による抵抗力あるいは抗力が得られます．橋桁のような角張った断面では，**図1-4-1**に示すように上流縁で流れの剥離が生じるため，投影面積A_nと比較して大きな抵抗力が生じます．また，同じ投影面積でも流れ方向の長さによって剥離形態が変わるため，流れの剥離による効果を補正するものとして無次元の抗力係数C_dを導入し，風速をV,

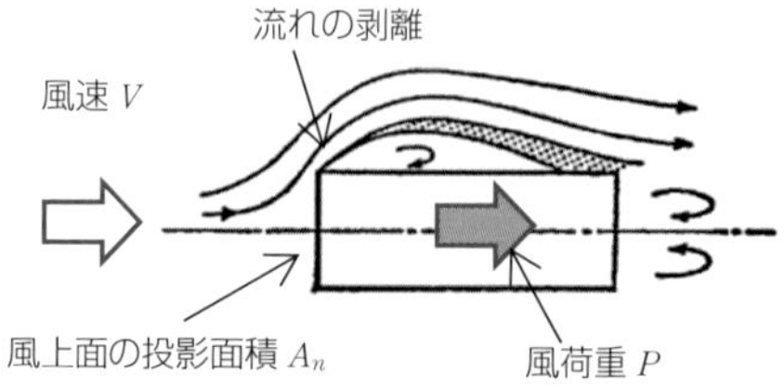

図1-4-1　構造物周りの流線

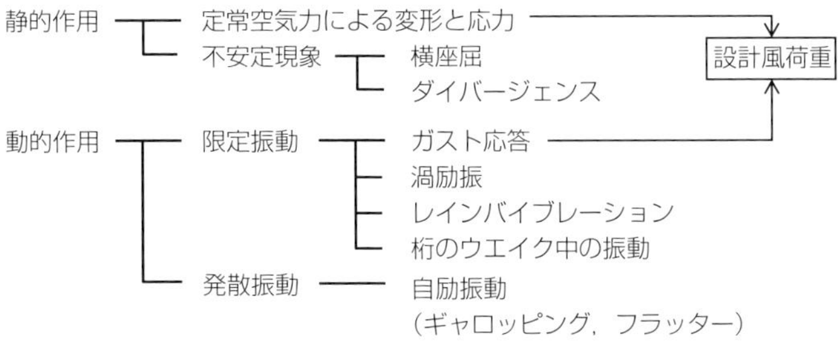

図1-4-2 風作用により橋梁に発現する現象

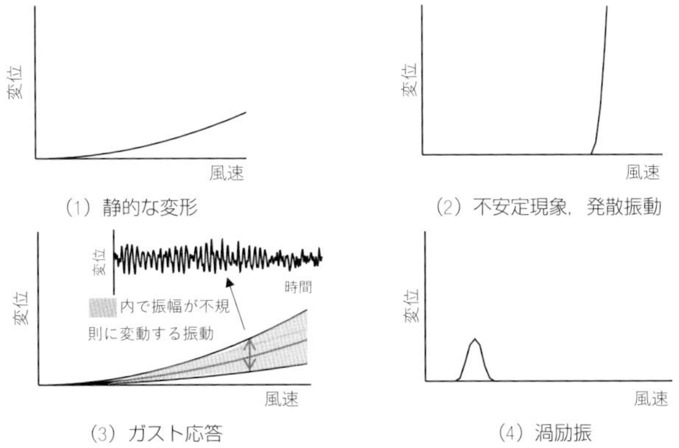

図1-4-3 風による作用の概念図

空気密度をρとして，式（1）のように風荷重Pを表します．なお，粘性に伴う構造表面の摩擦力は，通常，圧力抵抗に比べて無視し得る程度に小さいことから，橋梁が風から受ける力としては，圧力抵抗によって代表させることができます．

$$P = \frac{1}{2}\rho V^2 C_d A_n \qquad (1)$$

風の作用をもう少し詳しく見てみましょう．構造表面の圧力分布は，場所，時間によって時々刻々複雑に変化するとともに，構造の運動によっても変化するため，**図1-4-2**のように風の作用は橋梁に様々な現象を引き起こします．具体的には，時間変化しない静的作用としての変形や応力と，時間変化する圧力分布に伴う動的作用としての空力振動現象を引き起こします．ここで，変形や応力は式（1）に示す時間平均的な風荷重に比例して増大する（**図1-4-3**（1））一方，不安定現象は変形や応力に伴って力のつり合いが崩れ突然に変位が増大する現象（**同図**（2））です．また，動的作用は時間的に振動が一方的に大きくならない限定振動と，いったん発生すると発散的に発達する発散振動に分類されます．限定振動のうち，ガスト応答とは後でも述べるように風の乱れによって生じる不規則な強制振動（**同図**（3）），渦励振は橋桁からの剥離渦と桁の振動周期の同調による比較的低風速で発生する振幅限定的な振動（**同図**（4））です．さらに，発散振動は振動が新たな励振空気力を生み出し，それが循環することで急激に振動が発達する現象であり，鉛直たわみのものをギャロッピング，ねじれ振動を主体とするものをフラッターと呼び，**写真1-4-1**に示すタコマ橋の落橋の原因にもなりました．発散振動は，ある風速を超えると急に発現することが多く，風速と変位の関係は**図1-4-3**（2）の静的不安定現象と同様となります．

「道路橋示方書[1)]」においては，風の静的作用に風の乱れによる動的作用（ガスト応答）を加えたものと等価な荷重効果を風荷重として規定しています．ガスト応答とは，風速と風荷重の時間変動に応じて生じる不規則な強制振動ですが，その大きさは風の変動特性，橋梁の固有振動数や質量などによって変化します．橋梁の規模にかかわらず必ず発現する現象ですので，風荷重の算定にその影響を含める必要があります．具体的には，**図1-4-4**に示す平均風速に基づく時間平均的な圧力抵抗による風荷重に，ガスト応答の最大期待値を等価な静的風荷重に変換し，両者を足し合わせたものを設計で用いる風荷重Pとしています．

$$P = \frac{1}{2} \rho V^2 C_d G A_n \qquad (2)$$

式（2）に示すように，このガスト応答による増分をガスト応答係数Gで考慮することになりますが，「道路橋示方書」では支間長200 m程度の橋梁に海上風が作用する場合のガスト応答解析を行い，変動する風荷重の最大値と平均値の比として1.9を規定しています．厳密には，田園地帯，住宅地，大都市では風の乱れが大きいためにガスト応答係数Gも大きくなりますが，逆に設計基準風速が海上に比べて低くなりますので，両者が相殺すると考えて，設計の簡便性から全国一律に1.9としています．すなわち，式（2）で算出される風荷重値が架橋地点によらず同一レベルとなることを想定しています．

なお，「道路橋示方書」では，式（2）によって個々の風荷重を算出するのではなく，橋桁の形式や構造の形に応じて，桁幅や桁高などの断面寸法の関数として単位長さ当たり，もしくは単位面積当たりの荷重をじかに規定しています．風荷重は風速によって変化し，風荷重の算出などの基本となる風速V（設計基準風速）は本来，地域，高度によって適切に与える必要がありますが，「道路橋示方書」では40 m/sに相当する値を全国一律に用いています．これは，「道路橋示方書」が対象とする支間長200 m以下の橋梁では，大方において風荷重が支配的とならないこと，および想定する100年再現期待風速として40 m/sは橋梁高度を考えてもおおむね妥当と考えられることから，設計の簡便さを考慮してこのような取扱いとしています．また，これは地震とともに横方向の荷重である風荷重を，構造の水平方向剛性を確保する目的にしており，過度に小さな荷重とならないようにする配慮でもあります．なお，設計基準風速が40 m/sを超えることが想定される場合には，「道路橋耐風設計便覧」[2)]などを参考に所要の安全性が確保されるよう適切に定めることが規定されています．

「道路橋示方書」には，風荷重が規定されているために，設計風速を求める必要はありません．すでに述べたように，現在の風荷重は設計基準風速40 m/sを仮定していますが，これは昭和48年の「道路橋示方書」で初めて示されました．ただし，それ以前の「道路橋示方書」（例えば，昭和31年版）でも計算方法は異なるものの，同じ風荷重が規定されていることから，設計基準風速としては等価なレベルを考慮していたと見なせます．

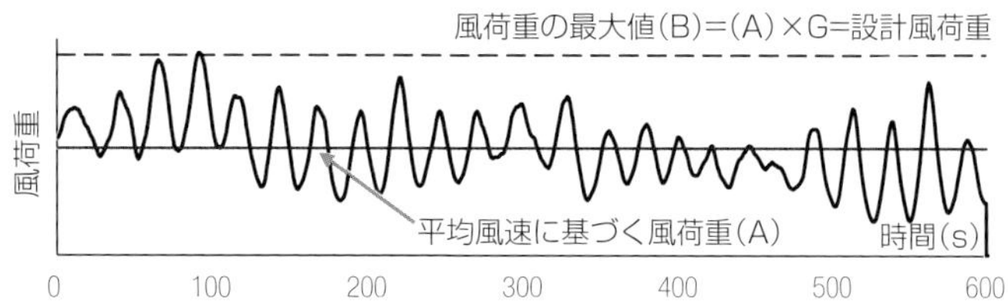

図1-4-4　風荷重の時間変化

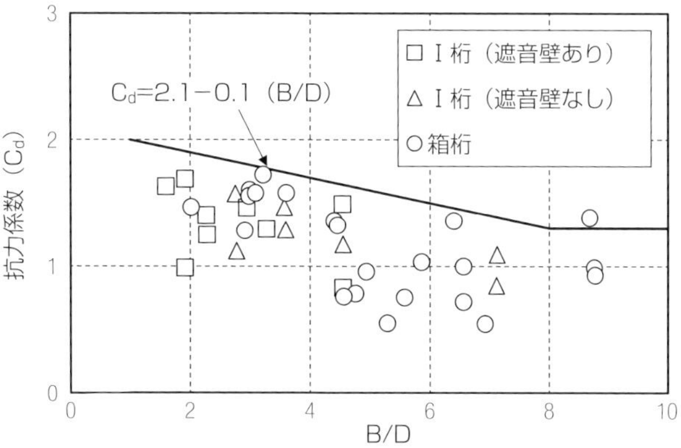

図1-4-5　鋼桁の抗力係数

例として，単位長さ当たりの鋼桁の風荷重を式（2）に従って計算してみます.「道路橋示方書」に示されるように空気密度ρを1.23（kg/m^3），設計基準風速Vを40（m/s）として，単位長さ当たりの投影面積A_nを桁高Dで代表することで，以下の通り計算できます.

$$P=\frac{1}{2}\rho V^2 C_d\, GA_n=0.5\times1.23\times40^2\times\left[2.1-0.1\times\left(\frac{B}{D}\right)\right]\times1.9\times D$$

$$\cong\left[4.0-0.2\times\left(\frac{B}{D}\right)\right]\cdot D \qquad (\mathrm{kN/m})$$

これは，鋼桁の抗力係数C_dとして，**図1-4-5**に示すように風洞実験の結果をもとに断面辺長比B/D（桁幅／桁高）との関係で，B/Dが1から8までは，2.1-0.1(B/D)と近似した結果を用いています[2)]．B/Dが8以上に対してもC_d =1.3と近似することで，「道路橋示方書」での鋼桁の単位長さあたりの風荷重の規定（式（3））が得られることになります。なお，式（3）では40m/s以外の設計基準風速にも適用できるよう（$V/40$)^{2}の項が加えられています．また，先にも説明したように，水平方向剛性確保の観点から最低値が6kN/mと定められています．

$$P\ (\mathrm{kN/m})=$$

$$\begin{cases}(V/40)^2\cdot\left[4.0-0.2\left(\frac{B}{D}\right)\right]\cdot D\geqq6.0 & (1\leqq B/D<8)\\ (V/40)^2\cdot2.4D\geqq6.0 & (8\leqq B/D)\end{cases}\qquad(3)$$

「道路橋示方書」では，その他の形式に対しても同様の考え方で風荷重の規定が示されています．

4-2 耐風設計の考え方

長大橋ではない通常の橋梁では，風荷重に対する構造設計（静的耐風設計）を行うことで風作用に対する検討は十分な場合がほとんどですが，架橋地点に強風が予想される場合やたわみやすい構造の場合には，4-1で述べた風による振動に対する評価（動的耐風設計）が必要となります．その詳細は，「道路橋耐風設計便覧」に示されています．なお，通常の橋梁でも細長い部材（ケーブルや支柱など）や架設時に支持条件が異なる場合などは，別途，静的，動的の安定性の検討が必要になります（図1-4-6参照）．なお，吊橋や斜張橋といった長大橋では，動的耐風設計が必須となりますが，基本的に個別に検討を行うこととしています．ここでは説明を省略しますが，「本州四国連絡橋耐風設計基準（2001）・同解説」[3] などが参考にできます．

ところで，長大橋ではない一般橋梁で，動的耐風設計が必要かどうかを見極めることは簡単ではありません．「道路橋耐風設計便覧」には，橋梁の支間長，橋桁などの代表寸法，架橋地点の風特性などから，動的耐風設計が必要かどうかを判定する基準が示されるとともに，過去の風洞実験結果をもとにした空力振動の発現風速，発現振幅の推定式が示されており，それによって風洞実験などを行わなくても一次スクリーニングをすることができます．そのうえで，詳細な検討が必要となった場合に，風洞実験などの実施や専門家との協議を行えばよいこととされています．

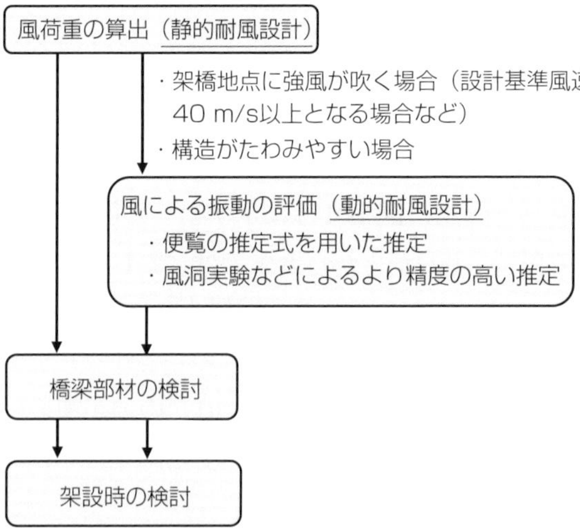

図1-4-6 耐風設計の流れ

4-3 風荷重に対する静的耐風設計

4-3-1 風荷重に抵抗する部材

橋梁を構成する部材のうち，主に風荷重に抵抗するために設けられる部材の主たるものとしては，横桁，対傾構，および横構が挙げられます．これらを一般的に横方向部材と呼びます．橋の設計は橋軸方向と橋軸直角方向に分けて，それぞれ異なるモデルで設計します（**図1-4-7**）．実務においては，それぞれ主方向，横方向と呼ぶことが一般的です．主方向は桁を1本もしくは複数の梁要素でモデル化し，横方向は桁および横方向部材を梁要素で構成したラーメンとしてモデル化します．なお，一般的にコンクリート橋の場合は部材剛性が大きいため風荷重が問題となることはほとんどなく，ここでは鋼橋を対象として，風荷重に対する横方向部材の設計について説明します．

(1) 対 傾 構

対傾構は，横構と協働して橋の立体的機能を確保するために，橋の断面形状の保持，橋の剛性の確保，風などの横荷重の支点部への円滑な伝達が行えるよう設置します．

「鋼道路橋設計便覧」[4] においては，風荷重などの横荷重に対しては，断面形状を保持させる場合は対傾構の変形が最も大きくなるよう載荷し，構造部材として耐荷性能を満足させる場合は，各部材の軸力が最も大きくなるよう載荷するとされています（**図1-4-8**）．

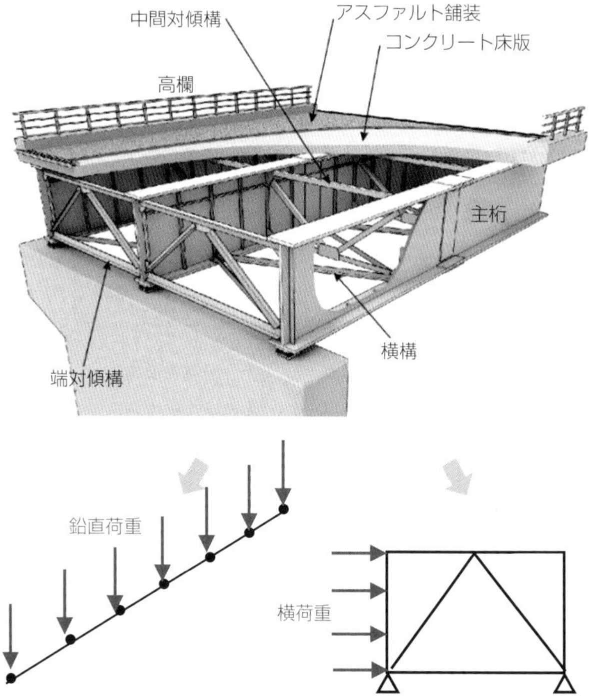

図1-4-7 鋼桁のモデル化の例（左：主方向，右：横方向）

第1編 第4章 風作用（風荷重）

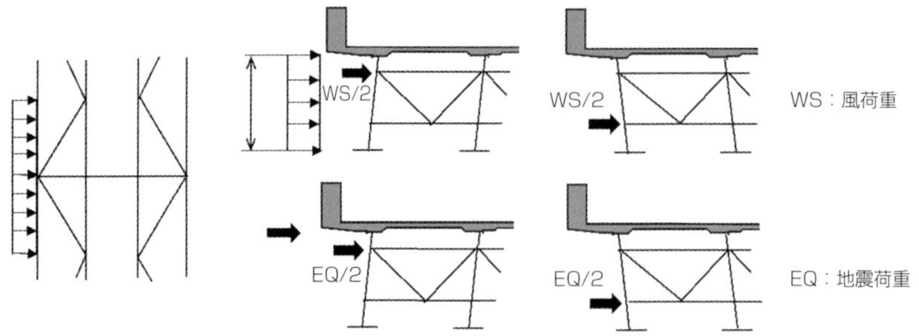

図1-4-8　対傾構に対する横荷重の載荷方法

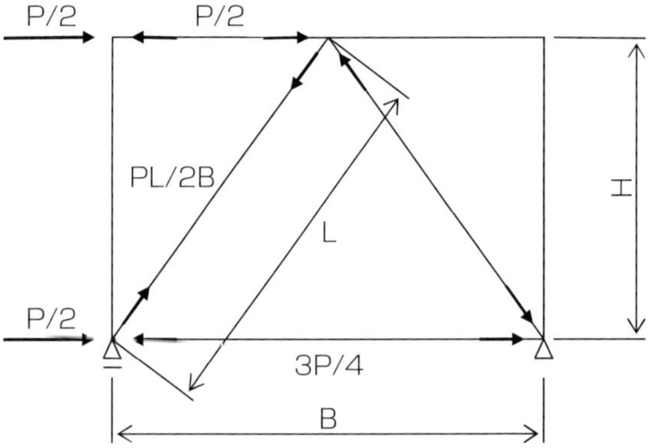

図1-4-9　対傾構のモデル化の例

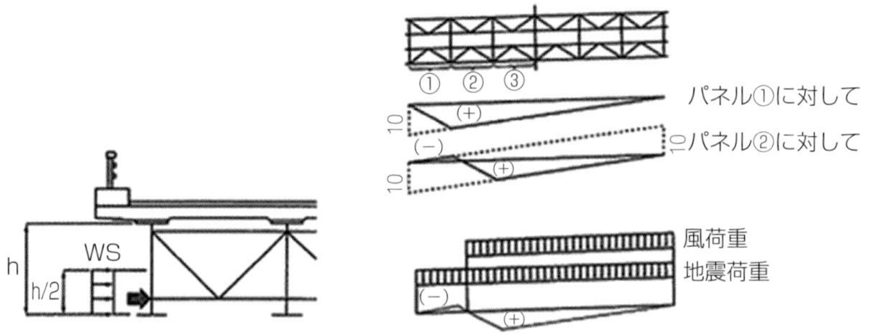

(a) 風荷重WSの載荷方法　　(b) 影響線面積

図1-4-10　横構に対する横荷重の載荷方法[4)]

対傾構の計算方法については，対傾構の縦断方向における分担長さを考慮し，一組の対傾構に作用する風荷重の値を算出し，その荷重値を**図1-4-9**に示すフレーム計算モデルに与えることで，対傾構の各部材の応力度の算出をします．対傾構は風荷重のほかに，地震荷重に対しても計算を行いますが，別に定められている細長比の最小値により断面形状が決定する例が多いです．

(2)　横　　構

横構は横荷重に抵抗させるとともに，橋全体の剛性を確保するために配置するものとされています．

「鋼道路橋設計便覧」[4] においては，風荷重による上部構造の変形に対して，上部構造の断面形状と平面形状を保持できるよう，横構に必要な剛性を確保できるよう設計するとされています（**図1-4-10**）．1979年版の「鋼道路橋設計便覧」[5] では，床版と横構の荷重分担の比率が明らかでないことから，安全側となるようにそれぞれ1/2を分担するとして設定を行っていました．一方で，鉄筋コンクリート床版を有するＩ桁橋の場合，横荷重はそのほとんどが床版を介して支点部に伝えられる傾向にあることから，設計では床版と横構で必要な剛性が確保できるよう，荷重の載荷状態を考慮するとされています．対傾構と同様，多くの場合は別に定められている細長比の最小値により断面形状が決定します．

(3)　横　　桁

横桁は，中間横桁および支点上横桁についてそれぞれ断面力の算定モデルが「鋼道路橋設計便覧」[4] に示されています．対傾構と同様に縦断方向の分担幅を考慮し，一組の横桁に作用する風荷重の値を算出し，その荷重値を下図に示すフレーム計算モデルに与えることで，横桁の各部材の応力度の算出をします．**図1-4-11, 1-4-12**に示すように，中間横桁は主桁上端を支点としたモデル化とし，端支点上横桁は主桁下端を支点としたモデル化とします．なお近年は，振動対策および騒音対策として端横桁をRCで巻き立てる構造が用いられることもあります．

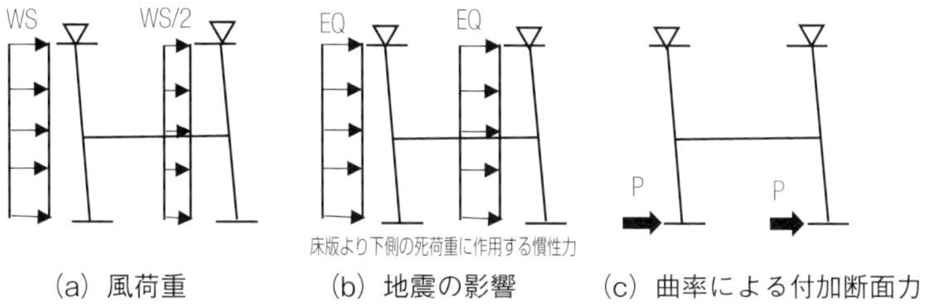

図1-4-11　中間横桁に対する横荷重の載荷方法

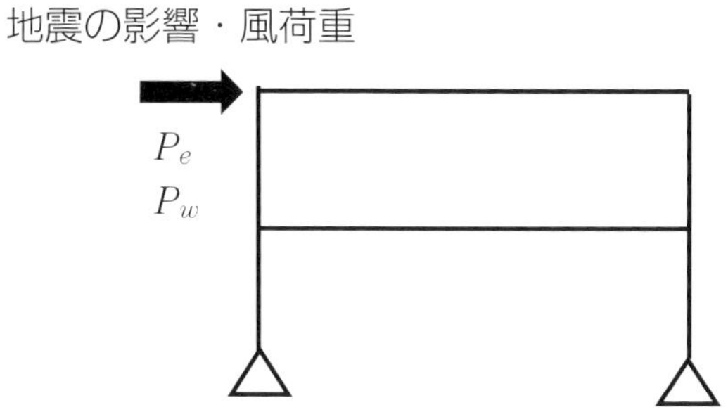

図1-4-12　端支点上横桁に対する横荷重の載荷方法

4-3-2　風荷重に対する静的耐風設計のモデル化の検証例

上述のように，風荷重等に抵抗するために設置される横方向部材は単に風荷重等に抵抗するだけでなく，橋全体としての剛性を確保するためにも設けられています.

風荷重に対する静的耐風設計のモデル化の妥当性を検証するために，風洞実験により鋼多主桁橋の桁ごとの抗力の分担率を計測し，風荷重がどのように断面内に作用しているかを検討した事例[6), 7)] を**図1-4-13**に示します．鋼多主桁橋の風荷重による抗力の大部分が風上側の高欄および第1主桁で分担されている状況が確認できます.

上記の抗力分担率を考慮し，鋼多主桁橋および鋼少数主桁橋を対象に床版，主桁，床版と主桁間のずれ止めおよび横方向部材を対象に**図1-4-14**に示すような有限要素解析モデルを構築し，横方向部材に生じる応力度を算出しました．これを現行設計法による発生応力度と比較し

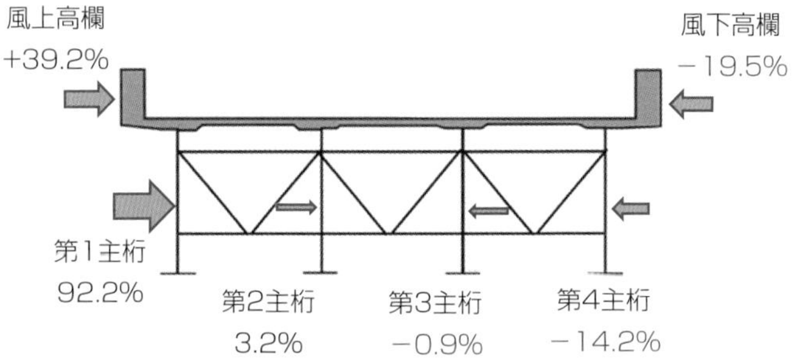

図1-4-13　鋼多主桁橋の抗力分担率の例

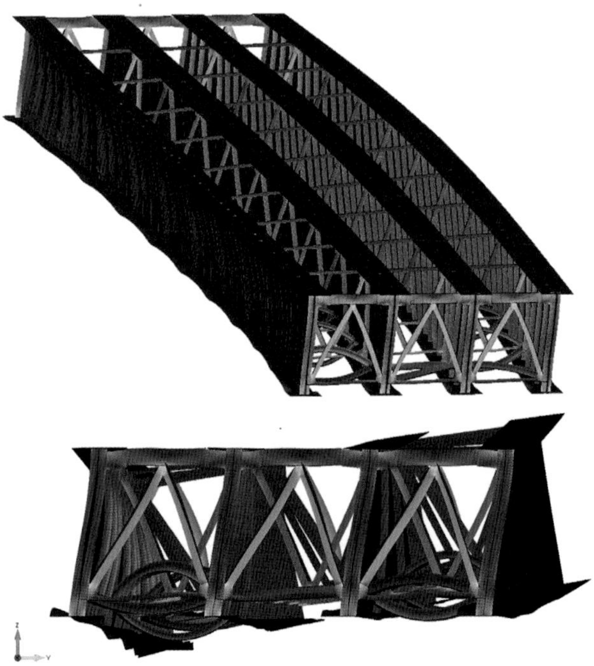
図1-4-14　有限要素解析モデルの例（床版は非表示）

たところ，おおむね有限要素解析による発生応力度のほうが現行設計法による発生応力度よりも小さい値となりましたが，端対傾構の斜材のみ大きな値となりました．これは桁端部においては風荷重や地震荷重等の横荷重が作用した場合，桁のねじりの影響が大きく，支点部において桁下端が固定されることにより，端対傾構斜材には大きな応力度が生じていることが要因と考えられます．これは，既往地震による橋梁被災事例[8)]における対傾構の損傷位置とも一致します．

そのほか，横構に関しても同様の発生応力度を比較しましたが，おおむね現行設計法による発生応力度の40％以下であり，「鋼道路橋設計便覧」に示されるように床版と横構の荷重分担の比率は確かに安全側であることが分かりました．

以上のように，風等の横力に対して抵抗するために設置される横方向部材については，橋全体構造を設計モデルとして簡略化する際に必ずしも詳細な解析モデルと一致する結果とはなっていませんが，単に応力度による耐荷性能の照査だけでなく，断面形状保持や橋全体としての剛性確保等の観点からも横方向部材は設置されるものであるため，今後も合理的な横方向部材に対する設計を検討する必要があります．

4-4　ま　と　め

風作用は，静的作用としての変形や応力に対する照査と，時間変化する圧力分布に伴う動的作用としての空力振動現象に対する照査に大きく分けられ，静的耐風設計における設計方法について概要を説明しました．耐風設計そのものが課題となる事例は，橋梁全体からすれば少数かもしれませんが，まずは橋に対して風がどのように作用し，生じる可能性がある現象について本稿および参考文献をもとに理解していただければと思います．特に，動的耐風設計については，すでに説明したように「道路橋耐風設計便覧」や既往の検討事例などが対応の参考になるでしょう．

〔参 考 文 献〕
1）日本道路協会：道路橋示方書・同解説　Ⅰ共通編（2017.11）
2）日本道路協会：道路橋耐風設計便覧（平成19年改訂版）（2007.12）
3）本州四国連絡橋公団：本州四国連絡橋耐風設計基準（2001）および同解説（2001.8）
4）日本道路協会：鋼道路橋設計便覧（2020）
5）日本道路協会：鋼道路橋設計便覧（1979）
6）石原大作：プレートガーダー橋の横方向荷重に対する挙動および設計法に関する研究，横浜国立大学大学院博士論文（2019）
7）勝地弘，小川菜穂，石原大作：鈑桁形式橋梁に作用する風荷重分布，風工学研究論文集，Vol.27，pp.191-197（2022.12）
8）国土技術政策総合研究所，土木研究所，建築研究所：平成19年（2007年）新潟県中越沖地震被害調査報告，土木研究所資料，第4086号（2008.2）

Column
コラム

改築工事で田中賞作品部門を受賞した橋

名神高速道路　蝉丸橋（アーチ橋の構造改良と床版取替）

西日本高速道路（株）　大城　壮司

【改築前】

【現在】

名神高速道路蝉丸橋は，国道１号線を越える上下線分離の上路式鋼アーチ橋で，1963年に日本初の高速道路として整備された栗東IC～尼崎IC区間内の一部をなす橋梁です．供用後10年を経過したころから，RC床版の損傷，床組の疲労き裂，アーチ垂直材とアーチリブ取合い部の疲労き裂などが顕在化してきました．その後，床版補強，縦桁補強，ストップホール施工などの工事が繰り返されましたが，解決には至らず抜本的な対策が必要とされたため，1989年（下り線），1990年（上り線）に大規模改築工事が実施されました．

主構造については，アーチ橋の立体挙動に対する剛性不足を改善するため，斜材および対傾構の追加と垂直材の増設により，鋼２ヒンジアーチ橋から鋼２ヒンジスパンドレルブレースドアーチ橋に構造改良されました．損傷したRC床版は，軽量化やねじれに対する追従性等から鋼床版に改良することとし，横リブと縦リブが直交せずに斜角62°を有するためデッキプレート厚を14mmとしたバルブリブ鋼床版に取替えられました．

名神高速道路は日本の大動脈であることから，最小限の交通規制下においての工事が必要とされました．その課題を解決するため，舗装のプレキャスト化をはじめとする様々な工夫が採用され，上り線，下り線ともにわずか13夜間の通行規制のみで大規模改築工事を完了させることができました．この取り組みが評価され，既設橋の改築工事として初めて1990年度の田中賞を受賞しています．田中賞の作品部門が新設と改築にわかれたのはこの23年後の2013年，その前の23年間に改築工事で受賞した橋梁はわずか３橋（蝉丸橋，下植野高架橋，港大橋）です．大規模改築工事のパイオニアと言える橋梁です．

【参考文献】福島公，岩竹喜久磨，上村一郎，高田寛：名神高速道路鋼アーチ橋の改良計画－蝉丸橋－，橋梁と基礎，1989年10月号　建設図書

第Ⅱ編

代表的な損傷とその対応

第１章

鋼橋の腐食と塗装塗替え，当て板補強

鋼橋の代表的な損傷には，地震や洪水などによる突発的な損傷を除けば，疲労と腐食の２つの損傷があります．これらの損傷を補修・補強する際には，損傷部に鋼板の当て板を取り付ける方法を採用することが多くあります．当て板を既設の部材に取り付ける方法としては，一般には溶接接合とボルト接合がありますが，既設橋において部材を溶接で接合する場合には，溶接の姿勢が限られる，交通振動下での溶接となる，既設鋼材の溶接性が問題になるなど，技術的に難易度が高いほか，その溶接部が新たな疲労上の弱点になるという問題が生じることがあります．そのため，既設橋への当て板などの部材取付けは，高力ボルト接合により行われることが一般的です．本章では，鋼橋に発生する２つの代表的な損傷のうち腐食に着目し，腐食の発生メカニズム，鋼橋の腐食事例，点検・診断方法，塗装塗替え，高力ボルトを用いた当て板による補修・補強方法について概説します．

なお，当初の性能まで戻す対策を補修，耐震補強のように当初の性能以上にする対策を補強と呼ぶ場合や，経年劣化を止めるための対策を補修，当初またはそれ以上まで性能をあげる対策を補強と呼ぶ場合などがありますが，**1-1**以降では，後者の呼び方を用いることとします．

1-1　鋼橋の腐食

鋼は，大気中において水と酸素に反応し，腐食します．腐食のメカニズムを**図2-1-1**に示します．鋼素地に水が付着して酸素が供給されると，そこに局部電池が形成されて化学反応が起こります．鉄が溶出して電子を放出する部分をアノード部，その周辺で電子を受け取り，水酸化イオンとなる部分をカソード部と呼び，全体としては鉄と水，酸素が反応することにより赤さびが発生します．

この腐食を防止するため，鋼橋は何らかの防食対策が施されたうえで供用されます．防食対策の代表的なものは塗装で，塗膜により外気と遮断して腐食因子の侵入を防止することで，鋼材を腐食から守ります．

塗膜は防食下地，下塗り，中塗り，上塗りから構成されますが，通常，防食下地には亜鉛を含んだ無機ジンクリッチペイントが用いられ，亜鉛の犠牲防食作用により，鋼材を腐食から守る役割があります．ここで，犠牲防食作用とは，鋼よりもイオン化傾向が卑である金属（この場合は亜鉛）を鋼材表面に置くことにより，鋼よりも先にこの金属を先行して腐食させることで，鋼を腐食から守る作用です．塗装作業においては，この犠牲防食作用を発揮する防食下地と，その鋼材との密着性を確保するための素地調整（鋼材表面のさびや不純物をブラストやディスクグラインダにより取り除き，清浄な状態にする作業）が最も重要となります．昔の塗料では，この防食下地には鉛系の塗料が用いられることが多かったのですが，健康被害や環境への配慮から，今では使われておりません．ただし，多くの既設橋では鉛系の防食下地が数多く残っていますので，既設橋の補修・補強や塗装塗替えの際には，注意が必要です．また，一時，上塗り塗料として使用されていた塩化ゴム系の塗料には，有害物質であるPCBが含まれているものもあり，その扱いについては，より一層の注意が必要となります．

上塗り塗装には，かつてはフタル酸系塗料や上述の塩化ゴム系塗料，ポリウレタン塗料が用いられていましたが，今では美観や耐候性に優れたふっ素樹脂塗料が用いられています．下塗り，中塗り塗料には，外気を遮断する役割や，防食下地と上塗りの密着性をよくする役割があり，今ではエポキシ樹脂塗料が用いられています．鋼橋を腐食から守り，長期にわたり健全性を保つためには，まず，この塗膜を適切に維持管理することが重要となります．

鋼橋の腐食には，橋全体が一様に腐食する全体腐食と，局部的に腐食が進行する例がありますが，一般的に問題となるのは局部的な腐食であり，常時湿潤状態となりやすい部位や，塗膜品質の確保が難しい部位において，塗膜劣化が進んだ後に腐食が集中的に発生します．鋼Ｉ桁橋で局部的な腐食が進行しやすい部位を**図2-1-2**に示します．鋼材は水と酸素の供給により腐食すると述べましたが，もう一つ重要な因子として，塩分があります．塩分には水分を保持する作用（潮解作用）があり，鋼材に塩分が付着すると局部電池が長時間保持される状態となり，腐食が著しく進行します．そのため，海岸線に近く飛来塩分の影響を受けやすい部位や，冬季，路面に凍結防止剤（塩化ナトリウム，塩化カルシウム）を散布する地域では，上述の局部腐食が一

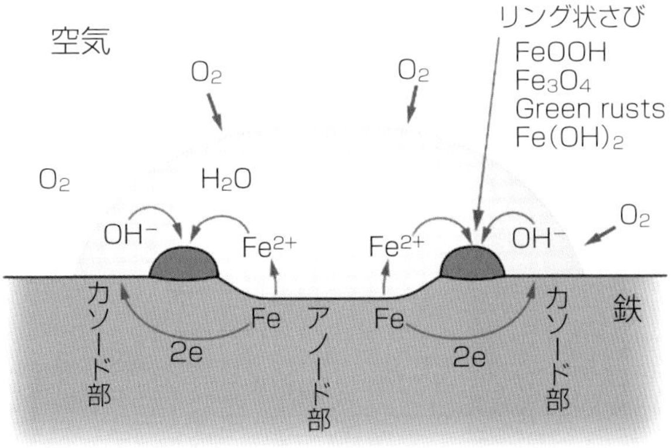

図2-1-1 鋼材の腐食のメカニズム[1)]

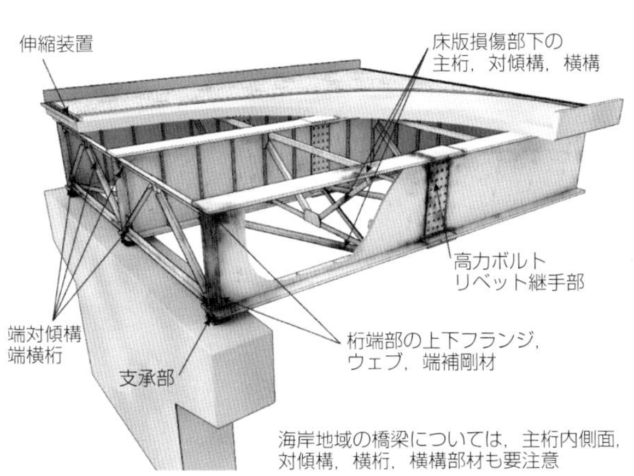

図2-1-2 鋼Ｉ桁橋における腐食しやすい部位

第Ⅱ編 第1章 鋼橋の腐食と塗装塗替え，当て板補強

般環境と比較してさらに顕著に進む場合があります．代表的な腐食部位について説明します．

1-1-1　桁端部の腐食

鋼橋の桁端部は，伸縮装置からの漏水等により常時湿潤状態となりやすく，鋼橋の中で最も腐食しやすい部位の一つです．桁端部の腐食例を**写真2-1-1**に示します．鋼桁の腐食に伴う断面欠損による耐荷力の低下のほか，支承の腐食による機能不全も問題となります．桁端部の腐食を補修・補強する際には，伸縮装置の取替えによる漏水の防止や，桁端の切欠きによる通気性の確保，排水勾配の設置による滞水の防止などを行い，腐食原因を取り除くことが重要となります．

1-1-2　高力ボルト継手部の腐食

高力ボルトは**図2-1-3**に示すように角部が多く，塗膜厚が薄くなりやすいこと，現場塗装となるため十分な素地調整ができていない場合があること，年代によっては防食下地がない塗装系が採用されていることなどから，一般部と比較して腐食が進行しやすい部位となっています．高力ボルト継手部の腐食事例を**写真2-1-2**に示します．この損傷の対策としては，ブラストによる十分な素地調整後，防食下地として有機ジンクリッチペイントを２層，塗布することや，防錆処理ボルトに交換することが効果的です．腐食環境の厳しい部位においては，さらにボルトキャップを使用する事例もあります（**写真2-1-3**）．

写真2-1-1　桁端部の腐食

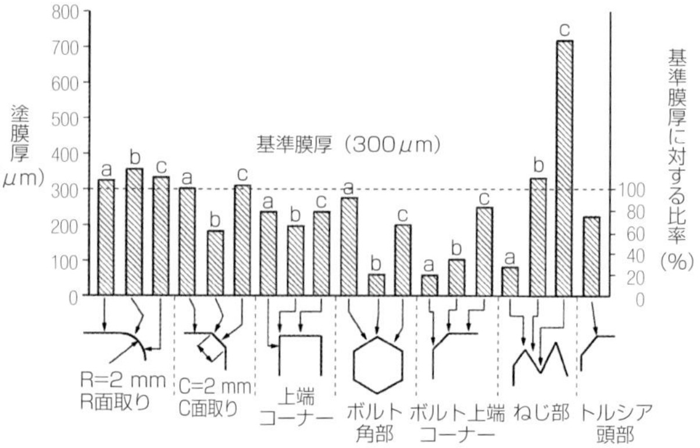

図2-1-3　角部の塗膜厚の調査結果[2)]

写真2-1-2　高力ボルト継手部の腐食

写真2-1-3　ボルトキャップ

1-1-3　排水管損傷部，床版損傷部に起因する腐食

橋には，路面の水を桁下に排出するための排水管が取り付けられます．この排水管が損傷して漏水していたり，短かったりすると，鋼桁の特定の位置に水がかかることで，腐食が進行します．RC床版の貫通ひび割れからの漏水によっても，同様の腐食が発生します．これらの損傷事例を**写真2-1-4**に示します．損傷部の補修・補強の際には，排水管の補修，RC床版のひび割れ補修など，漏水の原因を取り除くことが重要となります．

1-1-4　部材格点部の腐食

トラス橋やアーチ橋の部材格点部や，桁橋のガセット部など部材が複雑に交差する部位で，土砂の堆積や滞水が生じることで，腐食が進行することがあります．特に，トラスやアーチの弦材がRC床版を貫通する構造においては，このコンクリートの接触部に局部的な腐食が進行することがあり，弦材が破断に至った事例もあります．格点の腐食事例を**写真2-1-5**に示します．この部位の補修方法としては，水抜き孔の設置や排水勾配の設置による土砂堆積・滞水の防止や，RC床版の箱抜きによるコンクリートと鋼材の接触の防止などがあります．

1-1-5　鋼桁の内側の腐食

桁間に巻き込んだ風により飛来塩分が桁の内側表面に付着，これが蓄積されることで腐食が進行する事例があります．外側のほうが雨にあたるため，腐食が進行しやすいと思われる方もいるかもしれませんが，雨により塩分が洗い流されるため，その効果が期待できない内側で腐食が先行して進みます．桁内側の腐食事例を**写真2-1-6**に示します．

1-1-6　耐候性鋼橋の異常さび

塗装をせずに表面に緻密な保護性さびを形成することで，鋼材の腐食速度を低減する耐候性鋼橋において，飛来塩分や凍結防止剤の影響を受けるなど，想定よりも厳しい環境に置かれた場合，保護性さびがうまく形成されずに，うろこ状さびや層状剥離さびなどの異常さびが発生することがあります．耐候性鋼橋の異常さびの例を**写真2-1-7**に示します．これらのさびが確認された場合は，さびの進行の経過を観察した後，必要に応じて塗装の追加などが行われます．塗装する際には，硬い耐候性のさびを十分に落とすこと，凹凸の奥に浸透した塩分を十分に除去することが重要となります．

写真2-1-4　排水管の腐食損傷と漏水による主桁腐食

写真2-1-5　格点部の腐食

写真2-1-6　桁内側の腐食

写真2-1-7　耐候性鋼橋の異常さび

そのほかにもありますが，以上，代表的な鋼橋の腐食事例を紹介しました．

1-2　腐食部の点検と診断

鋼橋の腐食の点検に当たっては，まず，塗膜の防食機能が健全であるかどうかを確認することが重要です．塗膜の調査方法としては目視調査が一般的であり，防食機能の調査としては塗膜の剥がれ，割れ，傷，さびの発生が，美観機能の調査としては白亜化，変退色，上塗り塗膜の消耗を確認します．

上塗り塗装は紫外線により劣化し，色褪せや塗膜厚の減少による中塗りの露出が起きますので，それが確認された場合は，塗装塗替えを計画する必要があります．塗膜の維持管理の基本は「鋼材を守る防食下地を消耗させないこと」であり，上塗りや中塗りの劣化や消耗が確認された場合には，防食下地の消耗が始まる前に，塗替え塗装を計画することが重要です．前述のとおり，塗装の劣化は橋全体に一様に進むわけではありませんので，塗替えに際しては，部分塗替えも検討するのがよいと考えられます．

塗膜の損傷にとどまらず，鋼材の腐食（さびの発生）や減肉（板厚の減少）が確認された場合には，その腐食程度を確認する必要があります．腐食形状をノギスやデプスゲージ，型取りなどにより測定し，可能であれば残存部の最小板厚や最小断面積を求めます．この最小断面積と作用応力の関係から，耐荷力が問題になると判断されたり，最小断面積を考慮して算出した応力値が制限値を超えるような場合には，当て板による補強を検討します．

1-3　塗替え塗装

1-3-1　塗替え塗装仕様と素地調整

鋼橋を腐食から守るためには，第一に塗膜を健全な状態に維持することが重要となります

表2-1-1　道路橋の主な塗替え塗装仕様[3)]

（1）Rc-Ⅰ塗装系

塗装工程	塗料名	使用量 g/m²
素地調整	1種（ブラスト，Sa2.5）	
防食下地	有機ジンクリッチペイント	600
下塗×2	弱溶剤形変性エポキシ樹脂塗料下塗	240
中塗	弱溶剤形ふっ素樹脂塗料用中塗	170
上塗	弱溶剤形ふっ素樹脂塗料上塗	140

（2）Rc-Ⅲ塗装系

塗装工程	塗料名	使用量 g/m²
素地調整	3種	
下塗×2～3	弱溶剤形変性エポキシ樹脂塗料下塗（鋼材露出部のみ3層）	200
中塗	弱溶剤形ふっ素樹脂塗料用中塗	140
上塗	弱溶剤形ふっ素樹脂塗料上塗	120
上塗	弱溶剤形ふっ素樹脂塗料上塗	140

（3）Rc-Ⅳ塗装系

塗装工程	塗料名	使用量 g/m²
素地調整	4種	
下塗	弱溶剤形変性エポキシ樹脂塗料下塗	200
中塗	弱溶剤形ふっ素樹脂塗料用中塗	140
上塗	弱溶剤形ふっ素樹脂塗料上塗	120

が，塗膜は紫外線や風雨，腐食因子である飛来塩分やSOx，NOxにさらされることにより劣化しますので，上塗りや中塗りの劣化や消耗が確認された場合には，防食下地の劣化が進む前に塗替え塗装を行うことが重要です．塗替え塗装の時期について，道路橋では現塗膜が重防食塗装系ではない一般塗装系の場合はさびとはがれの程度により，現塗膜が重防食塗装の場合は上塗りの消耗程度により判断されます．

道路橋の主な塗替え塗装仕様を**表2-1-1**に示します[3)]．旧塗膜が一般塗装系の場合，旧塗膜を完全に除去した上で，有機ジンクリッチペイントを防食下地として塗装するRc-Ⅰ塗装系が推奨されます．ただし，現地の状況によりブラストによる旧塗膜の除去が困難な場合，Rc-Ⅲ塗装系が採用されることが多いのが実情です．旧塗膜が重防食塗装系で，防食下地が劣化しない状態で塗替え塗装する場合はRc-Ⅳ塗装が採用されます．

塗装塗替えを行う際，塗膜の寿命に影響を及ぼす最も重要な工程として，“素地調整”があります．素地調整は，塗料を塗布する面の汚れ，錆，塩分，劣化した塗膜等を確実に取り除いて清浄な状態にするとともに，適度に粗くすることにより塗料の密着を良くすることを目的に行います．塗替え塗装時の素地調整の仕上がり具合（素地調整程度と呼びます）は**表2-1-2**に示すように作業内容によって1～4種の4種類に区分されています．

表2-1-2　素地調整程度と作業内容

程度	作業内容	作業方法
1種	旧塗膜，さびを全て除去して鋼材面を露出させる．	ブラスト工法
2種	ジンク系塗装を除く旧塗膜を完全に除去する．	ディスクサンダーなどの動力工具と手工具
3種	活膜を残し，それ以外の不良部（さび，割れ，膨れ）を除去する	ディスクサンダーなどの動力工具と手工具
4種	粉化物，汚れを除去する．	ナイロン製タワシなど

1-3-2　塗替え塗装の施工と留意点

現塗膜が重防食塗装系の場合，防食下地が劣化する前に塗替え塗装するのが理想的なサイクルであり，その場合は前述のように素地調整が簡易なRc-Ⅳ塗装系を採用することができます．**写真2-1-8**に示すような簡単な素地調整（素地調整程度４種）で施工できるため，施工が効率的であり，中塗りが劣化する前であれば，さらに下塗りが省略される場合もあります．

現塗膜が一般塗装系で塗膜の性能を向上したい場合や，既にさびや腐食が進行している場合はRc-Ⅰ塗装系を採用します．Rc-Ⅰ塗装系では，素地調整において旧塗膜の他，錆，塩分を十分に除去することが最も重要になります．素地調整作業としてブラスト工法を用いる必要がありますが，重度腐食が進んだ部位では一度のブラストでは特に塩分が十分に除去できないことも多いので[4)]，ブラストを複数回行う，高圧洗浄やスチーム洗浄も併用するなどの工夫が必要となります．ブラスト工法の施工状況を**写真2-1-9**に示します．ブラスト工法では研削材（鉱石や非鉄金属等）を圧縮空気により塗装面に高速で衝突させることで，塗膜や錆を除去します．その際，粉塵が発生するため，周辺を十分に養生する必要があります．また，旧塗膜には鉛などの有害物質が含まれていることもありますので，作業員の防護や周辺への飛散防止に配慮が必要です．近年では，レーザーを用いたブラスト技術や，ウォータージェットを用いたブラスト技術も開発されており，これらの技術の実用化・一般化も期待されます．十分な素地調整の上，防食下地として有機ジンクリッチペイントを塗布し，エポキシ樹脂系の下塗り，中塗りの後，ふっ素系の上塗りを塗装します．その際，部材角部や高力ボルト継手部など，塗膜厚が薄くなりやすい部位については，角部を2R程度に面取り加工する，先行して１層，増塗するなどの対処をすることで，塗替え後の塗膜の品質を向上させることができます．また，塗装足場を設置するためのクランプ跡をタッチアップ塗装で仕上げた場合，**写真2-1-10**のようにクランプ跡の塗装の早期再劣化が生じる場合があります．足場クランプ部位の素地調整や塗装作業が確実に行えるように，施工途中において足場クランプを盛替えるなどすることも重要です．

1-3-3　部分塗替え塗装

腐食は構造物全体に一様に進むことは稀で，一般には**1-1**で示したような部位において局部的に進行します．そのため，腐食部位や塗膜劣化部位に限定して部分塗替えを採用すること

写真2-1-8　ナイロン製タワシを用いた素地調整（4種）

写真2-1-9　ブラスト工法による素地調整（1種）

も効果的です．部分塗替えの塗装方法を**図2-1-4**に示します[5)]．部分塗替え塗装は局部的に腐食している部位に対して行うことになるため，Rc-Ⅰ塗装系を採用することが原則になります．腐食範囲を十分にカバーする範囲を重防食塗装系に置き換えますが，境界部については旧塗膜の上に50mm程度，塗り重ねるのが原則です．塗り重ね部は健全な旧塗膜の上への塗装となるため，素地調整程度4種で良いですが，塗料同士の塗り重ね性には配慮する必要があります．

写真2-1-10　クランプ跡の塗膜の早期劣化事例

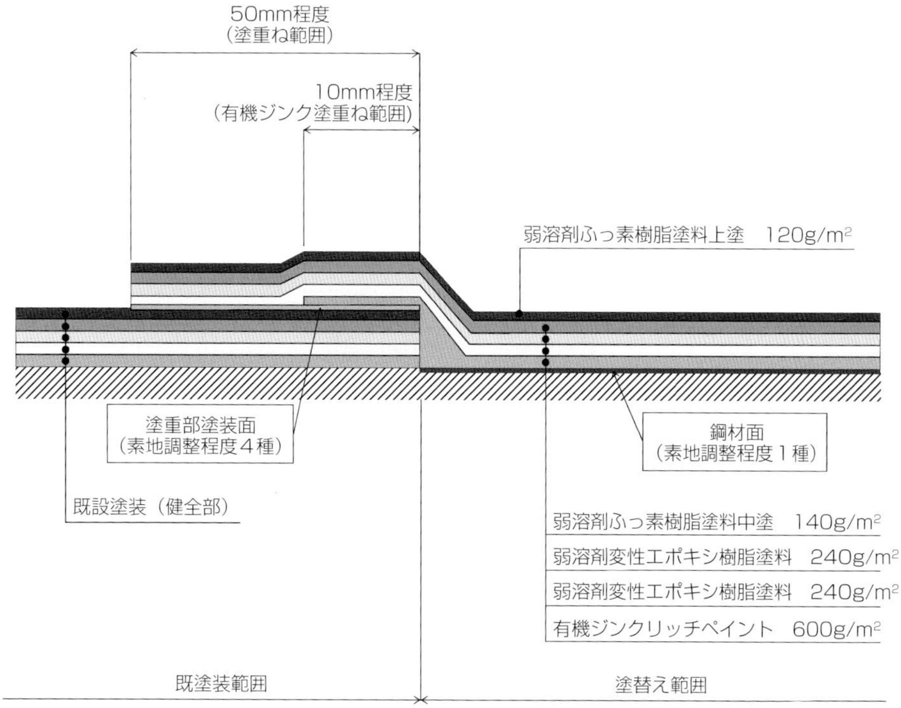

図2-1-4　部分塗替え塗装

1-4　腐食部の補強

鋼材の断面欠損を伴う腐食については，まず補強の必要性があるかどうかを見極めることが重要となります．鋼材の断面欠損が認められても，作用する応力が小さく，補強が必要ない場合も多くあります．そのような場合は，いたずらに当て板補強などすることなく，腐食原因を特定し，その原因を取り除いたうえで防食機能を復元することや，重防食塗装へ変更することで十分な場合もあります．

断面欠損が大きく，作用する応力が制限値を超過する場合や，必要な耐荷力を満たさないと判断される場合は，当て板による補強が行われることが一般的です．ここでは，引張材に断面欠損が生じ，当て板による補強を行う例を参考に説明します．数式が多く，とっつきにくいと思われるかもしれませんが，基本的には簡単な四則演算と，簡単な力の釣り合いのみで構成されていますので，図と合わせて確認してみてください．

まず，腐食部の補強について説明する前に，高力ボルト摩擦接合継手について説明します．継手の概要と力のやり取りの模式図を**図2-1-5**に示します．この図は，母材A,Bを，添接板C,Dと高力ボルト4本を用いて接合した継手の例です．摩擦接合継手では，ボルトと孔の間

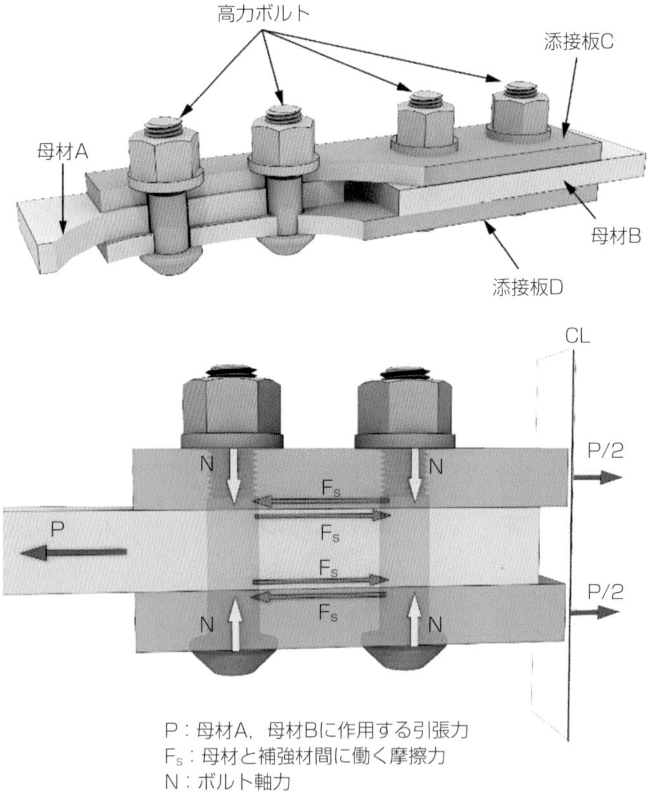

図2-1-5　高力ボルト摩擦接合継手の概要

には隙間があり（通常，ボルト径22 mmに対し孔径24.5 mm），ボルトを母材，添接板の孔で機械的にひっかけて繋いでいるのではありません．高力ボルトを1本あたり200 kN程度の高い軸力（通常，使われるM22（F10T）では設計軸力205 kN）で締め付けることで，母材と添接板の間に摩擦力を生じさせ，その摩擦力で母材A, Bと添接板C, Dを一体化させています．ボルトの軸力N，当て板と母材間の摩擦係数μ（すべり係数と呼びます），ボルト1本あたりの摩擦面数m，添接板片側のボルト本数nから，伝えることができる力が決定されます．中学校の物理で学ぶ摩擦の考え方（摩擦力は摩擦係数×垂直抗力）そのものです．継手のすべり強度とボルト軸力，摩擦力の関係は式（1）のとおりとなります．

$$P_s = F_s + F_s = n \times m \times \mu \times N \qquad (1)$$

ここで，P_sは継手のすべり強度，F_sは最大摩擦力（1面あたり）です．

この高力ボルト摩擦接合継手を利用して，腐食部の補強を行う例について解説します．主桁下フランジの一部に床版のひび割れ部からの漏水がかかり，断面欠損が生じた例を想定します．ここで，少し話を簡単にするため，作用する荷重は死荷重と活荷重のみ，抵抗側の限界状態は限界状態1のみを考慮して話を進めます（実際には，様々な作用の組合わせによる照査，限界状態2，3に対する照査が必要となります）．また，現時点の鋼橋の補修・補強の現場においては，平成24年の「道路橋示方書」以前の許容応力度法で設計されることが多いのが実情であると思いますが，ここでの照査は原則，平成29年「道路橋示方書」[6]に従って行います．

補強対象部の概要を図2-1-6に示します．ここでは，腐食部の最大の断面欠損量を50%と仮

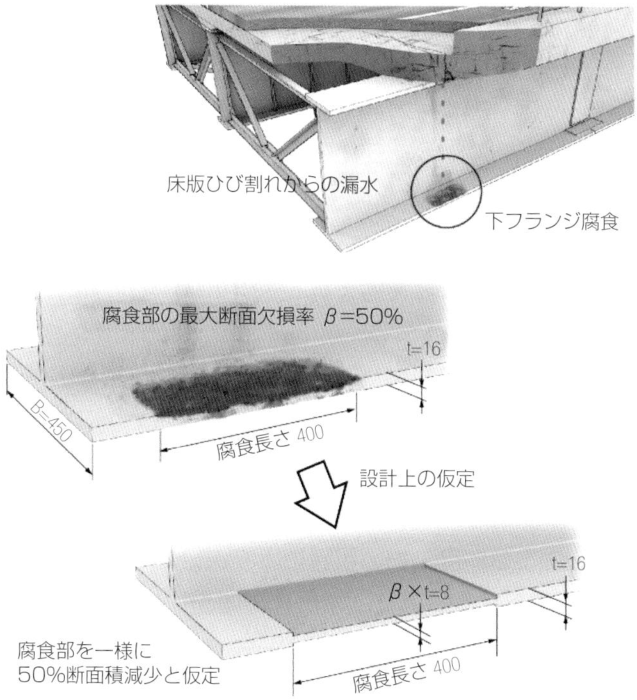

図2-1-6　想定した腐食損傷

定します（腐食により下フランジの断面が半分になったと仮定）．安全に対する照査は，部材に作用する力から求まる応力と，部材のもつ抵抗力から決まる応力の制限値を比較することにより行います．

調査の結果，健全時に下フランジに作用する死荷重による応力σ_Dは50 N/mm^2，活荷重による応力σ_Lも50 N/mm^2，合計100 N/mm^{2}であることがわかりました．これが照査に用いる作用側の応力となります．次に，抵抗側を考えます．鋼材の材質はSM400材,板厚は16 mmなので，抵抗側の特性値（鋼材の場合は降伏強度）σ_{yk}は235 N/mm^{2}となります．簡単に言えば，抵抗が作用を上回っていれば安全ということになりますが，様々なばらつきや不確実性，安全のための余裕度を考慮し，この特性値に調査解析係数ξ_1，抵抗係数Φ_{yt}を乗じて制限値σ_{tyd}（この値を超えてはならないという値）を算出します．作用応力σと制限値σ_{tyd}の関係を確認すると，健全時は式（2），（3）のとおりとなり，作用応力σは制限値σ_{tyd}を下回っていることが確認できます．

$$\sigma_{tyd}=\xi_1\times\Phi_{yt}\times\sigma_{yk}=0.9\times0.85\times235=179 \qquad (2)$$

$$\sigma=\sigma_D+\sigma_L=50+50=100<\sigma_{tyd}=179 \qquad (3)$$

次に，腐食部分の作用応力σ'_{co}と制限値σ_{tyd}の関係を確認します．腐食部においても制限値は変わりませんが，腐食部を含む桁の断面二次モーメントの減少により，作用応力は増加します．ここで，簡便さと安全側の評価になることを優先して，フランジに作用する軸力が腐食前後で変化しないと考えます．腐食前後でフランジの負担する力が変化せず，板厚の減少分，応力が増加すると考えると，腐食部の応力は式（4），（5）のとおりとなり，作用応力が制限値を上回っていることが確認できます．

$$P=\sigma\times A=100\times(450\times16)=720\,000 \qquad (4)$$

$$\sigma'_{co}=\frac{P}{\beta\times A}=\frac{720\,000}{0.5\times(450\times16)}=200>\sigma_{tyd}=179 \qquad (5)$$

ここで，Pはフランジに作用する軸力，Aは健全部のフランジの断面積，βは健全部に対する腐食部の断面積比率，σ'_{co}は腐食部の応力です．

断面積が半分になるため，応力は健全時の2倍となり，制限値を上回るという単純な理屈です．応答値が抵抗値を上回るので，腐食部の補強が必要という判断となります．今回，**図2-1-7**のような当て板補強をすることを考えます．以下に，この当て板補強が成立するかどうかを確認していきます．

高力ボルトで補強する際の注意として，孔明けによる断面欠損の影響があります．高力ボルト摩擦接合においては，摩擦により当て板端部から徐々に当て板に力が伝わっていきますので，当て板の端部の1列目のボルト断面（**図2-1-7**の断面a）では，まだほとんど母材が力を負担している状態となっています．そのため，特にこの当て板端部，1列目の位置においては，ボルトを設置するための孔による断面欠損の影響により，母材の応力が補強前よりも大きくなります．引張力が作用する場合においては，この孔の断面欠損の影響を考慮する必要があります．その関係を式（6），（7）に示します．まず，式（6）により，孔明け前の断面積に対する孔明け後の断面積の比率αを計算します．孔明けによる断面欠損は基本的には腐食による断面欠損と同じ扱いとなりますが，摩擦の影響から1列目のボルト孔の少し手前から荷重が分担

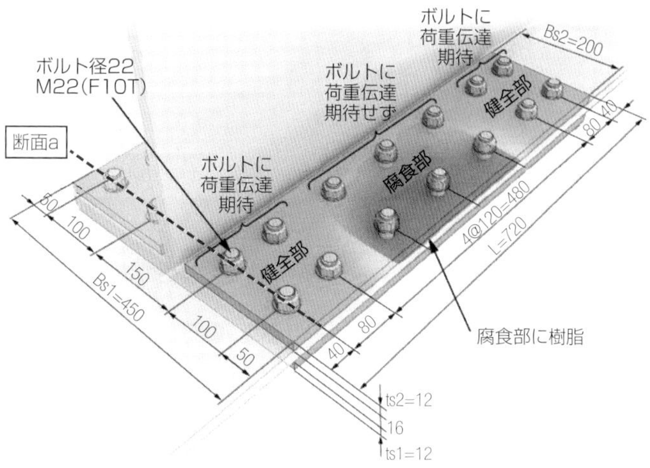

図2-1-7 当て板による補修・補強図

されることがわかっており，孔の断面欠損を考慮した純断面積に1.1を乗じてよいことになっています（ただし，元の総断面積を超えてはならない）．また，孔径はボルト軸径に3 mmを足した値として計算します．

$$\alpha=\frac{(B-n\times\phi)\times t\times 1.1}{B\times t}=\frac{(450\text{-}4\times 25)\times 16\times 1.1}{450\times 16}=0.86 \qquad (6)$$

$$\sigma"=\frac{P}{\alpha\times A}=\frac{720\,000}{0.86\times(450\times 16)}=116<\sigma_{tyd}=179 \qquad (7)$$

ここで，σ"は孔断面の控除を考慮した母材応力，Bはフランジの板幅，tは母材の板厚，nは1列あたりのボルト本数，ϕはボルト孔径です．孔断面を控除した断面において，作用応力σ"が制限値σ_{tyd}を下回ることが確認できました．

鋼材腐食部の断面補強の際，荷重の伝達に必要な高力ボルトは，**図2-1-7**に示したように腐食範囲の外側の健全部に設置します．腐食部には凹凸があるため，摩擦による十分な荷重伝達が期待できないためです．また，補強板の板厚の決定には様々な考え方があり，一般には腐食部の母材には荷重分担を期待せず，**図2-1-5**に示したように通常のボルト継手のように設計することが多いと思いますが，ここでは実際の荷重伝達機構を考慮した設計をするものとして，腐食部にも断面欠損に応じた荷重を分担させ，不足分を当て板に負担させるという考え方を前提に確認を進めたいと思います．

腐食補強部の力の釣り合いは**図2-1-8**のとおりとなります．この釣り合いの関係から，腐食部の補強後の応力と，必要なボルト本数を確認していきます．ここで注意すべき点として，補強時に特別な手順（ベント支持によるジャッキアップなど）を踏まない限りは，死荷重はすべて腐食した母材が分担し，当て板は活荷重しか負担しないという点があります．また，荷重伝達は期待しないものの，力の伝達を期待しない腐食部においても，隙間への腐食因子の侵入や肌隙を防止する観点から，**図2-1-7**のようにボルトを配置します．そのため，腐食部の応力の算

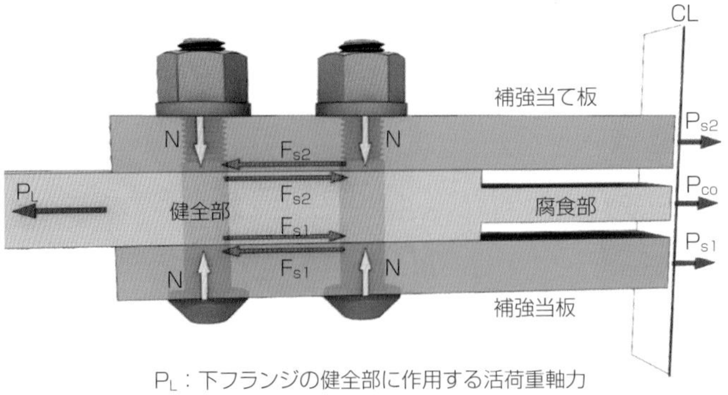

P_L：下フランジの健全部に作用する活荷重軸力
P_{co}：下フランジの腐食部が分担する軸力
P_{s1}：下側補強材が分担する軸力
P_{s2}：上側補強材が分担する軸力
F_{s1}：母材と下側補強材間に働く摩擦力
F_{s2}：母材と上側補強材間に働く摩擦力
N：ボルト軸力

全体の水平力の釣り合いから，$P_L=P_{co}+P_{s1}+P_{s2}$
補強板の水平外力の釣り合いから，$P_{s1}+P_{s2}=F_{s1}+F_{s2}$
垂直抗力とすべり係数の関係から，$F_{s1}+F_{s2} \leqq \mu \cdot m \cdot n \cdot N$
※μはすべり係数，mは摩擦面数，nはボルト本数，Nはボルト軸力

図2-1-8　当て板による補修・補強部の力の釣り合い関係

出に当たっては，腐食による断面欠損に加えて，ボルト孔による断面欠損も考慮する必要があります．そのため，腐食部の母材の死荷重応力については，補強前後で孔明けによる断面欠損分，増えることになります．

式（8）〜（13）はそれを考慮して腐食部の補強後の応力を算出しています．式（8）では，母材腐食部の腐食と孔明けによる断面欠損を考慮した断面積と，健全部の断面積との断面積比率γを算出しています．孔を明けたことにより，断面積比率は腐食時の0.5から0.389と小さくなっていることがわかります．式（9）では，死荷重によりフランジに作用する軸力P_Dと腐食，孔明けを考慮した断面積$\gamma \cdot A$から，死荷重応力σ'_Dを算出しています．式（10）では活荷重によりフランジに作用する軸力P_Lを，式（11）では補強後の母材，補強材の純断面積の合計値A_sを，式（12）では腐食部の活荷重応力σ'_Lを算出しています．式（13）より，補強後の腐食部の応力σ'_{st}が制限値を下回ることが確認できました．

$$\gamma=\frac{\beta\times(B-n\times\phi)\times t}{B\times t}=\frac{0.5\times(450\text{-}4\times25)\times16}{450\times16}=0.389 \quad (8)$$

$$\sigma'_D=\frac{P_D}{\gamma\times A}=\frac{\sigma_D\times A}{\gamma\times A}=\frac{50}{0.389}=129 \quad (9)$$

$$P_L=\sigma_L\cdot B\cdot t=50\times450\times16=360\,000 \quad (10)$$

$$A_s=(B_{s1}-n_1\phi)\cdot t_{s1}+2\cdot(B_{s2}-n_2\phi)\cdot t_{s2}+\gamma\cdot B\cdot t$$
$$=(450-4\cdot25)\cdot12+2\cdot(200-2\cdot25)\cdot12+0.389\cdot450\cdot16=10\,600 \quad (11)$$

$$\sigma'_L=P_L\div A_s=\frac{360\,000}{10\,600}=34 \quad (12)$$

$$\sigma'_{st}=\sigma'_D+\sigma'_L=129+34=163<\sigma_{tyd}=179 \quad (13)$$

ここで，t_{s1}，t_{s2}は補強板の板厚，B_{s1}，B_{s2}は補強板の板幅，n_1，n_2は下面補強板，上側補強板の１列あたりのボルト本数です（**図2-1-7**参照）．

次に，高力ボルトの必要本数について計算します．腐食部断面に作用する当て板の応力は，同じ位置における母材の応力と同じです（ひずみが同じなので，応力も同じになります）．そのため，当て板が分担する力P_{s1}，P_{s2}は，式（12）で求めた母材の活荷重応力（＝当て板の応力）と当て板の純断面積A_{s1}，A_{s2}から，式（14）のとおり求まります．この力と**図2-1-8**中に示す力の釣り合いに調査解析係数ξ_1，抵抗係数Φ_{Mfv}を考慮して関係式を示すと式（15）のとおりとなり，ここから必要ボルト本数n_{req}を算出すると式（16）のとおりとなります．

$$P_{s1}+P_{s2}=\sigma'_L\times(A_{s1}+A_{s2})$$
$$=34\times((450-4\cdot25)\cdot12+2\cdot(200-2\cdot25)\cdot12)=265\,200 \qquad (14)$$
$$P_{s1}+P_{s2}\leq\xi_1\times\Phi_{Mfv}\times n_{req}\times m\times\mu\times N \qquad (15)$$
$$n_{req}\geq\frac{P_{s1}+P_{s2}}{\xi_1\times\Phi_{Mfv}\times\mu\times N\times m}=\frac{265\,200}{0.9\times0.85\times0.4\times205\,000\times2}=2.11 \qquad (16)$$

ここで，mは摩擦面数（2面），μはすべり係数（0.4），Nは設計ボルト軸力（205 kN）です．この計算では，すべり係数として0.4を考慮していますが，摩擦面の状況によって，このすべり係数は変わりますので，注意が必要です．一般的には接触面を塗装しない場合は0.4，無機ジンクリッチペイントで塗装する場合は0.45が用いられますが，補修・補強の場合においては，母材側は塗膜を動力工具で素地調整２種程度まで除去した鋼材素地，補強材側は無機ジンクリッチペイントが塗装されている場合が多いのではないかと思います．その組合わせのすべり係数については，例えば文献７）に記載されていますので，参考になると思います．

以上の計算により，ボルトは2.11本以上，つまり３本以上，必要なことがわかりました．**図2-1-7**では，健全部に片側でボルトが８本，設置されていますので，必要なボルト本数を確保できていることが確認できました．また，ボルトの配置方法については「道路橋示方書」に**表2-1-3**のとおり，様々な規定が示されており，この規定と計算で算出された必要なボルト本数を鑑みながら，ボルトの配置を決定することになります．腐食部のボルトについては力の伝達は期待していないため必要本数はありませんので，**表2-1-3**の規定に従ってボルトを配置します．さらに，腐食部は不陸が大きく，そのままでは当て板と母材に隙間が生じてしまうため，**図2-1-7**に示したように金属パテなどの樹脂で隙間を埋めるようにします．当て板補強の例を**写真2-1-11**に示します．

そのほか，高力ボルトに所定の軸力を導入するためには，専用の工具（トルシア形高力ボルトの場合，シャーレンチ）で締め付ける必要があり，また，孔を明けるためには磁気ボール盤などの孔明け機械を設置する必要がありますので，既設橋の当て板補強については，ボルトを締め付ける工具，孔明けする機械が入るかどうか，孔明け作業や締付け作業が可能かどうか，ボルトを差し込むスペースがあるかどうかについても確認が必要です（**写真2-1-12**）．また，前述のとおり，ボルト部が腐食の欠点にならないように，防錆処理ボルトを用いるか，普通の高力ボ

表2-1-3　高力ボルト摩擦接合継手に関する諸規定例

単位［mm］

<table>
<tr><th rowspan="2">項目</th><th colspan="3">規定値</th></tr>
<tr><th>M20</th><th>M22</th><th>M24</th></tr>
<tr><td>ボルトの縁端距離*1</td><td>32</td><td>37</td><td>42</td></tr>
<tr><td>ボルトの縁端距離*2</td><td>28</td><td>32</td><td>37</td></tr>
<tr><td>ボルトの最小中心間隔</td><td>65</td><td>75</td><td>85</td></tr>
<tr><td rowspan="2">ボルトの最大中心間隔
（応力と平行方向）</td><td>130</td><td>150</td><td>170</td></tr>
<tr><td colspan="3">もしくは12 t（小さいほう）</td></tr>
<tr><td>ボルトの最大中心間隔
（応力と直角方向）</td><td colspan="3">24 t
ただし，300以下</td></tr>
</table>

＊1：せん断縁，手動ガス切断縁
＊2：圧延縁，仕上げ縁，自動ガス切断縁

写真2-1-11　当て板による補修・補強の例

写真2-1-12　現場における孔明け加工，ボルト締付け作業

ルトの場合は，十分にケレンした後に有機ジンクリッチペイントを塗布するなど，補強後の防食対策を確実に行うことも重要となります．

1-5 まとめ

ここでは，鋼橋の損傷事例としては最も多い腐食損傷について，原因，腐食事例，点検・診断方法，塗装塗替え，補強方法の考え方について，構造工学的な見地を加えながら解説しました．本文で述べたように，鋼橋の腐食を防止するためには，塗装をはじめとする防食方法について，その橋の置かれた環境や使用条件をよく検討して適切な防食方法を選択するとともに，供用後は適切に維持管理し，防食機能を健全な状態に保持させることが最も重要です．鋼材の腐食を防止することが出来れば，結果として将来に渡る維持管理負担も軽減させることができます．腐食してしまった場合においても，適切な補修補強，防食を施し，その後，適切な維持管理をすることができれば，当初の性能以上の状態を保つことが出来るのも鋼橋の特徴です．

〔参考文献〕
1）(一社)日本鋼構造協会土木鋼構造診断士テキスト作成小委員会：土木鋼構造物の点検・診断・対策技術（2018）
2）藤原　博：鋼道路橋の防錆塗装，第17回鋼橋塗装技能者育成教育資料（1997）
3）日本道路協会：鋼道路橋防食便覧，2014.
4）中島和俊，落合盛人，五島孝行，安波博道：ブラスト素地調整における残存塩分除去対策の事例紹介，日本橋梁・鋼構造物塗装技術協会第19回技術発表大会予稿集（2016）
5）国土交通省　国土技術政策総合研究所：道路橋の部分塗替え塗装に関する研究－鋼道路橋の部分塗替え塗装要領（案）－，国総研資料第684号，2012年
6）日本道路協会：道路橋示方書・同解説（2017）
7）丹波寛夫，木村　聡，杉山裕樹，山口隆司：無機ジンクリッチペイント面とそれと異なる接合面処理がなされた高力ボルト摩擦接合継手のすべり耐力試験，土木学会構造工学論文集Vol. 58A（2012）

Column
コラム

改築工事で田中賞作品部門を受賞した橋

首都高速1号羽田線　勝島地区橋梁（PCゲルバー橋の連続化）

副委員長　津野　和宏

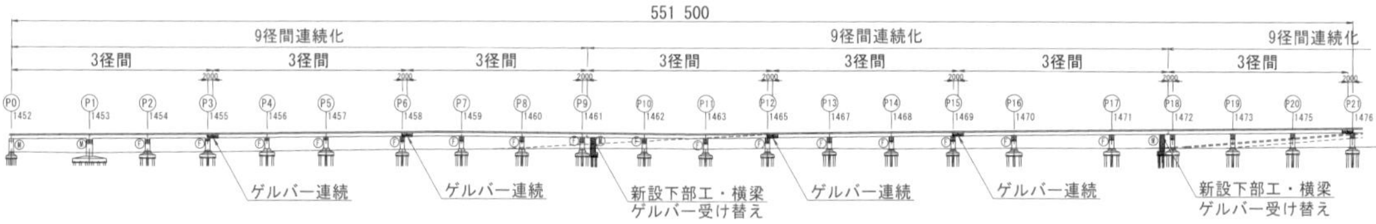

首都高速では，供用から50年以上経過した橋梁が多く，長寿命化の為に維持管理困難な橋梁の改築が進められています．当時建設された橋梁のゲルバーヒンジの多くは，遊間が狭く，点検や補修補強が非常に困難な構造でした．2017年度に田中賞を受賞した当該区間のPC箱桁橋は，多くの狭隘なゲルバーヒンジを有していました．補修ができないまま損傷が進行したため，6カ所のゲルバーヒンジ部のうち4箇所については遊間を無収縮モルタルで埋め戻してPCケーブルを貫通させることにより連結，2箇所は切り離して新設橋脚によって受け替えることにより，9径間連続に変更しました．また，橋脚上で横梁を支える支承も，腐食しにくいゴム支承に交換されました．以上の改築工事により，損傷が補修されて長寿命化されただけでなく，今後の点検や補修が困難な箇所は解消され，維持管理が容易な橋梁へと生まれ変わりました．

【参考文献】寺内威夫，中村充，小島直之，花房禎三郎，高島秀和：下部工新設を伴うPCゲルバー橋の連続化－首都高速1号羽田線－，橋梁と基礎，2016年6月号，建設図書

第2章

鋼橋の疲労損傷と補修・補強

鋼橋においての疲労は，腐食と同様，代表的な損傷の１つです．疲労によりき裂が発生すると，急速に進展して最悪の場合，部材の破断まで至ることがあります．また，初期のき裂は非常に微細であるため，腐食損傷と異なり疲労に関する知識・経験を有していない点検者が発見することは簡単ではありません．一方，疲労による重大事故を防止するためには，き裂長さが短く，早い段階で発見するとともに適切な措置を行うことが必要です．そのために点検，診断，補修・補強等に携わる技術者には疲労に関する知識，経験が求められています．

本章は，疲労き裂の発生メカニズムから対策までの基礎知識について，主に鋼道路橋を例に説明します．

2-1　疲労き裂発生のメカニズム

鋼材の疲労とは，降伏点以下の応力であっても繰返し作用することで，き裂が発生，そして進展する破壊現象です．鋼橋では，通行車両による活荷重や風による振動で生じる応力が繰返し作用することで，き裂が発生します．き裂が進展し，き裂の長さおよび引張応力の大きさなど，ある一定条件を満たすと一気に脆性的な破壊を生じます．

疲労き裂の主な特徴を以下に示します．

①主に溶接継手部や切欠き部などの応力集中部から発生

②作用応力と直交する方向に進展

③圧縮域で応力が変動する箇所では発生しない（ただし，溶接部は例外）

④発生，進展速度には応力範囲（最大応力と最小応力の差）と作用回数が影響

以下，疲労き裂の発生および進展に影響を与える項目について説明します．

（1）応 力 集 中

応力集中とは，機械設備，構造物を構成する鋼板などにおいて孔や切欠き，異物などによって断面形状が急変する箇所で，他よりも局所的に高い応力が生じる現象をいいます．身近なところでは，お菓子の袋などを開けやすくしている切込みがあります．切込みの先端は鋭く，発生する応力が高くなるため切れやすくなっているのです．このように応力集中部では，荷重が作用すると高い応力となり，それが繰り返されるため，き裂が発生します．

図2-2-1は，面外ガセット継手の溶接部周辺における応力分布のイメージです．断面変化位置となる溶接の先端部に近づくにつれ応力が急激に増大します．なお，応力集中の影響のない部分の応力（計算上の断面力に基づく応力）を公称応力といい，疲労寿命算出の際に使用します．

（2）残 留 応 力

残留応力とは，溶接の熱影響による部材の温度収縮に伴い作用する内部応力のことをいいます．ここで，**図2-2-2**のような１枚の平板の中心（円の部分）に熱を与えることとします．円部は熱により点線の大きさに膨張しようとしますが，周りの平板は熱の影響を受けていないため，円部の膨張を拘束します（厳密には円部との境界付近は熱の影響がありますが，ここでは便宜上ないも

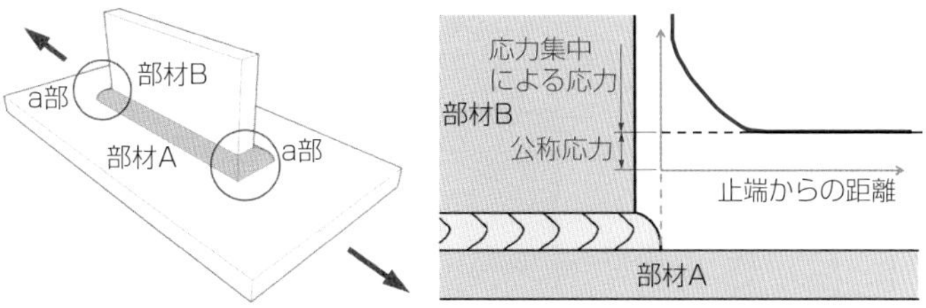

図2-2-1 応力集中部（a部）周辺の応力分布図

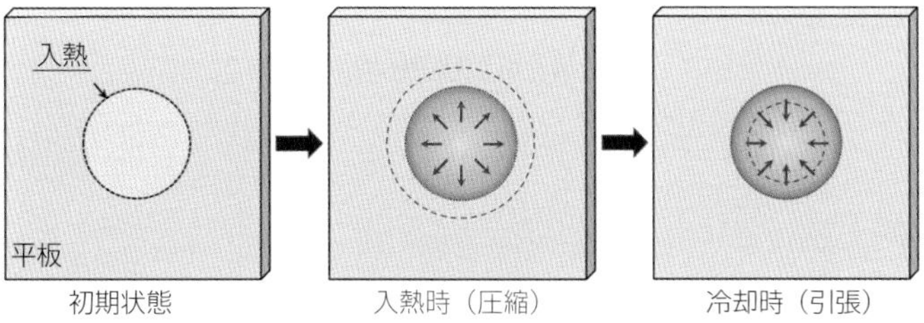

図2-2-2 残留応力発生メカニズム

のとして考えてください）．その結果，円部は膨張できず圧縮応力が発生し，最終的に降伏します．次に円部の温度が下がると点線の大きさに収縮しようとしますが，ここでも平板は熱の影響を受けていないため円部の収縮を妨げることとなります．よって，円部は収縮できず今度は引張応力が発生することとなります（ここで，円部は入熱時に圧縮で降伏しているため，冷却時においては当初の体積より収縮します）．これが引張残留応力です．円部を溶接部と置き換えると溶接部周辺には降伏点に近い引張残留応力が常に発生しています．

引張残留応力は疲労に大きな影響を与えます．**図2-2-3**に示すように，溶接部周辺部では圧縮域で応力が変動する場合でも，重ね合わせの原理により実際には引張域で応力が変動しています．「き裂は圧縮域で応力が変動する箇所では発生しない」と前述しましたが，溶接部では引張残留応力の影響により圧縮応力域でも疲労き裂が発生します．

（3）作用応力と繰返し回数

1）疲労設計曲線

単純橋に車両が載ると活荷重応力が発生し，車両がなくなるとゼロになります．連続橋の場合は車両位置により正負交番の応力が発生します．発生する最大応力と最小応力の差を応力範囲と呼びます．疲労においては最大応力が与える影響は小さく，応力範囲が支配的です．また，繰返し回数が多いほど疲労寿命は短くなります．**図2-2-4**は応力範囲と繰返し回数の考え方を示しています．1サイクルが作用したとき，応力範囲$\Delta\sigma$が1回作用したものとしてカウントします．

図2-2-5は，ある溶接継手に一定振幅の応力を繰返し作用させて疲労試験を行った結果[1)]です．試験体ごとに応力範囲と破断までの繰返し回数を両対数グラフにプロットしていますが，右下がりの直線で近似できる関係が認められます．後述しますが，設計では試験結果の下限値に相当する近似線を用いており，これを疲労設計曲線と呼びます．

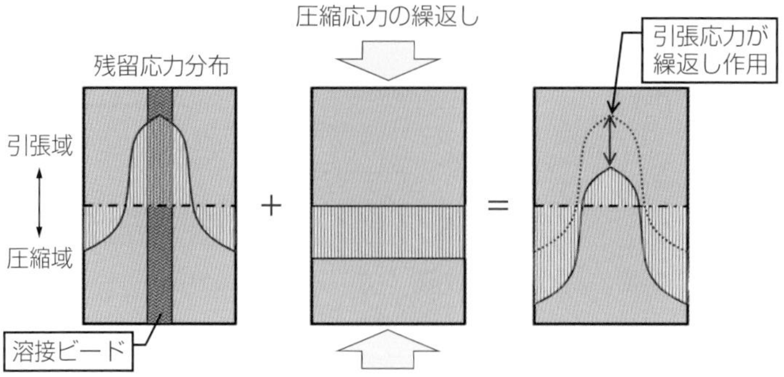

図2-2-3　引張残留応力の影響

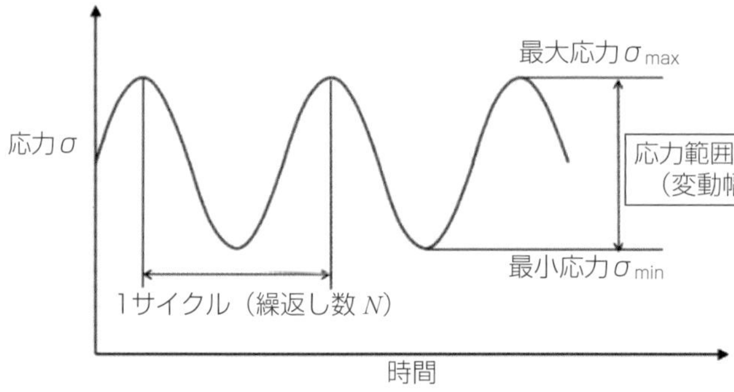

図2-2-4　応力範囲と繰返し回数

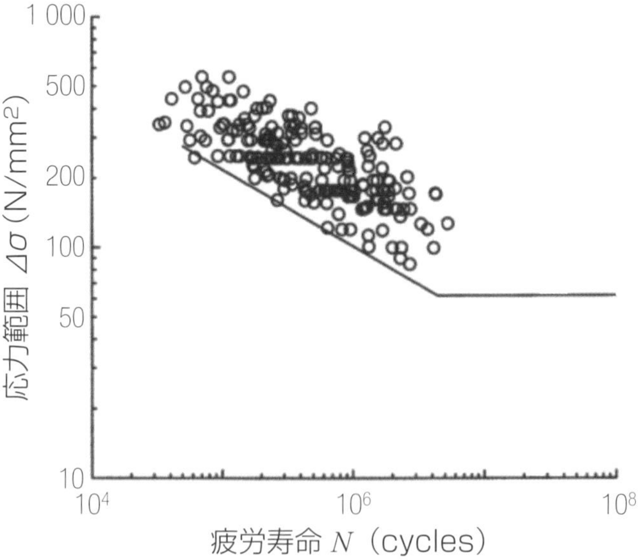

図2-2-5　ある溶接継手の疲労試験結果

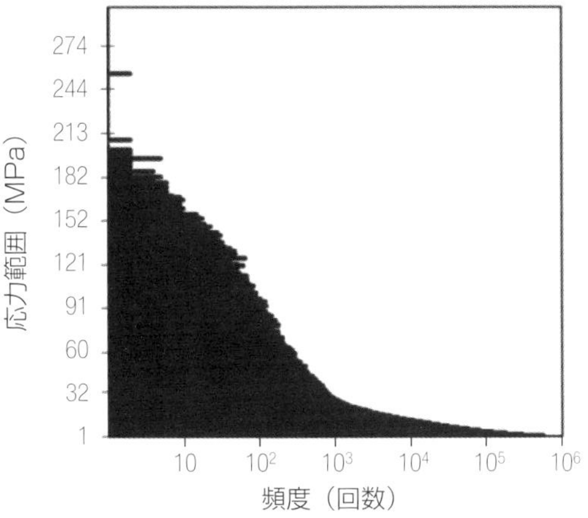

図2-2-6　応力頻度分布図

2）変動振幅応力の評価

鋼道路橋の場合，種々の重さの車両が通行しており，1台の車両でも前輪と後輪の重さが異なることから，常に異なる大きさの応力（変動振幅応力）が発生しています．そのため，変動振幅応力が作用した回数を同じ応力範囲ごとに整理して疲労の影響を評価します．一般には，レインフロー法と呼ばれる波形処理方法を用います[1)など]．整理されたものを応力頻度分布図（**図2-2-6**）と呼びます．

（4）疲労き裂の発生する位置

鋼橋における疲労き裂のほとんどは，前述のとおり溶接継手部から発生します．き裂には，鋼材表面の溶接止端部から発生する疲労き裂（以下，止端き裂）と，溶接内部のルート部から発生する疲労き裂（以下，ルートき裂）の2種類があります．**図2-2-7**のようなT継手においてそれぞれの部材を剥がす方向（図の上下方向）に繰返し荷重が作用した場合を考えます．一般にすみ肉溶接ののど厚が大きい場合や完全溶込み溶接の場合には止端き裂が発生しますが，のど厚が小さいもしくはルートギャップと呼ばれる溶接内部の隙間が大きい場合にはルートき裂が発生します．また，止端き裂は表面から発生し半楕円形状に進展するため，**図2-2-8**の断面図のように鋼材内部に向かうに従い，き裂が短くなるのが一般的です．一方，ルートき裂はその逆で，内部が起点となっているため表面のき裂長より内部のほうが長い場合が多いのが

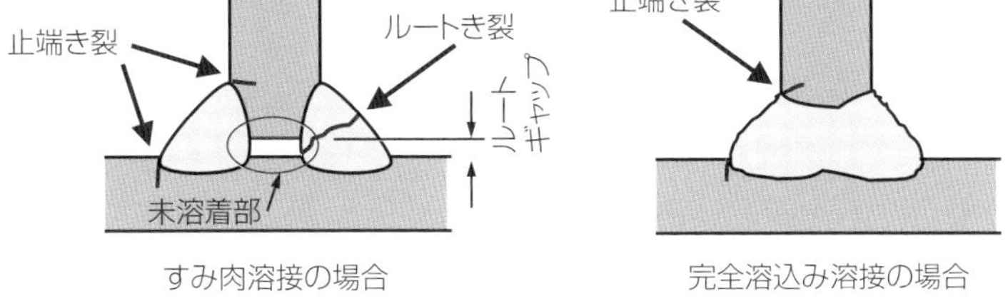

図2-2-7　止端き裂とルートき裂

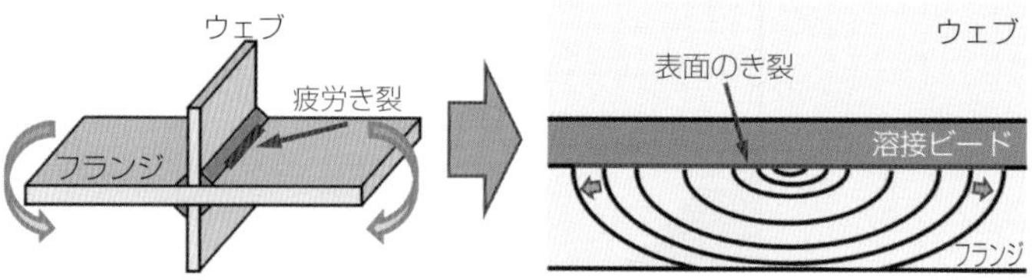

図2-2-8　き裂部断面（右図）

特徴です．よって，止端き裂の場合はバーグラインダなどで表面を切削することにより，き裂を除去できる場合があります．切削量が少なければ，補修を完了とすることもできます．

2-2　疲労寿命の算出

溶接継手のない鋼材は，引張強度が高くなるほど疲労寿命が長くなりますが，同じ条件の溶接継手を持つ鋼材の疲労寿命は，鋼材の引張強度にかかわらず一定になります．

疲労寿命は，既往の研究に基づき継手条件ごとに設定されている強度等級や荷重条件をもとに算出することができます．ここでは，疲労寿命の算出方法を説明します．

（1）疲労設計曲線と強度等級

疲労設計曲線は，疲労寿命を算出することを目的として応力範囲$\Delta\sigma$と破断に至るまでの繰返し回数N（疲労寿命）の関係を両対数グラフで示したもので，式（1）で表されます．

継手種類によって疲労強度が異なるため，各種基準では継手ごとに強度等級が定められ，等級ごとに疲労設計曲線が設定されています．例えば，「道路橋示方書[2)]」では**図2-2-9**に示すようなA～H'の強度等級が定められています．式（1）の定数mは，疲労設計曲線の直線部の傾きであり，直応力を受ける継手に対しては3，せん断応力を受ける継手および直応力を受けるケーブルや高力ボルトに対しては5とされています．また，定数C_0は式（2）で表されます．ここで$\Delta\sigma_f$は200万回基本許容応力範囲と呼ばれ，繰り返し回数が200万回で破断するとされる応力範囲のことで強度等級ごとに定められています．定数C_0は，疲労試験結果から統計的に決定される非超過確率97.7%の値をもとに設定されており，これを一般に疲労寿命としています．

$$\Delta\sigma^{m}\cdot N = C_0 \qquad (1)$$

$$C_0 = 2.0\times10^{6}\cdot\Delta\sigma_f^{\,m} \qquad (2)$$

以上から，疲労寿命は応力範囲のm乗に反比例するため，直応力を受ける継手の場合だと応力範囲を1/2に低減すれば疲労寿命は$(1/2)^{-3}=8$倍に延びることとなります．

一定振幅応力の場合，応力範囲がある値以下になると，繰返し回数をいくら増やしてもき裂が発生しなくなります．このときの応力範囲を一般に疲労限と呼びます．**図2-2-9**に示す一定振幅応力に対する打切り限界がこれに対応します．一方，変動振幅応力に対する打切り限界は，この値以下の応力範囲成分は疲労損傷に寄与しないと考えてよい応力範囲の限界値です．後述する線形累積被害則を用いた疲労照査の際に考慮します．変動振幅応力に対する打切り限界が一定振幅応力に対する打切り限界より低いのは，たとえ少ない回数だとしても疲労限より高い応力範囲が作用し，ダメージを受けた継手は，疲労限より低い応力範囲も疲労損傷に寄与するためです．

なお，疲労設計曲線は「道路橋示方書」等に示されている一定の品質が確保された継手に対して適用が可能で，溶接割れ，融合不良，オーバーラップ，アンダーカットなどの溶接欠陥がある場合には適用できません．

図2-2-10は鋼道路橋で用いられる代表的な溶接継手と強度等級です．なお，継手ごとの疲労強度の整理には，**表2-1-1**に示す200万回基本許容応力範囲が用いられています．

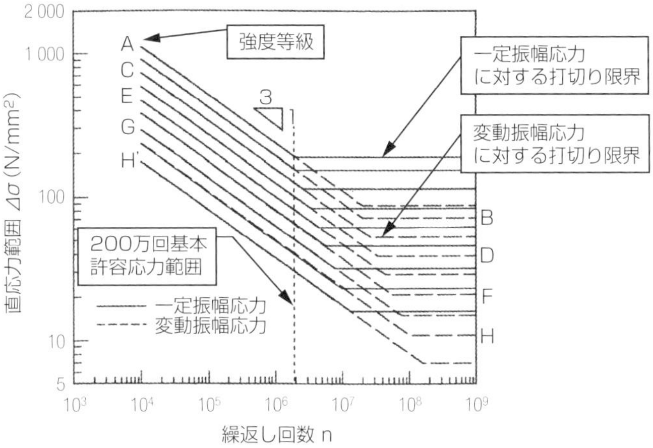

図2-2-9　疲労設計曲線（直応力を受ける継手）

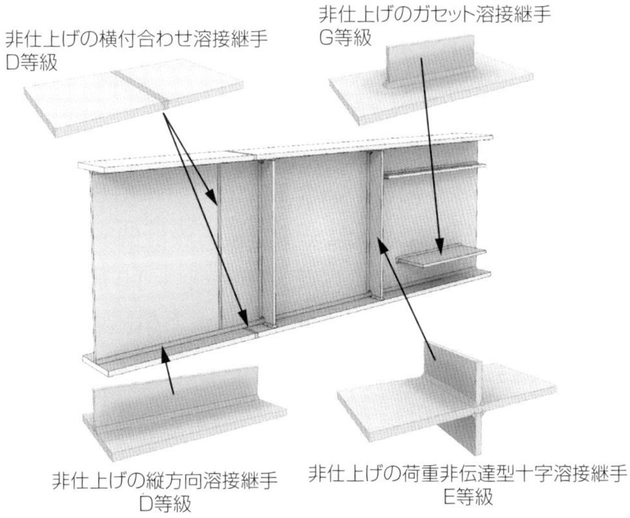

図2-2-10　主桁の代表的な継手と強度等級

表2-2-1　直応力を受ける継手の強度等級（道路橋示方書）

強度等級	2×10^6回基本許容応力範囲 $\Delta\sigma_f$ (N/mm^2)
A	190
B	155
C	125
D	100
E	80
F	65
G	50
H	40
H'	30

「道路橋示方書」では，強度等級がH等級以下であるような疲労強度が低い継手や，例えば裏当て金付きの片側溶接や部分溶込み溶接など，施工における品質確保および確認が困難な継手は，できる限り採用しないこととしています．また，同じ種類の継手であっても，溶接止端部を仕上げることにより局部的な応力集中を緩和することができるため，強度等級が1等級向上します．

（2）疲労寿命の算出

1）疲労寿命の評価応力

供用中の橋梁では実応力を用いて疲労寿命を算出します．疲労寿命は，き裂の起点位置での実応力が支配的であると考えられますが，一般にき裂発生位置近傍には極めて局部的な応力集中が生じているため，実応力を適切に把握することが困難です．よって，疲労寿命を算出する場合には，そのような応力集中の影響を含まない公称応力を用います．

2）疲労寿命の算出

①一定振幅応力が作用する場合

疲労寿命は，強度等級と作用する応力範囲から**図2-2-9**で示した疲労設計曲線を用いて算出します．ある時点において残存する寿命（余寿命）は，算出した疲労寿命からその時点までに作用した回数を引くことで求めることができます．

ただし，**図2-2-5**の疲労試験結果からも分かるように，同じ応力範囲であっても破断までの繰返し数は10倍以上異なっている場合があります．これは溶接止端部の形状が一定でないことや残留応力の影響などによると考えられます．疲労設計曲線は実験結果の下限値に相当するため，実際の疲労寿命は設計曲線から得られる寿命より10倍以上長くなることもあります．平均的な疲労寿命を推定したい場合には1等級上の線を用いるのがよいとされています．

②変動振幅応力が作用する場合

実際の橋梁には変動振幅応力が作用しているので，疲労寿命を算出するためには線形累積被害則（以下，Miner則）と呼ばれる経験則が用いられます．Miner則では，応力範囲$\Delta\sigma_i$が一定振幅でn_i回部材に作用した場合，S-N線図から求められる$\Delta\sigma_i$で破壊に至る回数N_iに対するn_iの比$D_i=n_i/N_i$だけ損傷が蓄積され，その合計（累積損傷比D）が1になると破壊すると考えます．具体的には，まず，レインフロー法などである期間Tの応力頻度分布を求めます．次に，得られた頻度分布において変動振幅応力に対する打切り限界以上の応力範囲ごとにD_iを**図2-2-11**に示すように算出し，それらの和Dを求めます．最後に，得られた和の逆数にTを乗じることで疲労寿命を求めることができます．

安全側の評価として打切り限界を考慮しない修正Miner則による手法もあります．

以下に変動応力が作用する場合の疲労寿命の算出例を示します．

【条件】

継手の疲労等級　　G等級（$\Delta\sigma_f$　50N/mm^2,

一定振幅応力に対する応力範囲の打切り限界　$\Delta\sigma_{ce}$　32N/mm^2,

変動振幅応力に対する応力範囲の打切り限界　$\Delta\sigma_{ve}$　15N/mm^2）

応力範囲ごとの1日あたり作用回数n　$\Delta\sigma_1 = 40$N/mm^2　100回

$\Delta\sigma_2 = 30$N/mm^2　300回

$\Delta\sigma_3 = 20$N/mm^2　1000回

$\Delta\sigma_4 = 15$N/mm^2　2000回

まず，最大応力範囲を用いた疲労照査を行います．応力範囲が全て疲労限以下であれば，疲労破壊しないという考えに基づく照査です．疲労破壊の可能性については式（3）により判定します．

$$\Delta\sigma_{max} \leqq \Delta\sigma_{ce} \quad (3)$$

ここで，$\Delta\sigma_{max} = 40$N/mm^{2}であるため，最大応力範囲が一定振幅応力に対する応力範囲の打切り限界（＝疲労限）を上回っていることとなります．したがって，繰り返し作用し続けると疲労破壊する可能性があるという判断となります．

なお，実際の疲労照査では応力比（$R = \sigma_{max}/\sigma_{min}$）による補正係数$C_R$と，板厚による補正係数$C_t$（$=\sqrt[4]{25/t}$）を考慮する場合がありますが，説明を簡単にするためここでは省略します．詳細は文献2）をご確認ください．

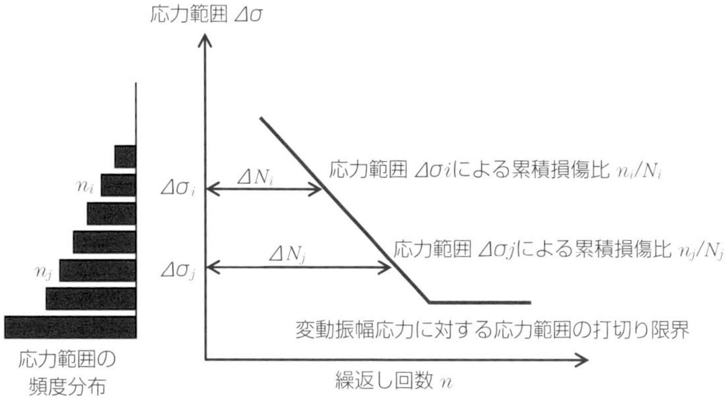

図2-2-11　線形累積被害則

次に疲労寿命の算出に移ります．疲労寿命算出では，一般に変動振幅応力に対する応力範囲の打切り限界を超える応力範囲のみを考慮しますので，ここでは$\Delta\sigma_4$は無視します．なお，修正Miner則による場合には，打切り限界以下の応力範囲も考慮します．

【算出例】

まず，各々の応力範囲のみが作用して破壊（疲労設計曲線）に至る回数Nを求めます．求め方は，疲労設計曲線の式（1），（2）に数値を代入します．

$$\Delta\sigma^3 \cdot N = 2.0\times10^6 \cdot \Delta\sigma_f{}^3$$
$$N = 2.0\times10^6 \cdot \Delta\sigma_f{}^3 / \Delta\sigma^3$$

$$N_1 = 2.0\times10^6\times50^3/40^3 = 3.9\times10^6 \text{（回）}$$
$$N_2 = 2.0\times10^6\times50^3/30^3 = 9.3\times10^6 \text{（回）}$$
$$N_3 = 2.0\times10^6\times50^3/20^3 = 31.3\times10^6 \text{（回）}$$

次に条件おける1日あたりの累積損傷比D_{day}を求めます．

$$D_1 = n_1/N_1 = 100/(3.9\times10^6) = 26\times10^{-6}$$
$$D_2 = n_2/N_2 = 300/(9.3\times10^6) = 32\times10^{-6}$$
$$D_3 = n_3/N_3 = 1000/(31.3\times10^6) = 32\times10^{-6}$$
$$D_{day} = D_1 + D_2 + D_3$$
$$= 90\times10^{-6}$$

累積損傷比が1になるまでの期間が疲労寿命になりますので，この場合の疲労寿命は24.5年となります．

$$1/D_{day} = 1/(90\times10^{-6})$$
$$= 11{,}111 \text{（日）}$$
$$= 30.4 \text{（年）}$$

2-3　疲労き裂の発生原因

疲労き裂が生じた橋梁に対して適切な補修・補強を行うためには，発生原因を明らかにし，その原因を確実に除去することが重要です．原因を明らかにするために，竣工図書を用いた継手種類などの構造詳細の確認，解析や応力測定による発生応力状態（応力振幅，主応力方向など）の把握，切削調査による溶接状態の確認などの詳細調査が行われます．ここでは，疲労き裂が発生する代表的な原因を説明します．

（1）製作時の溶接欠陥

溶接継手の疲労強度は，主桁の切欠き部などの構造的な応力集中および溶接形状による局所的な応力集中に支配されますが，溶接割れ，融合不良などの溶接欠陥が継手内部に残存すると疲労強度が大きく低下します．特に複雑な構造の場合，溶接作業性が低下し，溶接品質を確保することが困難になり欠陥が発生しやすくなります．よって，溶接作業性などの製作を考慮した設計とすることが重要です．

（2）溶接継手部の局所的な応力集中や疲労強度の低い継手の採用

溶接継手部には引張残留応力，溶接止端やルートの形状，溶接欠陥のように疲労き裂の発生の原因となる要素が多く存在しています．また**図2-2-12**の例のように，現行「道路橋示方書」では採用が望ましくないとしている強度等級の低い継手も既設橋には数多く存在しています．

（3）不適切な構造詳細の採用あるいは設計で想定していない２次応力による応力集中

部材の接合部には，設計計算上の仮定と実構造の挙動の違いにより，設計上考慮されていない２次応力が作用する場合があります．床組における縦桁と横桁の接合部の例で説明します．この部分は**図2-2-13**に示すとおり，ピン結合と仮定して設計されることがあります．この場

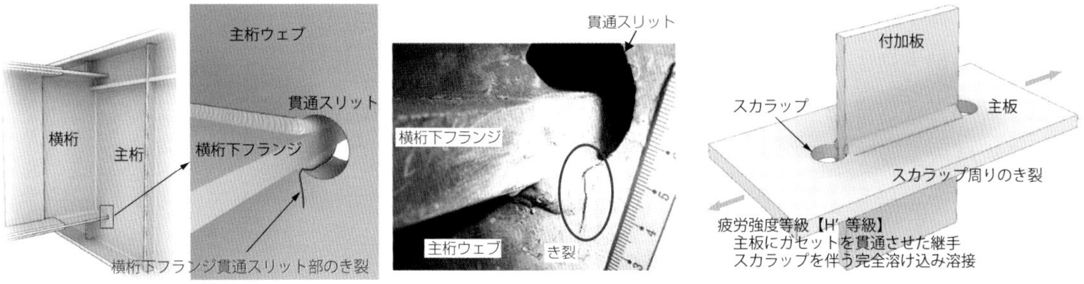

図2-2-12　強度等級が著しく低い継手の例（主桁を貫通する横桁下フランジ：H' 等級）

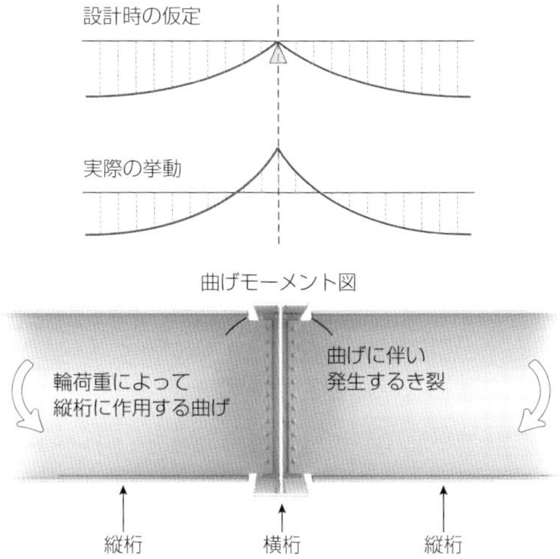

図2-2-13　設計上の仮定と実挙動の違い

合，設計では縦桁両端部に曲げモーメントが生じないと考えられているため，せん断力のみを伝達するように縦桁腹板を高力ボルト接合し，フランジは接合していません．しかし，実際の橋梁では端部の回転が拘束されているため曲げモーメントを生じ，設計上考慮されていない2次応力が発生します．そのため，縦桁フランジの端部まわし溶接部には2次応力に伴う応力集中により疲労き裂が発生することがあります．疲労き裂の発生を防止するためには，設計上考慮されていない応力も想定し，適切な構造詳細を採用しなければなりません．

（4）予期せぬ振動

設計時には予期していなかった振動により疲労損傷が発生する場合があります．風による渦励振や交通車両による橋梁振動との共振などによる疲労です．アーチ橋の吊り材やトラス部材などの細長い部材の端部，標識柱，照明柱の基部にき裂が発生した例があります．このような損傷に対しては，有害な振動の発生を低減させる構造に変更したり，構造詳細を改良して振動による発生応力を低減したりするなどの対策が必要です．

2-4　補修・補強方法

構造物に疲労き裂が発見された場合，その損傷度を評価した後，現場条件やコストを考慮して様々な対策方法の中から適切な方法を選択しなければなりません．ここでは疲労き裂の主な補修・補強方法について説明します．これらの方法は，適宜併用する場合もあります．

2-4-1　バーグラインダによる表面切削

鋼材表面から発生する止端き裂は，バーグラインダで表面を切削することにより，除去できる場合があります．補修材料を必要としないため，手軽に実施できます．しかし，き裂の状況を磁粉探傷試験などで観察しながら，段階的かつ慎重に切削作業を行う必要があるため，豊富な経験と高度な技術を要します．

切削の最大深さは，2 mm程度としているのが一般的です．それ以上深く切削すると，切削後の形状整形が困難になり，断面欠損や新たな応力集中箇所を発生させるなどの問題が生じることから，深追いには注意が必要です．また，鋼材表面に切削傷を残存させるとそれを起点として新たなき裂が発生することもありますので，目の細かい砥石にて滑らかに仕上げる必要があります．

2-4-2　ストップホール

き裂の先端に孔をあけ，き裂先端の応力集中を緩和させる方法です（**写真2-2-1**）．き裂の進展を抑制するとともに急激に進展する脆性破壊の一時的な防止が期待できます．比較的容易に施工可能であるため，主に緊急的，応急的な対策として用いられます．施工時には，き裂先端を確実に捉えることが必要です．先端を捉えていないと，き裂を止めることができません．また，ストップホールコバ（孔壁角部）に微細な傷などが残存すると新たなき裂の起点となることから，コバを仕上げることが必要です．ストップホールを高力ボルトで締め付けると，コバ

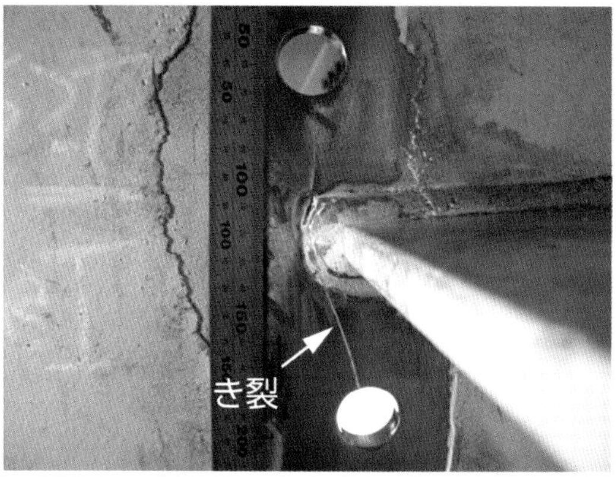

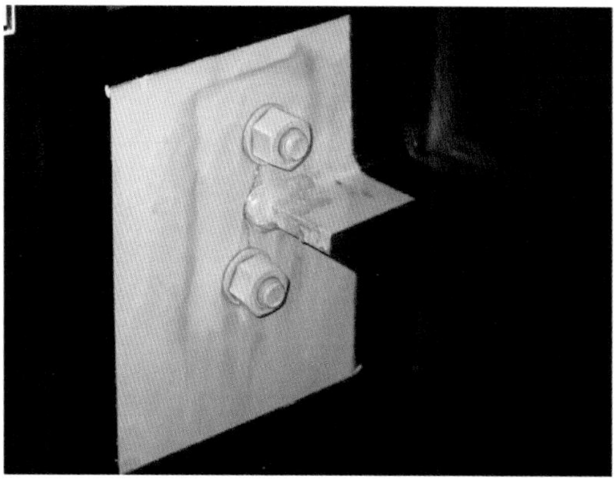

写真2-2-1　ストップホール（右：高力ボルト締め後）

の応力集中がさらに低減され，き裂進展防止効果が高くなります[3)]．

2-4-3　溶 接 補 修

き裂をグラインダやガウジングなどで完全に除去した後，再溶接にて補修する方法です．き裂の原因が製作時の欠陥や傷などである場合に有効です．２次応力や不適切な継手構造などに起因する疲労の場合には，原因が取り除かれないため，適切な継手（例えば，すみ肉溶接から完全溶込み溶接にするなど）への変更や止端部形状の仕上げなどにより，応力状態を改善する必要があります．

溶接補修を採用する場合には，き裂を完全に除去した後に施工することを前提とし，現場溶接作業となること，供用（交通振動）下での施工が必要な場合があること，既設鋼材の溶接性に問題があることなどに留意し，十分な溶接品質が確保できることを確認する必要があります．

2-4-4　当て板補強

き裂発生箇所に当て板を設置し，き裂進展の防止および進展したき裂による断面欠損の改善を図る方法です．当て板により母材の応力は低減しても無応力にはならないため，き裂に対してはストップホールによる応力集中の緩和や，切削除去などを併用する必要があります．き裂の発生原因となっている応力を十分に低減させなければ，き裂は進展もしくは再発します．

当て板は，一般に品質管理が容易な高力ボルトで設置されます．溶接接合とすると，疲労に対して溶接部が新たな弱点になり得るからです．高力ボルトの場合，ストップホールと当て板接合ボルト孔を兼用できるメリットもあります．しかし，き裂発生位置によっては高力ボルトを設置できない場合もあります．

2-4-5　ピーニングなどの新工法

前述した各方法にはそれぞれ利点がありますが，高度な技術や設計，部材製作などが必要で補修・補強までに多くの時間，労力を要します．そこで低コストで容易に施工できる方法として，ピーニング技術などを利用した新たな補修・補強方法が研究・開発されています．ここでは，UIT（Ultrasonic Impact Treatment），ICR処理（Impact Crack Closure Retrofit Treatment）を紹介します．

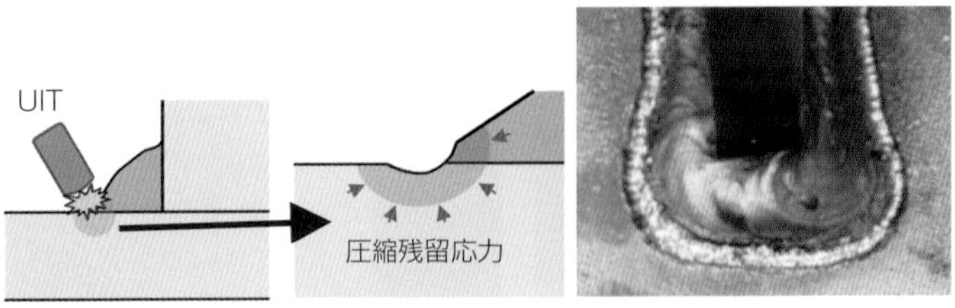

図2-2-14　UITイメージと打撃痕

UITは，金属表面処理技術であるピーニングの一種です．ピーニングとは，ハンマやレーザでの打撃または鉄などの材質でできた粒子の打ちつけによって鋼材表面を塑性変形させることで，溶接部へ圧縮残留応力を導入するとともに止端部の形状を改善する方法で，疲労寿命の向上を目的として使用されています．

UITは，超音波を利用して振動させた金属製のピンで止端部を打撃します（**図2-2-14**）．近年，面外ガセット溶接部のき裂に対し，き裂が短く溶接部にとどまっている場合に，き裂の上から適用することで，疲労寿命が向上することが明らかにされています[4]．また，使用機材も小型化され，施工も容易なことから現場実装されてきています．

ICR処理は，き裂の脇（両側）の母材部分をエアツールの一種であるフラックスチッパを用いて打撃し，き裂を閉口させることで補修効果を得る方法です．ただし，止端部付近のき裂については，き裂の両側から打撃することが困難なため，溶接部から離れた位置まで進展したき裂への処理に比べ補修効果が小さいとされています[5]．

2-5　疲労損傷対応事例

疲労損傷は橋梁の様々な部位に発生します（**図2-2-15**）．ここでは鋼道路橋において重大とされている疲労損傷とその対策事例を４つ紹介します．

2-5-1　主桁・横構ガセットプレート接合部

き裂は，**図2-2-16**に示すようにガセットプレート両端またはスカラップのまわし溶接部から発生します（き裂写真は**写真2-2-1**を参照）．放置すると主桁母材を進展し，主桁腹板の破断に至る危険なき裂です．ここでは，両端部のまわし溶接部のき裂を事例に説明します．

「道路橋示方書」の強度等級では，条件にもよりますが最も低い等級としてG等級で規定されています．実橋における既往の計測結果からガセットプレート位置で主桁に作用する最大応力範囲は60～65 N/mm^{2}と想定[3]されており，大型車交通量の多い橋梁では，き裂が発生しやすい部位です．

従来はき裂が短い場合は切削除去，長い場合はストップホールを設置し，主桁とガセットプレートをL形の鋼材によりボルトで接合する補修・補強方法が一般に採用されてきました（**写真2-2-2**）．その後，効率的な補修・補強方法として**写真2-2-3**のように応力集中部となるま

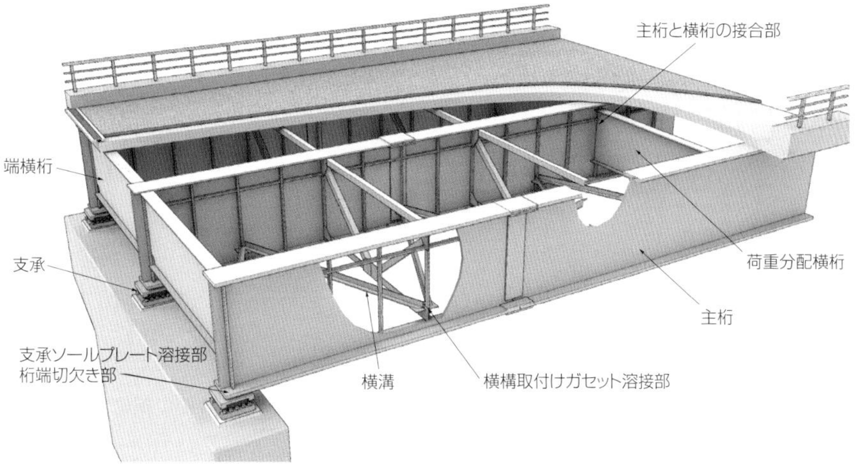

図2-2-15　鋼鈑桁橋の主な発生部位

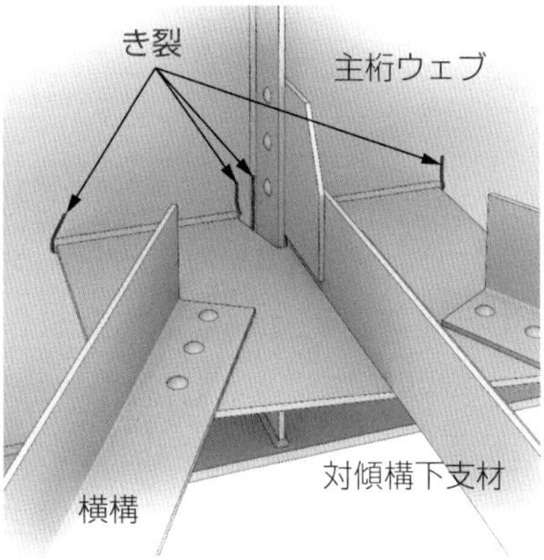

図2-2-16　ガセットに発生するき裂

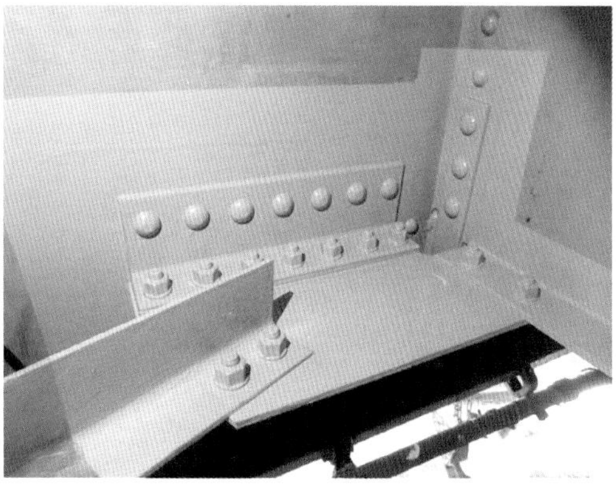

写真2-2-2　L形鋼板補強

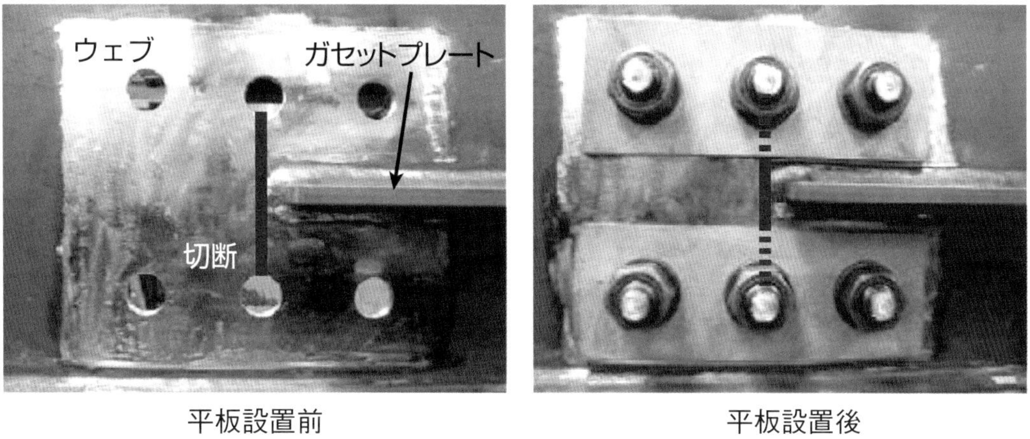

写真2-2-3　平 板 補 強

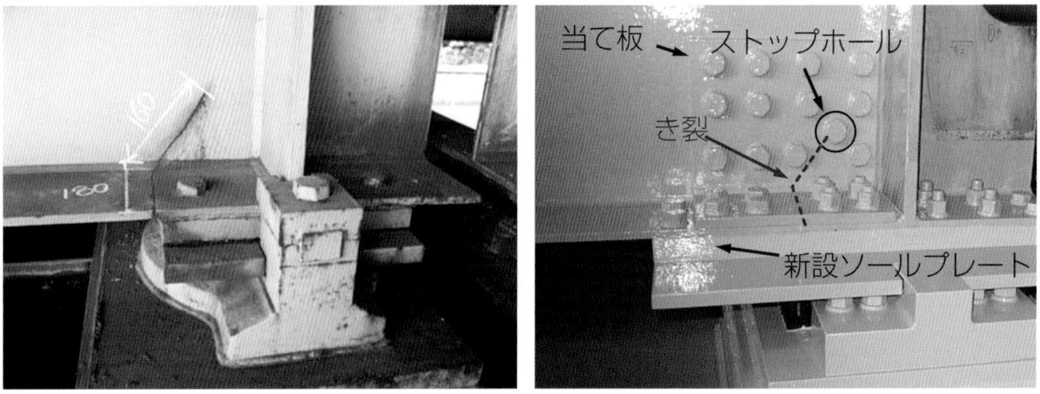

(a) 補修前　　(b) 補修後

写真2-2-4　主桁腹板にき裂が進展した事例

わし溶接部を切断し，無応力の状態とすることで発生原因を取り除き，切断の補強としてまわし溶接部の上下に平板をボルトで設置する方法が採用されるようになりました[6)]．近年ではさらに効率的な工法として前述のUITも採用されています．

2-5-2　支承ソールプレート溶接部

ソールプレートは，主桁下フランジ下面に接合され支承の上沓と接合される部材です．ソールプレートと主桁下フランジの接合には，一般に溶接が用いられていました．支承の劣化が進むと移動や回転が拘束され，主桁下フランジには設計では考慮されていない応力が発生します．この応力は活荷重や温度変化によって繰返し発生し，ソールプレート溶接部（スパン中央側）に応力集中による高い応力が生じることで，き裂が発生します．き裂を放置すると，下フランジに進展し，下フランジを貫通した後，主桁腹板に進展します．**写真2-2-4**（a）は主桁腹板に進展した事例です．支承部付近の主桁腹板には大きいせん断力が作用しているため，加速して進展すると考えられる危険なき裂の一つです．「道路橋示方書」の強度等級では，こちらもG等級とされています．

補修・補強においては，支承機能低下が原因であることが多いため，その場合は，支承の取替えも必要です．き裂が長い場合には，当て板により構造断面を確保する必要もあります．**写真2-2-4**（b）は補修後の様子です．き裂の先端に設置したストップホールを当て板のボルト孔として利用しています．機能低下していた支承を交換するとともに，新たなソールプレートをボルト接合することで疲労強度を向上させています．

2-5-3　鋼製橋脚隅角部

鋼製橋脚隅角部は，せん断遅れの影響により公称応力よりも高い応力が発生します（**図2-2-17**右の赤線部参照）．また，**図2-2-18**（左）に示すように柱・梁の角継手と柱ー梁フランジの十字継手の三線溶接の始終端が交差するため，溶接品質を確保するのが大変難しい部位でもあります．よって，溶接部に発生する疲労き裂の多くは内部に残存する空洞などの欠陥を起点に発生します．**図2-2-18**は，溶接部に発生したき裂と溶接内部を切削調査したものです．表面に発

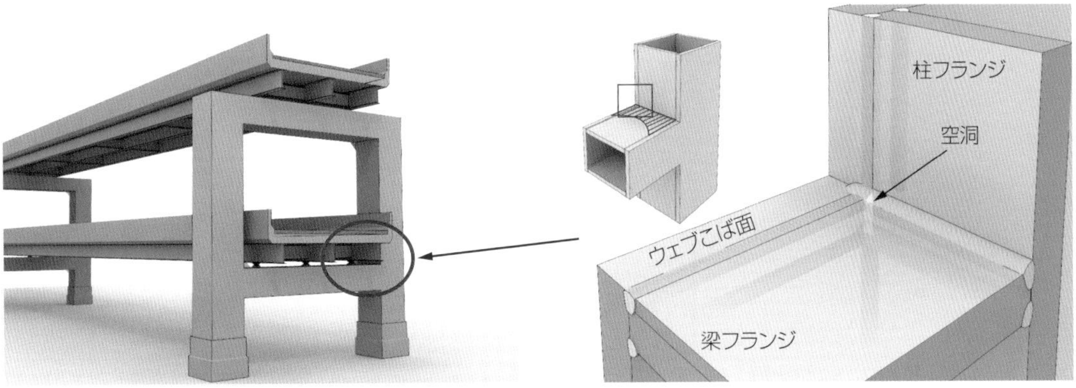

図2-2-17　鋼製橋脚隅角部

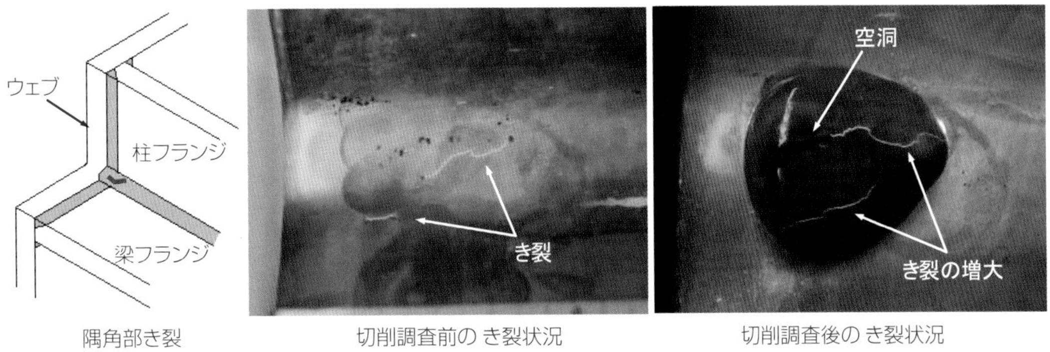

図2-2-18　鋼製橋脚隅角部に発生するき裂

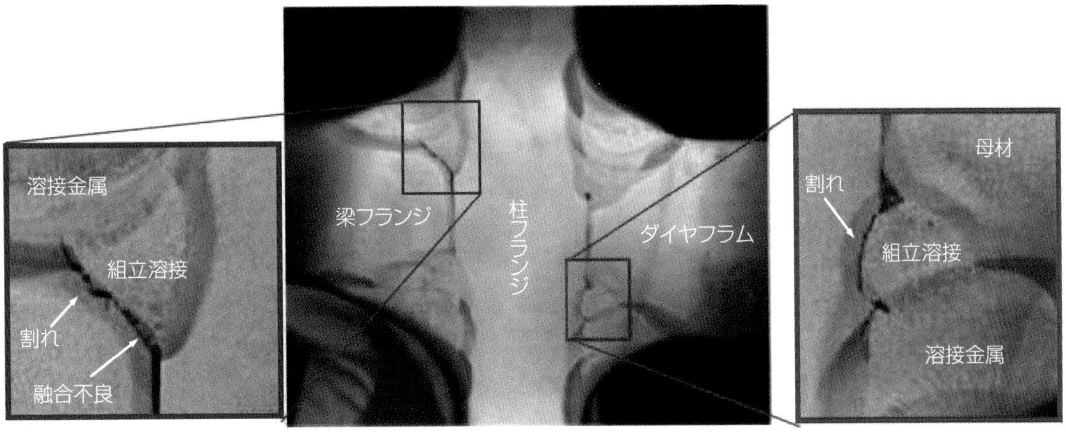

図2-2-19　隅角部溶接内部状況

生していたき裂が溶接内部の空洞から発生していたことが確認できます．**図2-2-19**は，溶接部の横（橋脚ウェブ側）から孔を明け，柱－梁フランジ溶接内部を確認したものです．本来，完全溶込み溶接で製作されるべきものが部分溶込み溶接となっていること，割れや融合不良など

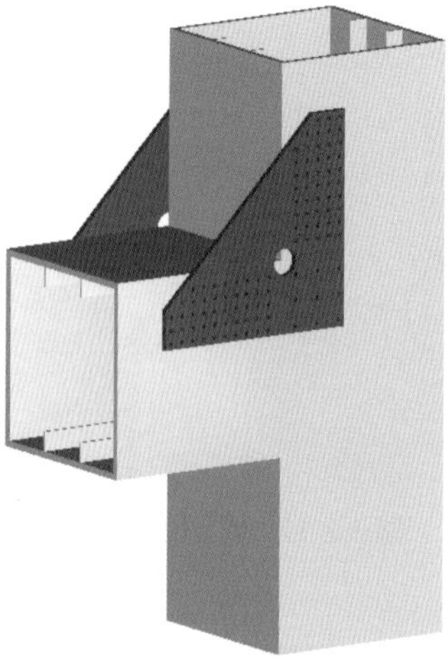

図2-2-20　隅角部補強イメージ

の溶接欠陥が残存していることが確認できます．

補修・補強方法は，き裂の処理（除去もしくはストップホール）とともにせん断遅れの影響を低減するための当て板を設置します（**図2-2-20**）．一般に設置している当て板は，応力を約1/2に低減することを目安にしています．**2-2（1）**で説明したように疲労寿命は応力範囲の３乗に反比例しますので，これにより疲労寿命が８倍に延びると考えられています．

2-5-4　鋼床版デッキプレートとトラフリブ溶接部

鋼床版は，薄板を組み合わせた構造であり軽量なため上部工重量を低減したい場合に多く採用されています．しかし，輪荷重を直接支持する薄肉構造であり，かつ溶接部が多数存在していることから，疲労き裂があらゆる部位で発生しています．主な発生部位を**図2-2-21**に示します．

中でもデッキプレートとトラフリブとの溶接部（以下，デッキ−トラフ溶接部）を起点に発生するき裂は，場合によってはデッキプレート（以下、デッキ）を陥没させるおそれのある重大なき裂の一つです．デッキ−トラフ溶接部から発生するき裂の多くはルート部を起点に発生しますが，溶接ビード方向に進展するき裂（以下，ビードき裂）とデッキ方向に進展するき裂（以下，デッキき裂）があります（**図2-2-21**）．デッキき裂は進展するとデッキが破断し，通行車両の安全を損なうことになるため注意が必要です．また，ビードき裂はビード表面にき裂が現れるため目視点検で容易に発見することできますが，デッキき裂は舗装で覆われたデッキ上面に現れるため，目視で発見することは困難です．よって，非破壊検査などによる調査が必要になり手間がかかります．

補修は，ストップホールおよびトラフリブ取り替えをともなう当て板補修を行います．補強としては，舗装の基層を鋼繊維補強コンクリート（SFRC : Steel Fiber Reinforced Concrete）に置き換え，デッキと一体化することでデッキの剛性を向上させ局部変形を抑制します（**図2-2-22**）．SFRC補強を行うことにより，当該溶接部近傍の応力が20～30％に低減することが確認されています[7)など]．

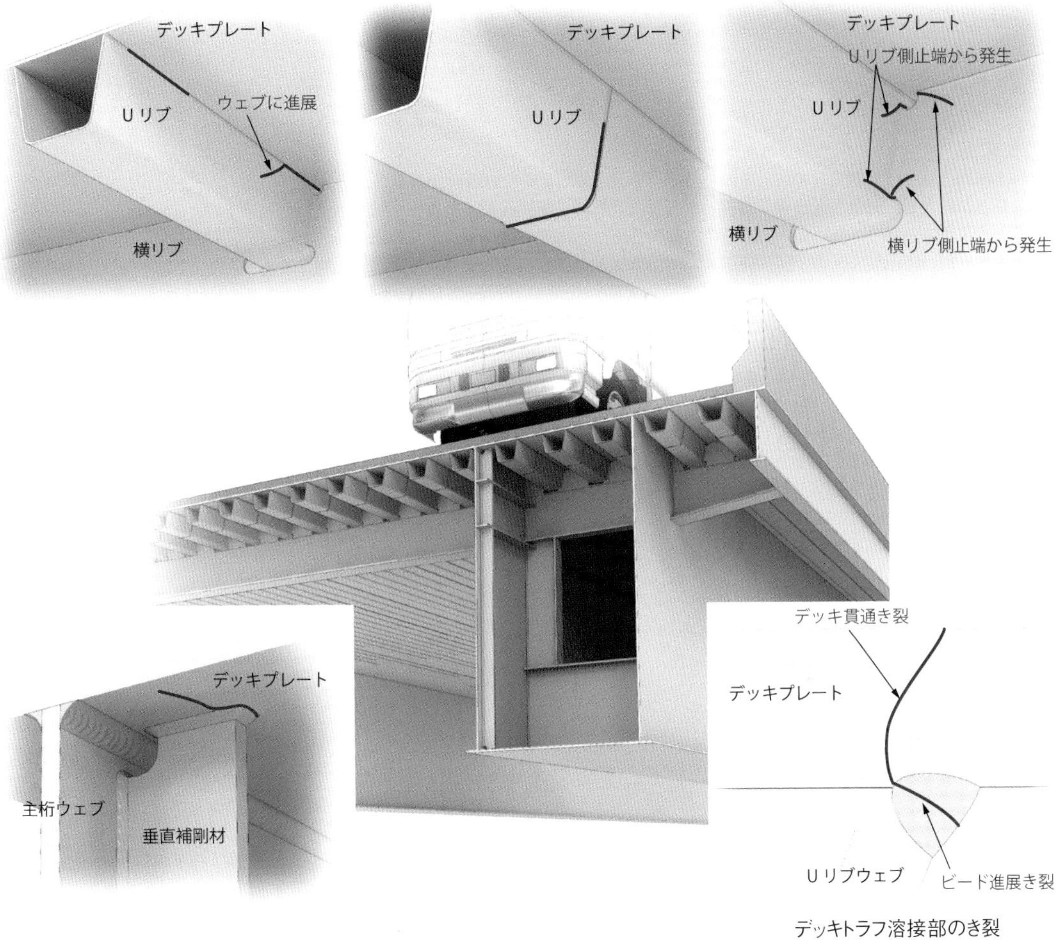

図2-2-21　鋼床版箱桁橋の主な発生部位

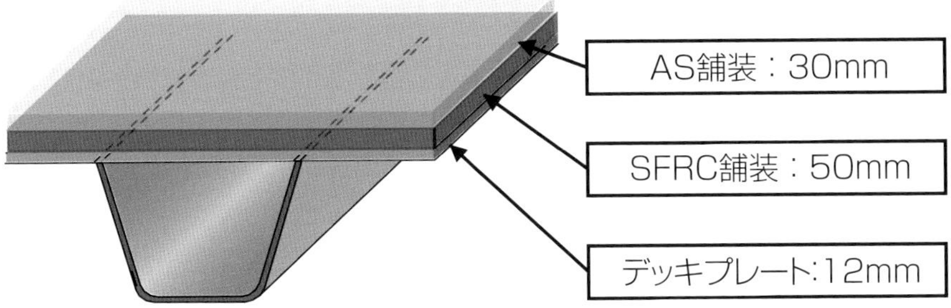

図2-2-22　SFRCによる鋼床版の補強

2-6 まとめ

鋼橋の疲労損傷は進行すると落橋など重大な事故を発生させる可能性があります．よって，できるだけ早期に疲労き裂を発見することが望まれますが，そのためには高度な技術力と経験が必要です．疲労き裂の発生事例については文献が多数[8)~10) など]ありますので，ぜひ参考にしてください．

〔参 考 文 献〕
1）日本鋼構造協会：鋼構造物の疲労設計指針・同解説，2012年改訂版，技報堂（2012）
2）公益社団法人道路協会：道路橋示方書・同解説，Ⅱ鋼橋・鋼部材編，丸善出版株式会社（2017.11）
3）森　猛：ボルト締めした円孔の応力集中と疲労強度，土木学会論文集，No. 543, pp. 123～132（1996）
4）上坂健一郎，時田英夫，森　猛，内田大介，島貫広志，冨永知徳，増井　隆：溶接止端に留まる疲労き裂が生じた面外ガセット溶接継手に対するUITの補修効果，土木学会論文集A1, Vol. 77, No. 1, pp. 121～131（2021）
5）石川敏之，山田健太郎，柿市拓巳，李　薈：ICR処理による面外ガセット溶接継手に発生した疲労き裂の寿命向上効果，土木学会論文集A, Vol. 66, No. 2, pp. 493～502（2011）
6）森　猛，白井聡也，佐々木一哉，中村　充：添え板ボルト締めストップホール法による主桁横桁交差部の疲労き裂の補修，土木学会論文集A1, Vol. 67, No. 3, pp. 493～502（2011）
7）小野秀一，下里哲弘，増井隆，町田文孝，三木千壽：既設鋼床版の疲労性能向上を目的とした補強検討，土木学会論文集No.801/I-73, pp. 213（2005）
8）(公社)日本道路協会：鋼道路橋疲労設計便覧（2020）
9）三木千壽：橋梁の疲労と破壊，朝倉書店（2011）
10）(社)土木学会：鋼床版の疲労（2010）

第3章

RC橋の損傷と補修・補強

3-1　RC橋の特徴

コンクリート橋は，主として鉄筋コンクリート（以下，RC）橋とプレストレストコンクリート（以下，PC）橋に大別されます．本章で主に取り上げるRC桁は，同条件の設計においてPC桁より断面が大きくなるため，自重も大きくなります．このため，長い径間には不向きですが，径間長10m前後の橋梁や高い剛性を必要とする鉄道橋に多く見られる立体ラーメン構造などに用いられています．PCのプレキャスト桁（工場で製作され，現場まで輸送して架設する橋桁）がメジャーな存在になる前の時代に架設された，小規模RC橋梁が現在でも多数残っており，様々な理由によるひび割れや鋼材の腐食，かぶりコンクリートの剥落などの損傷が生じたものについては，これに対する補修や補強が実施されて来ています．

RC橋とPC橋の外見からの区別は，ある程度見慣れないと難しいかもしれません．しかし前述のとおり，RCはPCと比べて断面が大きくなるため，比較的短径間で，全体的に少々マッシブな印象を受けるものが多くなっています．東京周辺に現存する比較的大規模なRC橋の例としては、東秋留橋（RCアーチ橋），JR鶴見線国道駅付近（RC立体ラーメン橋），首都高速４号新宿線西参道付近（RC桁橋，**写真2-3-1**）などが挙げられます．

本項では，RC橋に生じる代表的な損傷とその原因，損傷が橋梁の構造性能に与える影響等について概説します．また，損傷が生じた場合の補修・補強の事例と考え方について，代表的なものを選定して紹介します．

写真2-3-1　RC桁橋（首都高速４号新宿線）

3-2 RC橋の変状

コンクリート橋の耐久性や耐荷力を低下させる変状は，様々な要因によって引き起こされます（**図2-3-1**）.

施工時においては，不正確な型枠の組立て，振動締固め不足による充填不良や逆に過多による材料分離，不十分な養生などが原因で，豆板，コールドジョイント，砂筋などの初期欠陥が生じる場合があります．これらの初期欠陥は，コンクリートそのものの強度を低下させるだけでなく，水や塩化物，二酸化炭素などの通り道となり，放置すると鉄筋に腐食を生じさせ，腐食膨張によりコンクリートにひび割れを生じさせたり，かぶりコンクリートを剥落させたりします．また施工後についても，乾燥収縮や拘束，ASR，塩害，凍害など，様々な要因によって，ひび割れや断面欠損などの変状が生じることがあります．さらに，地盤の液状化や緩み，河床の洗掘などによる橋脚や橋台の不同沈下や移動，車両や船舶などの衝突，強い地震動による塑性変形などの外的要因によっても変状が生じます．この場合は「変位」や「変形」に対する注意が必要で，これに起因する桁や橋脚のねじれや付加曲げなどによる応力分布の変化，支承の荷重支持分担の変化，伸縮装置や落橋防止システムまで含めた可動量，可動域の変化，伸縮装置遊間や桁端と橋台など，離れているはずの部材どうしが接触している場合の付加荷重などについて，照査する必要があります．

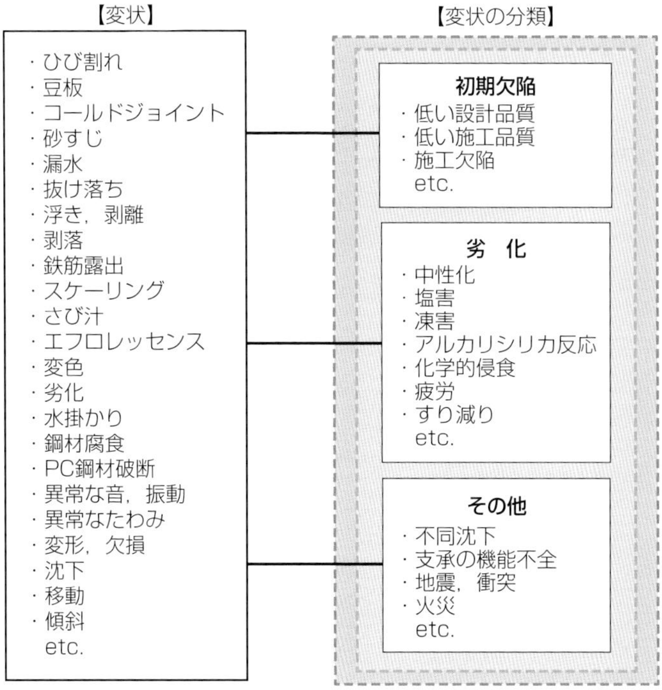

図2-3-1 コンクリート桁に生じる変状とその分類[1)]

以上のように，一口にコンクリート橋の変状と言っても様々な原因と結果があるわけですが，通常，点検において変状の発生と進展の把握における重要な判断要素は，コンクリート表面に現れるひび割れです．ひび割れの発生位置，進展方向や速度等によって，その原因や全体構造系への影響について，ある程度の予想が可能です（**図2-3-2**）．

このひび割れに関して，RC橋とPC橋との力学的観点から見た大きな違いは，RCの場合は設計上において曲げひび割れを許容しているという点です．曲げが卓越するRC桁などは，脆性的に破壊しないよう，大きな変形性能を持つように設計されます（**図2-3-3**）．これは，曲げによって断面引張側にひび割れが生じて（図2-3-3，②時点）剛性が少し低下した後も，さらに大きな荷重によって引張鉄筋が降伏し④，圧縮側のコンクリートが圧壊⑤で終局を迎えるまで，余裕をもって粘り強く大きな変形に耐える，ということです．

具体的には，鉄筋量が少なすぎるとひび割れが入ってすぐに鉄筋が降伏して変形が急激に進み（②と④が接近），逆に多すぎると，降伏前や直後に圧縮側のコンクリートが圧壊する（④と⑤が接近）ことによって，変形が進む前に急激に終局に至ることになります．これらの現象（脆性的な破壊）を避けるために，最小鉄筋量，最大鉄筋量が規定されています．言い換えれば，力学的な面から言えば，桁が大きな荷重作用によって終局状態を迎える前の，「比較的早い段階でひび割れが生じるように設計されている」，ということになります．よって，セオリーどおりに設計されたRC桁に曲げひび割れが生じたからといって，力学的にはすぐに危険な状態にな

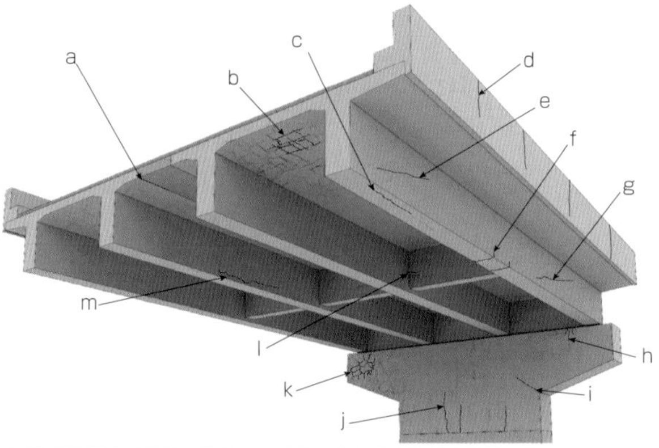

記号	ひび割れの概要	ひび割れの原因
a	間詰め床版継目部のひび割れ（PCT桁橋）	打継目の不具合，輪荷重によるひび割れ
b	床版下面の格子状のひび割れ	輪荷重の繰返し作用による疲労ひび割れ
c	下フランジ下面の縦方向ひび割れ	塩害や中性化による鉄筋の腐食によるひび割れ プレストレス力に直交する引張力によるひび割れ
d	壁高欄の鉛直方向ひび割れ	乾燥収縮を先打ちの床版が拘束することによるひび割れ
e	支点付近の斜め方向のひび割れ	主桁のせん断力によるひび割れ
f	主桁下フランジの鉛直方向のひび割れ	主桁の曲げモーメントによるひび割れ
g	PC鋼材に沿ったひび割れ	PCグラウトの充填不良，PC鋼材の腐食によるひび割れ
h	橋脚天端のひび割れ	支点反力によるひび割れ
i	断面急変部のひび割れ	構造的な応力集中によるひび割れ
j	橋脚打継目の鉛直方向ひび割れ	先打ち，後打ちコンクリートの温度差による温度ひび割れ
k	橋脚の網目状のひび割れ	ASR等によるひび割れ
l	横桁のひび割れ	外部拘束や内部拘束によるひび割れ
m	主鉄筋に沿ったひび割れ	塩害や中性化による鉄筋の腐食によるひび割れ

図2-3-2　コンクリート構造物の部位ごとに発生するひび割れ[2)]

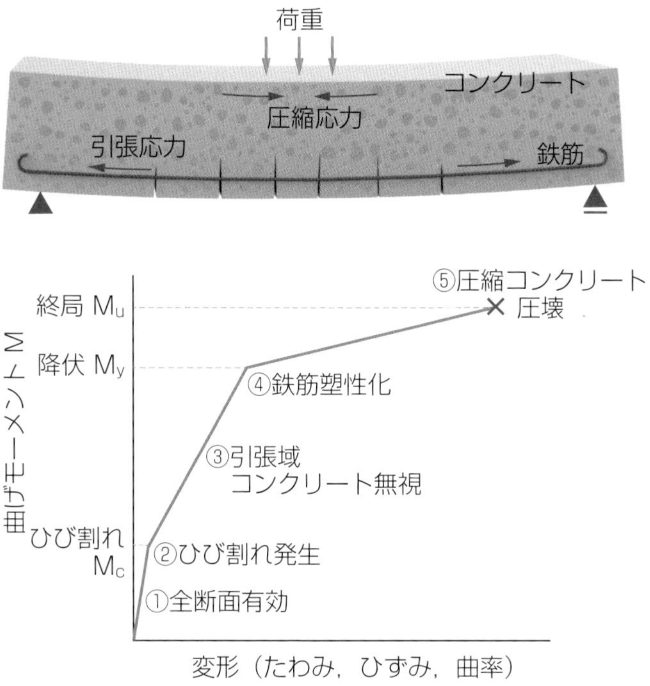

図2-3-3　RC桁のモーメント－変形関係（イメージ）

るわけではない，とも言えます．また，RC桁のコンクリートには通常，膨張材を使用しない限りはある程度乾燥収縮や自己収縮による引張応力は内在するため，応力計算上のひび割れ荷重より早くひび割れが生じます．

このように，RC構造において力学的に発生するひび割れに関しては想定の範囲であり，ひび割れが生じたとしても，部材の応力状態が弾性域内にとどまり，除荷後にひび割れが見えなくなる，もしくは微小な幅に収まっている限りは大きな問題とはなりません．このひび割れ幅について，土木学会の2017年制定コンクリート標準示方書【設計編】では，鉄筋コンクリートの耐久性に関する照査の中で，鋼材腐食に対するひび割れ幅の限界値をかぶりの0.005倍（かぶりが30mmなら0.15mm）で，上限を0.5mmとしています．また，2018年制定コンクリート標準示方書【維持管理編】では，発生することが設計で想定されているひび割れについては，そのひび割れ幅や長さを設計で想定している値と比較し，想定した値を超えている場合は要求性能を満たしていない可能性があると判断しています．更に，発生することが設計で想定されていないひび割れについては，そのひび割れが構造物の性能に与える影響を検討して判断する，としています．なお，同書の付属資料においては，RCラーメン高架橋，スラブ桁，橋台および橋脚に関し，要求性能に対する限界状態として，軽微なひび割れ幅の目安を0.3mm程度としてよい，とされています．しかし，これ以上のひび割れ幅が残存するような場合は，前述の初期欠陥同様に水や塩化物イオン等の有害物質の侵入が促進され，これによって鉄筋が腐食して断面が縮小したり，腐食膨張によってコンクリートに更なるひび割れや剥落を生じさせ，加速度的に変状の悪化，拡大が進展することになります．こうなると，変状は「損傷」となり，耐久性だけでなく耐荷性能の低下にも繋がります．

3-3　RC橋の補修・補強とは

RC橋における損傷は，前項で述べたようにひび割れを原因とする副次的な損傷で，その対策として「補修」，「補強」に区分されています．具体的には，比較的幅の広いひび割れや軽微な剥落などが生じた時点で，その原因を取り除いたり軽減したりして変状の拡大，進展を防ぐ対策や，有害物質の侵入を防ぐような対策を施すことを「補修」と呼び，早期段階で対策を施すことで進行を遅らせることが可能となり予防保全にもつながります．これに対し，鉄筋の腐食などの変状が進んである程度低下した耐荷力を設計時の要求性能まで戻したり，または設計年次が古く設計基準の改訂などによって耐荷力不足（既存不適合）に陥った構造物に対し，引き上げられた要求性能まで性能を向上させたりすることを「補強」と呼んでいます．以降では，RC橋に用いる補修・補強の代表的な工法の紹介と特徴について，構造力学的知見から紹介したいと思います．

3-4　RC橋の補修工法

構造物の補修は，構造力学的観点から言えば，一般的には，現状維持という考え方です．つまり，現在置かれている構造物の応力状態を大きく改善するというものではなく，その劣化を遅延させる，または食い止めるという考え方に基づいています．このことは，RC構造物でも例外ではなく，その損傷をケアするにとどまります．ただし，鉄筋の腐食などによって耐荷力を失っている場合には，補修工法は適用できないということに留意してください．RC橋の補修には，**表2-3-1**に示す代表的な工法が考えられます．

表2-3-1　RC橋における補修工法の例

工法名	概要
ひび割れ注入工法 （図2-3-4）	コンクリートのひび割れ面に対し，有機系や無機系の注入材を専用の治具を用いて注入する工法．ひび割れ面から侵入する外的因子を遮断できる．また，有機系材料は接着力が高いため，構造物との一体化を図ることができる．
断面修復工法 （図2-3-5）	コンクリート表面の浮きや欠損箇所に対し，有機系や無機系の断面修復材を用いて復旧する方法．基本的には，鉄筋の防食を主目的としている．
保護塗装工法 （図2-3-6）	コンクリート表面から侵入する塩分，水分，二酸化炭素などの鉄筋を腐食させる外的因子を遮断することができる．
剥落防止工法 （図2-3-7）	保護塗装工法の特徴に加え，小片コンクリートの落下を抑えることができる． 本工法には，厚膜の塗装タイプや連続シート（ガラス繊維，ビニロン繊維）タイプのものがあり，さらに，透明なタイプも存在し，施工後の躯体の状態を把握できるものも存在する．

電気防食工法 （図2-3-8）	陽極（アノード）と呼ばれる電極から鋼材（カソード）へ電流を流し，電気化学的に防食する工法で，現在，流電陽極方式と外部電源方式が主流である．また防食効果は電位測定にて確認することができる．
脱塩工法 （図2-3-9）	コンクリート表面に陽極材と電解質溶液を設置し,陽極からコンクリート中の鉄筋(陰極)へ直流電流を流すことによってコンクリート内部の塩化物イオン量を低下させることができる．
再アルカリ化工法 （図2-3-10）	コンクリート表面に陽極材とアルカリ性の電解質溶液を設置し，陽極からコンクリート中の鉄筋（陰極）へ直流電流を流すことによってアルカリ性溶液をコンクリート中に浸透させ，コンクリートのpHを回復することができる．

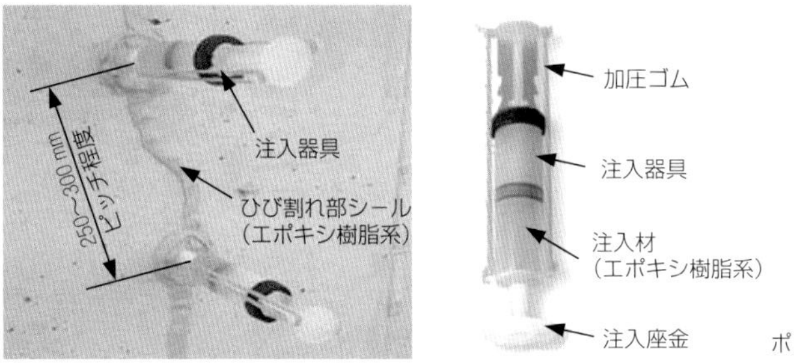

図2-3-4　ひび割れ注入工法

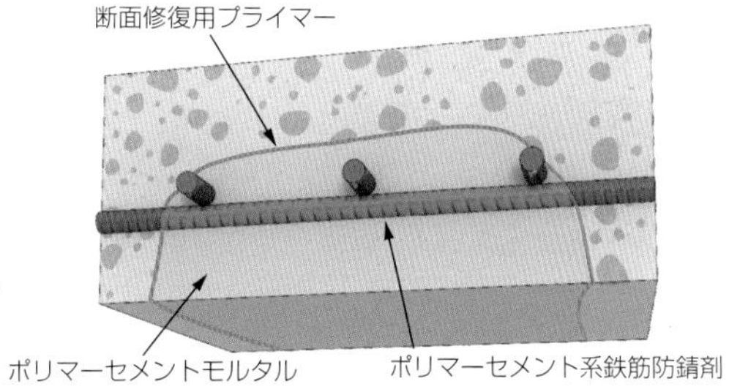

図2-3-5　断面修復工法

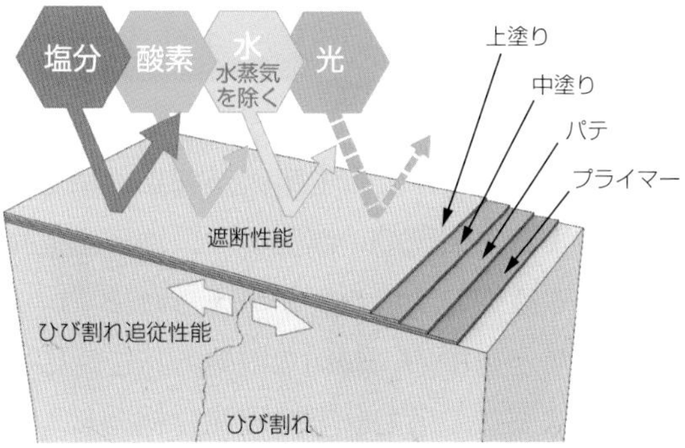

図2-3-6　保護塗装工法

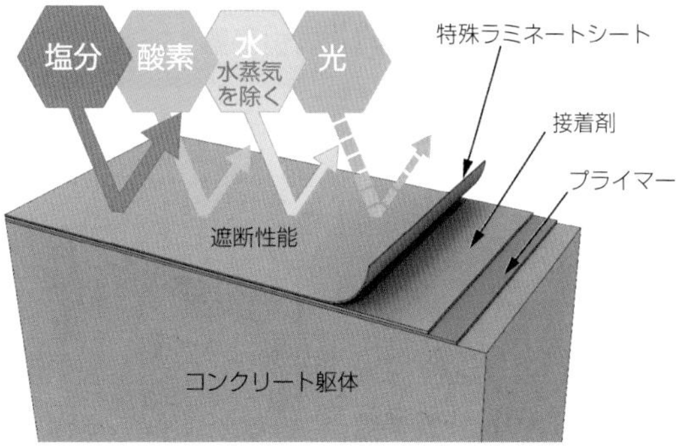

図2-3-7　剥落防止工法

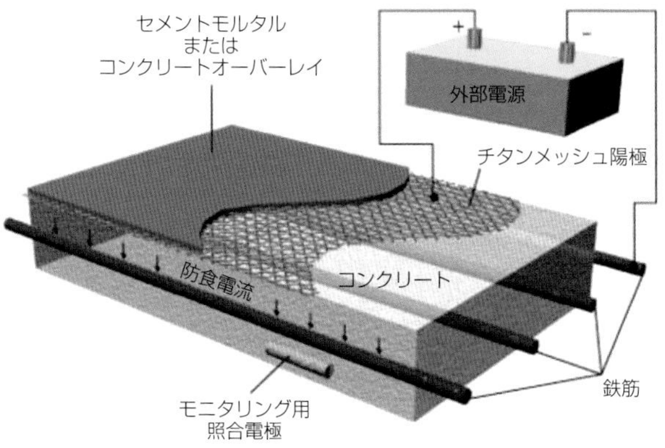

図2-3-8　電気防食工法[4)]

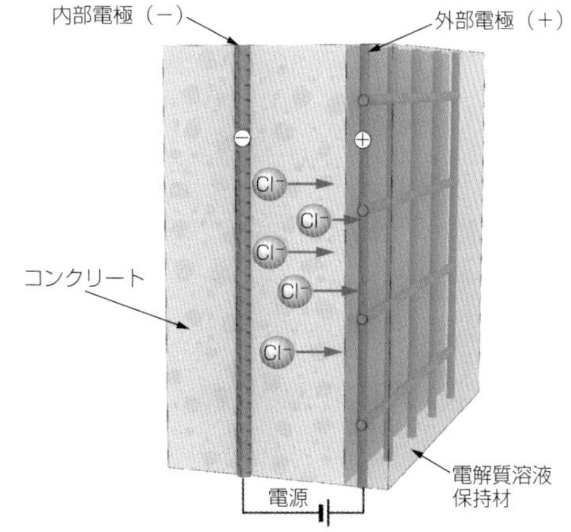

図2-3-9　脱 塩 工 法[4)]

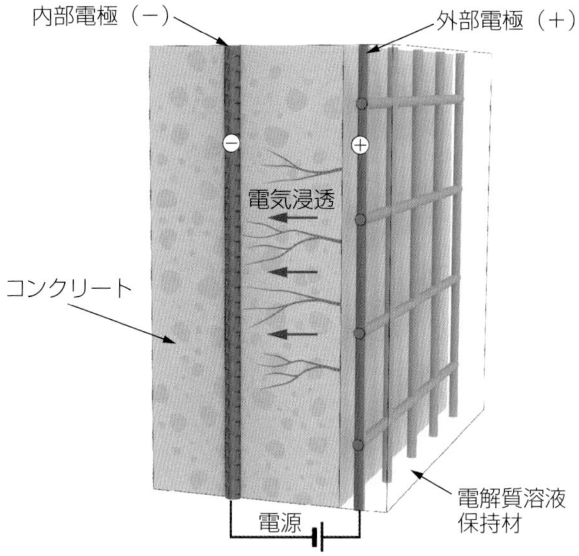

図2-3-10　再アルカリ化工法[4)]

3-5　RC橋の補強工法

RC桁橋の補強工法は，冒頭でも述べたように，何らかの要因によって耐力が著しく損なわれた場合に適用します．この要因としては，鋼材腐食による引張鉄筋の断面減少，過積載，車両荷重の増大などによる応力超過，繰返し荷重作用による疲労の影響などが考えられます．いずれにしても，耐荷力不足となっている主要因をしっかりと見極め，適切な対処方法を選定する必要があります．また，補修工法と違い，補強方法では現状の応力状態を確実に把握し，不足する応力を適切に補う必要があり，構造計算が必須となります．

補強を行ううえで重要となってくるのは，構造物の応力状態を正しく把握することです．特に，せん断挙動に対しては，曲げ挙動がRC断面の引張側縁端での挙動であるのに対し，ウェブ側面での斜め方向の力の挙動となり，応力状態を把握しにくくなります．このときの断面の抵抗としては，コンクリートと桁側面に配されている帯鉄筋とで抵抗することとなりますが，それを補強する場合は，この斜め引張力に抵抗できるものでなくてはなりません．さらに，せん断力はRC断面の面外方向の力の流れであることもあり，補強する工法もそれに対抗できるような構造でなければなりません．

3-5-1　曲げ補強工法

（1）　曲げ補強工法の種類

曲げ補強工法には，**表2-3-2**に示すような種類があります．曲げ補強は，車両制限令の変更による車両荷重の増大によって生じた桁断面の応力超過を改善することや，塩害，凍害，中性化などに起因する鉄筋腐食に伴う引張部材の断面減少を補うことを主目的としています．

表2-3-2　RC橋における曲げ補強工法の例

工法名	概要
鋼板接着工法 (図2-3-11)	RC桁下面または上面に鋼板をコンクリートアンカーにて設置し，鋼板とコンクリートとの間にエポキシ樹脂接着材を注入し一体化を図る工法. 補強量に応じて鋼板の厚みを変えることができ，さらに，エポキシ樹脂の注入によってひび割れにも注入可能なため，断面の剛性回復に大きく寄与することができる.
炭素繊維シート接着工法 (図2-3-12)	RC桁下面または上面に炭素繊維シートを含浸，接着し，コンクリートと一体化を図る工法. 不足する耐力に応じた積層数で対応が可能であるが，桁断面の場合，有効高さが大きくなり，積層数がかさむことがある. ひび割れがある場合には，別途，ひび割れ注入が必要である.
下面増厚工法 (図2-3-13)	RC桁下面に補強鉄筋を配置し，その上にポリマーセメントモルタルを吹付けないし左官にて仕上げ，コンクリートと一体化を図り，補強鉄筋が引張力に抵抗できる工法.
炭素繊維プレート接着工法 (図2-3-14)	RC桁下面または上面に，引抜き成形された炭素繊維強化プラスチック板をペースト状の接着材にて貼り付け，コンクリートと一体化を図る工法. 炭素繊維シートに比べ，単位幅当たりの補強量が大きいため，1枚の成形板で高い補強効果が期待できる.
外ケーブル工法 (図2-3-15)	RC桁下面または側面に定着具や変更具を介してPCケーブルや連続繊維材などに緊張力を導入し，RC桁の曲げ応力やせん断応力の改善を図る工法. 構造物の局所的な補強というよりは，構造系の変更または断面力の改善などを目的に適用されることが多い．また，補強材を桁の外部に設置するため，適用後の維持管理などが容易であることが多い. ただし，力学的な応力改善であるため，断面の剛性向上には繋がらない.
上面増厚工法 (図2-3-16)	RC桁上面に超速硬型のコンクリートを打設し，新旧コンクリートを一体化させる工法. コンクリート断面の嵩上げ効果により，引張鉄筋の有効高を大きくとることができ，結果，引張鉄筋の負担を減らすことができる．上面からの施工であるため，交通規制を伴うが，足場等の仮設作業もないため，結果として工期を短くすることができる. 桁下面にひび割れや鉄筋の腐食等がある場合，別途，対策が必要となる.

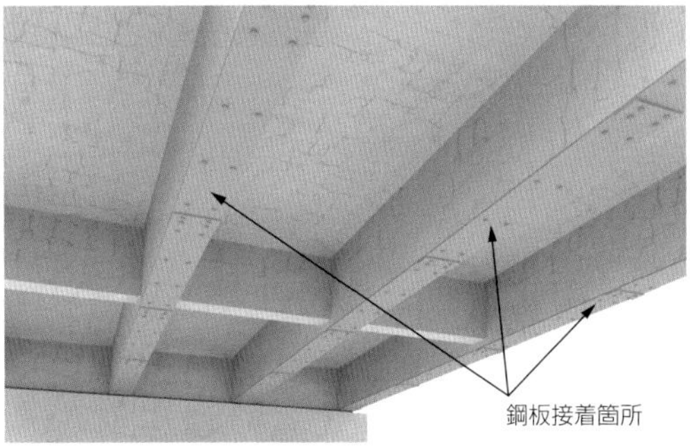

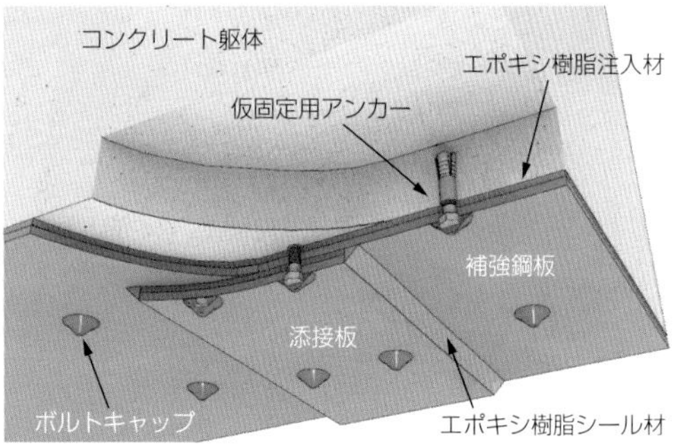

図2-3-11　鋼板接着工法

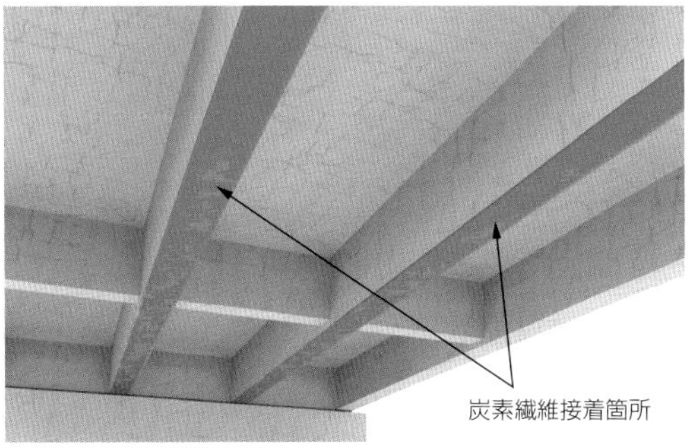

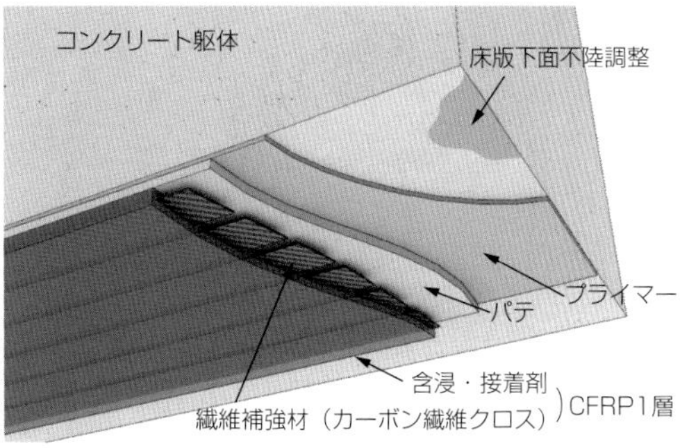

図2-3-12　炭素繊維シート接着工法

(2)　曲げ補強工法の設計の考え方

RC部材の構造計算手法では，最も大きな曲げモーメントが発生する位置に対し，抵抗する部材が耐えうるように計算しています．一般的な設計の流れは図2-3-17に示すとおりです.

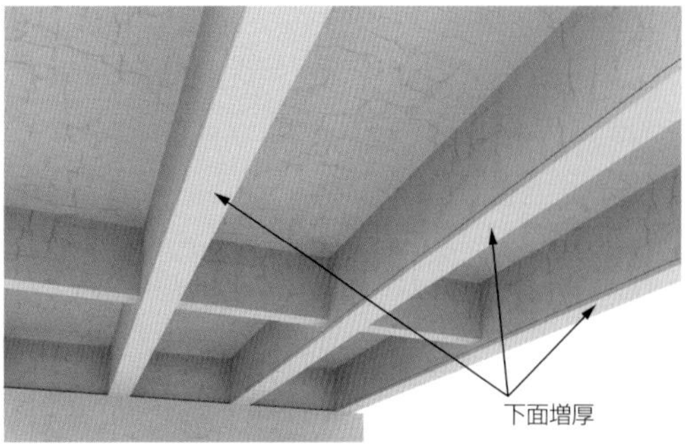

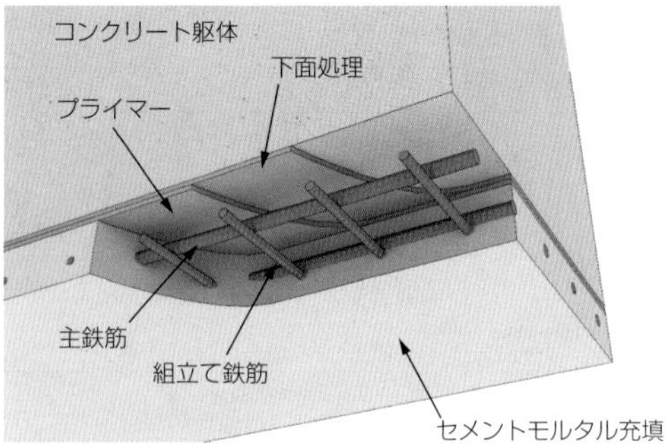

図2-3-13　下面増厚工法

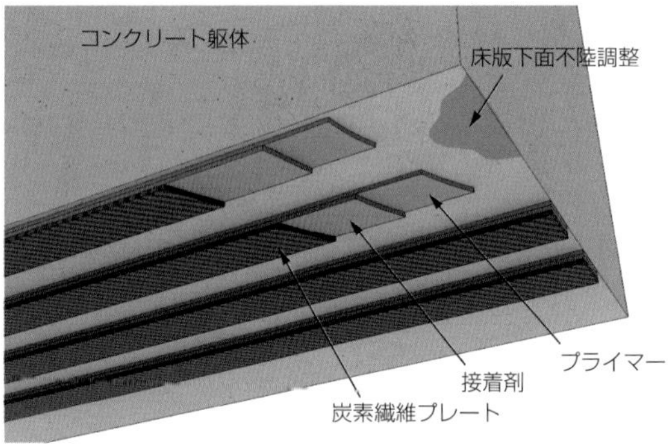

図2-3-14　炭素繊維プレート接着工法

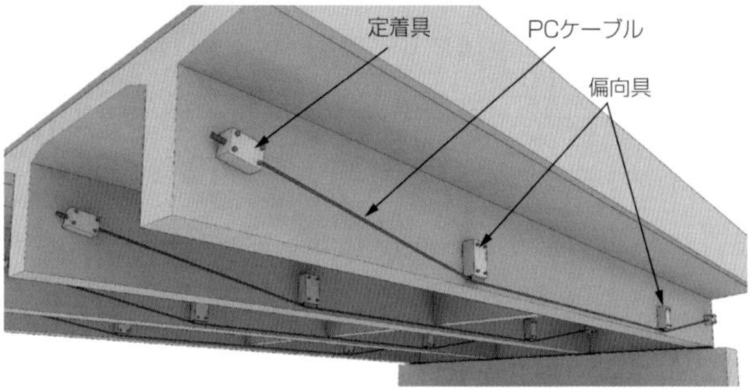

図2-3-15　外ケーブル工法

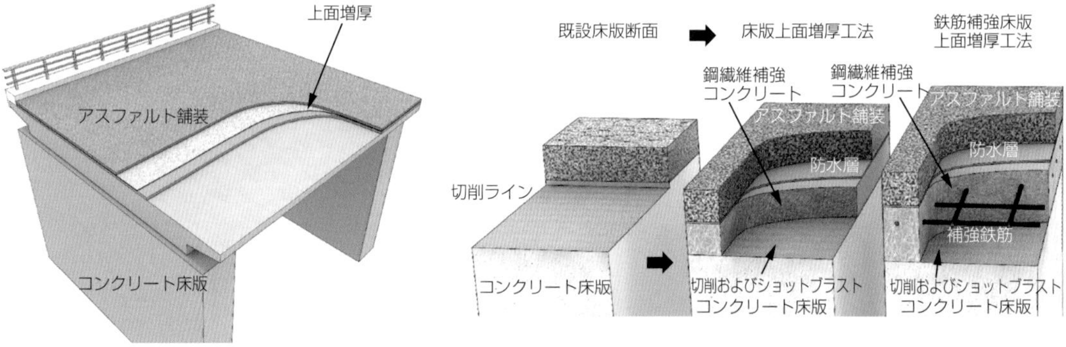

図2-3-16　上面増厚工法

RC断面では，平面保持の法則，鉄筋とコンクリートとの完全付着，コンクリートは引張に抵抗しないとした簡易計算手法が用いられています．したがって，曲げ補強を行う場合も，同様にこの手法を用いることとしています．ただし，鉄筋腐食などによる引張鉄筋の断面欠損などがある場合には，その鉄筋量を考慮した応力照査が必要です．さらに，RC橋の場合，昭和初期から高度経済成長期に建設された橋梁が多く，その当時の設計荷重として，活荷重など現行より小さな値を用いている場合がほとんどです．そのため，現行の「道路橋示方書」に対応させるためには，その設計荷重に合わせて主桁に作用する曲げモーメントを算出する必要があります．この場合は通常，格子計算や骨組み計算を用いて算出しています．また，RC構造では，計算の都合上，コンクリートは引張応力に寄与しないとしていますので，ひび割れや小さな断面欠損の影響は応力計算に考慮しなくても問題となりません．

補強後の計算では，使用する補強材の材質や取付け位置が既存の鉄筋と異なりますので，**図2-3-18**および式（1）～（6）に示すような計算となります．また，補強材は完成された既設橋梁に取り付けるため，外ケーブル工法を除き，コンクリートなどの自重（前死荷重）のように部材自身がすでに受け持っている断面力には抵抗できません．あくまでも補強後に後から掛かる荷重（活荷重や後死荷重）のみにしか抵抗できないことに注意が必要です．さらに，引張鉄筋が腐食している場合には，その腐食欠損分の応力も失われていますので，その欠損分も補わなければ

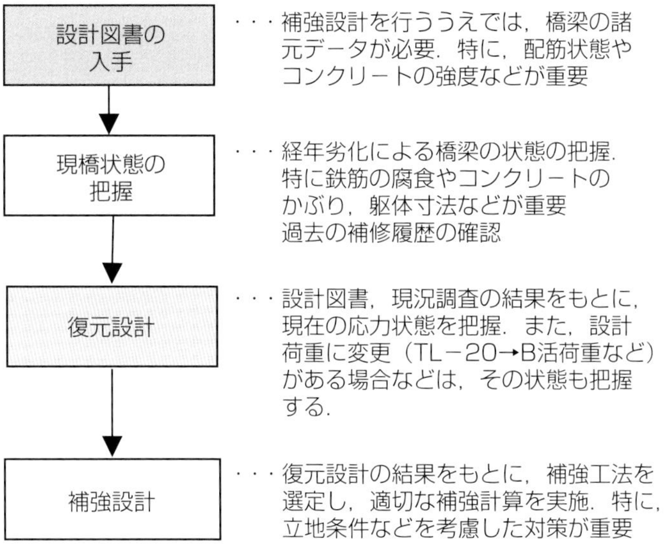

図2-3-17　RC橋の補強設計の流れ

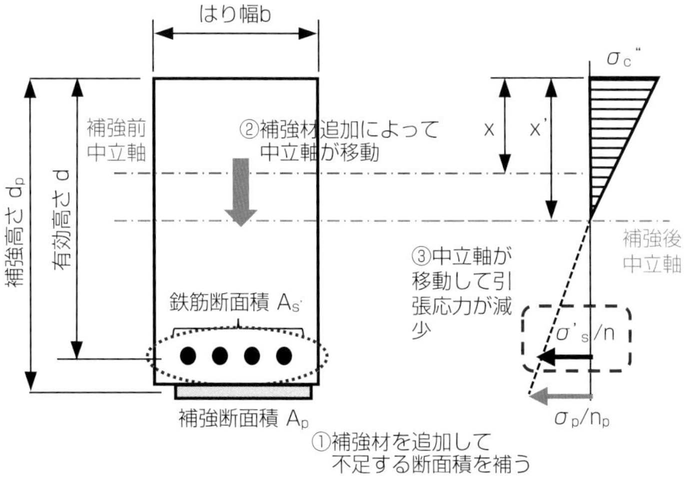

図2-3-18　鉄筋腐食ありの場合のRC断面の曲げ補強時の発生応力の考え方（接着工法全般）

ばなりません．補強材の選定においては，構造物周辺の環境条件にも配慮が必要となりますし，立地条件（施工性）も考慮する必要があります．例えば，「交通規制が可能であるのか？」，「腐食しやすい環境にあるのか？」，「桁下空間が確保できるのか？」などといった構造的要因以外のことも考慮して工法を選定することも重要なファクターとなります．

曲げモーメント

$$M = M_d + M_\ell \quad (1)$$

M_d：死荷重モーメント，M_ℓ：活荷重モーメント

補強後の中立軸

$$x' = \frac{-n \cdot (A_s' + A'_p) + \sqrt{n^2 \cdot (A'_s + A'_p)^2 + 2n \cdot \mathrm{b} \cdot (A'_s \cdot d + A'_p \cdot d_p)}}{b} \quad (2)$$

$n = E_s / E_c$

$A'_p = \frac{E_p}{E_s} \cdot A_p$：鉄筋換算後の補強断面積，

E_c：コンクリートの弾性係数，E_s：鉄筋の弾性係数，E_p：補強材の弾性係数

補強後の断面二次モーメント

$$I_x' = \frac{bx'^3}{3} + n \cdot A'_s \cdot (d - x')^2 + n \cdot A'_p (d_p - x')^2 \quad (3)$$

圧縮コンクリート発生応力度

$$\sigma_c = \sigma_{cd} + \sigma_{c\ell} = \frac{M_d}{I_x} \cdot x + \frac{M_\ell}{I'_x} \cdot x' \quad (4)$$

I_x：補強前の断面二次モーメント

σ_{cd}：死荷重によるコンクリート発生応力度

σ_{cl}：活荷重によるコンクリート発生応力度

引張側鉄筋発生応力度

$$\sigma_s = \sigma_{sd} + \sigma_{s\ell} = n \cdot \frac{M_d}{I_x} \cdot (d - x) + n \cdot \frac{M_\ell}{I_x'} \cdot (d - x') \quad (5)$$

σ_{sd}：死荷重による引張側鉄筋発生応力度

σ_{sl}：活荷重による引張側鉄筋発生応力度

補強材発生応力度

$$\sigma_p = n_p \cdot \frac{M_\ell}{I_x'} \cdot (d_p - x') \quad (6)$$

$$n_p = \frac{E_p}{E_c}$$

単鉄筋梁に鋼板接着工を適用した時の曲げ補強計算例を以下に示します．検討断面は，**図2-3-19**に示す梁下縁に鉄筋が一段配筋された単鉄筋矩形梁で，主鉄筋の断面積が腐食により30%減少していたとします．

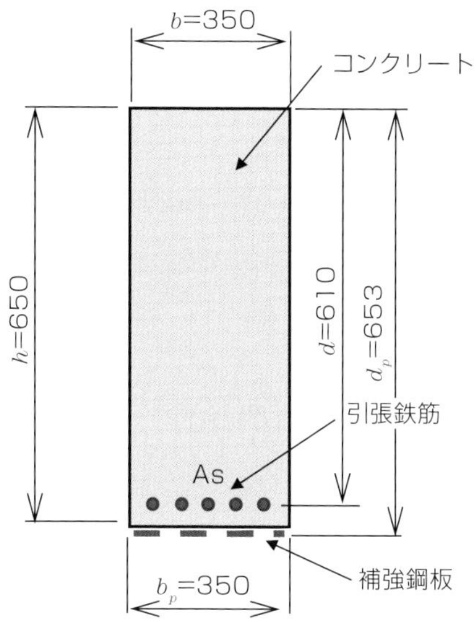

図2-3-19　鋼板接着計算例RC梁断面図

（1）断面諸元

■既設コンクリート

部材断面　断面幅b:350mm，断面高さh:650mm

かぶりt:40mm

圧縮強度σ_c: 24N/mm^2，許容圧縮強度σ_{ca}: 8.0N/mm^2

■既設鉄筋　丸鋼：φ28mm-5本（SR24）

鉄筋断面積　A_s＝3080mm^2，作用高さ　d＝610mm

断面減少率　30%　→ 有効鉄筋断面積　A'_s= 2156mm^2

弾性係数　E_s= 2.0×10^5 N/mm^2

鉄筋の許容応力度　σ_{sa}= 140 N/mm^2

■コンクリートと鉄（鉄筋，鋼板）の弾性係数比　n＝15

■発生曲げモーメント

死荷重モーメント　　M_d = 60 kN･m

活荷重モーメント　　M_ℓ = 145 kN･m

（2）現況断面の応力度照査

RC断面に配置されてある鉄筋の断面積が腐食により30%減少していたとして，その場合の発生応力は以下の通りです．

■中立軸

$$x = \frac{-n \cdot A_s' + \sqrt{n^2 \cdot A_s'^2 + 2n \cdot b \cdot A_s' \cdot d}}{b}$$

$$= \frac{-15 \times 2156 + \sqrt{15^2 \times 2156^2 + 2 \times 15 \times 350 \times 2156 \times 610}}{350} = 256\text{mm}$$

■断面二次モーメント

$$I_x=\frac{bx^3}{3}+n\cdot A'_s\cdot(d-x)^2$$

$$=\frac{350\times256^3}{3}+15\times2156\times(610-256)^2=60.10\times10^8\mathrm{mm}^4$$

■発生応力度

・コンクリート（圧縮側）

$$\sigma_c=\sigma_{cd}+\sigma_{c\ell}=\frac{M_d+M_\ell}{I_x}\cdot x=\frac{60\times10^6+145\times10^6}{60.10\times10^8}\times256$$

$$=8.8\ \mathrm{N/mm^2}>8.0\ \mathrm{N/mm^2}\qquad OUT$$

・鉄筋（引張側）

$$\sigma_s=\sigma_{sd}+\sigma_{s\ell}=n\frac{M_d+M_\ell}{I_x}\cdot(d-x)=15\times\frac{60\times10^6+145\times10^6}{60.10\times10^8}\times(610-256)$$

$$=181.1\ \mathrm{N/mm^2}>140\ \mathrm{N/mm^2}\qquad OUT$$

以上より，鉄筋の腐食により引張鉄筋が応力超過しているため補強を行います．

（3）補強後の応力度照査

曲げ補強時の計算の仮定としては，死荷重（コンクリート自重，鉄筋など）については，補強前の断面性能にて抵抗し，活荷重や補強後に施工する部材自重については，補強後の断面性能にて抵抗するものとします．また，ここでは鋼板接着工法にて補強を行った場合について応力度照査を行います．

■補強鋼板（SS400）

鋼板厚さ　$t_p=6$ mm

鋼板の幅　$b_p=350$ mm

鋼板断面積　$A_p=t_p\times b_p=2100\ \mathrm{mm^2}$

弾性係数　$E_p=2.0\times10^5\ \mathrm{N/mm^2}$（鉄筋と同じ）

鋼板の許容応力度　$\sigma_{sa}=140\ \mathrm{N/mm^2}$

■コンクリートと鉄（鉄筋，鋼板）の弾性係数比　$n=15$

■中立軸の算出

補強後の抵抗断面は，鉄筋とコンクリート，補強材断面で抵抗させます．

$$x'=\frac{-n\cdot(A'_s+A_p)+\sqrt{n^2\cdot(A'_s+A_p)^2+2n\cdot\mathrm{b}\cdot(A'_s\cdot d+A_p\cdot d_p)}}{b}$$

$$=\frac{-15\times(2464+2100)+\sqrt{(15^2\times(2156+2100)^2+2\times15\times350\times(2156\times610+2100\times653)}}{350}=314\mathrm{mm}$$

■断面二次モーメントの算出

補強後

$$I'_x=\frac{bx'^3}{3}+n\cdot A'_s\cdot(d-x')^2+n\cdot A_p\cdot(d_p-x')^2$$

$$=\frac{350\times314^3}{3}+15\times2156\times(610-314)^2+15\times2100\times(653-314)^2=100.65\times10^8\text{mm}^4$$

■発生応力度

・コンクリート（圧縮側）

$$\sigma_c=\sigma_{cd}+\sigma_{c\ell}=\frac{M_d}{I_x}\cdot x+\frac{M_\ell}{I'_x}x'=\frac{60\times10^6}{60.10\times10^8}\times256+\frac{145\times10^6}{100.65\times10^8}\times314$$

$$=7.1\ \text{N/mm}^2\leqq8.0\ \text{N/mm}^2\qquad OK$$

・鉄筋（引張側）

$$\sigma_s=\sigma_{sd}+\sigma_{s\ell}=n\cdot\frac{M_d}{I_x}\cdot(d-x)+n\cdot\frac{M_\ell}{I'_x}\cdot(d-x')$$

$$=15\times\frac{60\times10^6}{60.10\times10^8}\times(610-256)+15\times\frac{145\times10^6}{100.65\times10^8}\times(610-314)$$

$$=117.0\ \text{N/mm}^2\leqq140\text{N/mm}^2\qquad OK$$

・補強材（引張側）

$$\sigma_p=n\cdot\frac{M_\ell}{I'_x}\cdot(d_p-x')=15\times\frac{145\times10^6}{100.65\times10^8}\times(653-314)$$

$$=73.3\ \text{N/mm}^2\leqq140\ \text{N/mm}^2\qquad OK$$

3-5-2　せん断補強工法

（1）　せん断補強工法の種類

せん断補強工法には，**表2-3-3**に示す代表的な工法があります．せん断補強には，活荷重の増大，地震などによるせん断耐力不足を補うものや，塩害，凍害，中性化などに起因する鉄筋腐食に伴うせん断補強筋の断面減少を補うことを目的としています．ただし，RC橋の場合，コンクリート断面が十分な厚さを持っていることが多いため，せん断力は曲げモーメントに比べると応力超過になることが少なく，変状が出た際に事後対策が行われるケースがほとんどです．

（2）　せん断力に対する設計の考え方

RC橋のせん断力に対する対策は，一般的に，トラス理論によって力のつり合いを求め，それに見合ったコンクリート断面とせん断補強筋を配しています．また，抵抗断面は，曲げ耐力に対してはコンクリートと鉄筋の合成断面として抵抗していますが，せん断耐力は**図2-3-23**

表2-3-3　RC橋におけるせん断補強工法の例

工法名	概要
断面増厚工法（図2-3-20）	RC桁側面に対してポリマーセメントモルタルまたはコンクリートにて断面を増厚し，せん断耐力を向上させる方法．必要に応じて，せん断補強筋を新規に追加して積極的な補強を行う．断面増の影響によって死荷重も増えるため，その対処も必要．
鋼板接着工法（図2-3-21）	RC桁側面に対し，鋼板をアンカーにて取り付け，その隙間にエポキシ樹脂を注入してせん断耐力を向上させる方法．曲げ補強に比べ，せん断抵抗断面が樹脂の付着力に大きく依存するため，場合によっては大きな耐荷力向上が望めないこともある．また，接着端部の剥がれ防止として，端部に貫通アンカーを施すなどの対処が必要．
炭素繊維（プレート）接着工法（図2-3-22）	RC桁側面に対し，炭素繊維をせん断補強筋軸方向または，せん断応力に対し直角方向に貼り付け，せん断耐力を向上させる方法．曲げ補強に比べ，せん断耐力が繊維の寄与率および，樹脂の付着力に依存するため，場合によっては耐荷力向上が望めないこともある．また，鋼板接着同様，端部の剥がれ防止として，抑え処理を行う必要がある．
外ケーブル工法（図2-3-15）	RC桁下面または側面に定着具や変更具を介してPCケーブルや連続繊維材などに緊張力を導入し，RC桁の曲げ応力やせん断応力の改善を図る工法．偏向具をせん断区間に配置することにより，鉛直力を発生させてせん断を低減させることもできる．

のようにコンクリートと鉄筋がそれぞれ独立して抵抗し，それら部材のせん断耐力の総和となり式（7）が成立します．

$$V_u = V_c + V_s \qquad (7)$$

V_u：部材のせん断耐力，

V_c：コンクリートのせん断耐力，

V_s：せん断補強筋のせん断耐力

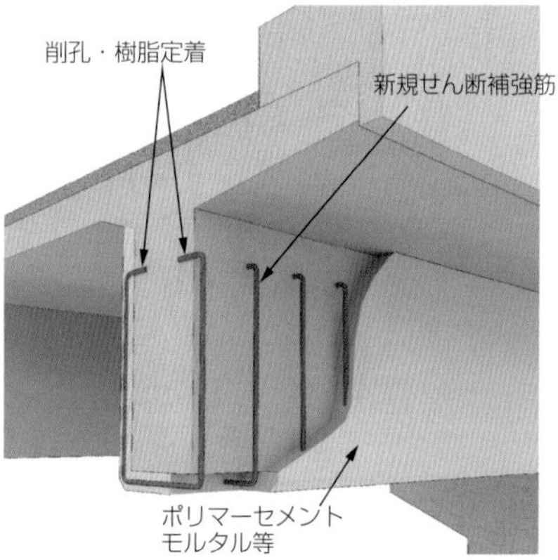

図2-3-20　断面増厚工法

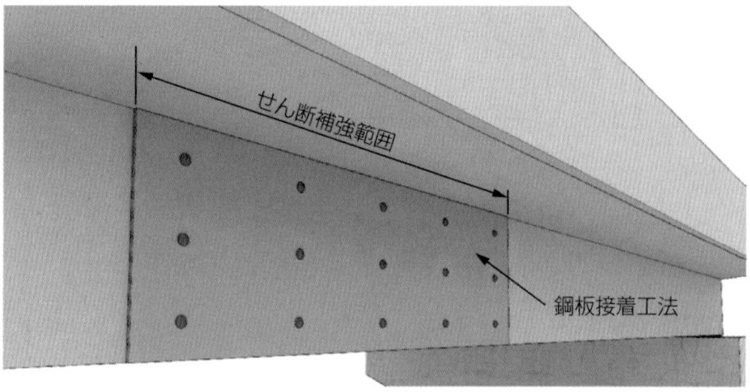

図2-3-21　鋼板接着工法

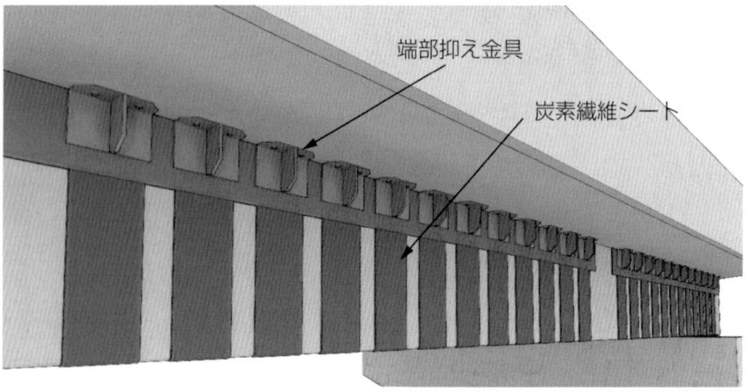

図2-3-22　炭素繊維接着工法

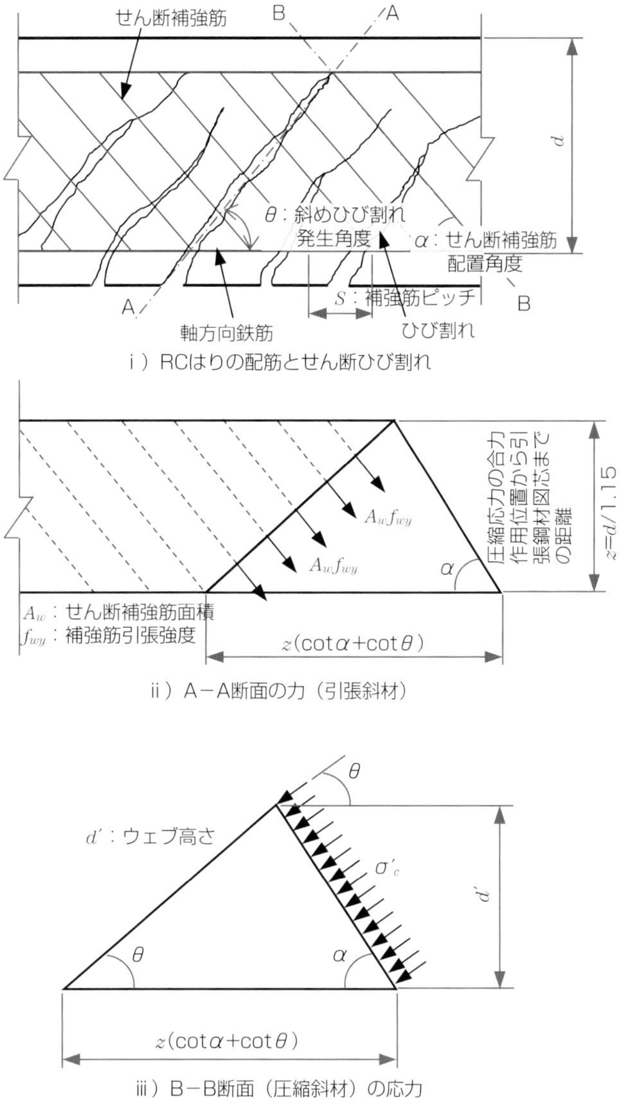

図2-3-23　はり部材のトラス理論[5)]

これは，RC構造の曲げ補強の設計の考え方とせん断補強の考え方の違いによります．曲げ抵抗がひび割れ無視の断面積の総和に基づいた考え方であるのに対し，せん断抵抗は，断面力の総和となっていることに起因していることにあります．実際，RC構造物のせん断力では，せん断ひび割れが発生する前まではコンクリート断面のみで抵抗し，せん断補強鉄筋には，ほとんどひずみが発生しておらず，コンクリートにせん断ひび割れが発生した後に初めて鉄筋にひずみが発生することとなります．その後，ひび割れの開口に抵抗するようにせん断補強筋が機能します．

なお，コンクリートやせん断補強筋のせん断耐力の算出方法は，各関係機関において定められているため，ここでは割愛します．

（3）　せん断補強に対する考え方

せん断力に対する補強設計は，曲げ補強の場合と同様に補強後に後から掛かる荷重（活荷重や後死荷重）のみ抵抗します．また，せん断耐力は，前述のようにそれぞれの部材が持つ耐力の総和ですので，せん断力に対し補強材の受け持つせん断耐力（V_p）を加算して以下の式（8）となります．

$V_u=V_c+V_s+V_p$　　　　　　　　　　　　（8）

この補強材の受け持つせん断耐力（V_p）の算出方法は，各補強材料および工法によって様々です．例えば，先ほどご紹介した断面増厚工法のせん断耐力の算出はせん断補強筋のせん断耐力V_sの算出式と同じですが，比べるものは補強後の荷重のみですので，安全性の照査はその荷重に対してとなります．

また，鋼板接着工法でも同様に，せん断補強筋のせん断耐力V_sの算出式と同じとしてもよいですが，補強材とコンクリートとは接着材によって一体化されています．曲げ補強のときには，**図2-3-24** a）に示すようにコンクリートと接着材，鋼板が一体となってその力に抵抗で

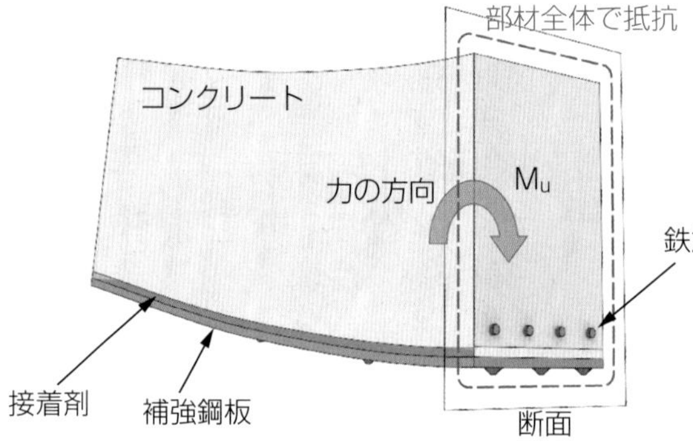

a）曲げモーメントを受ける場合

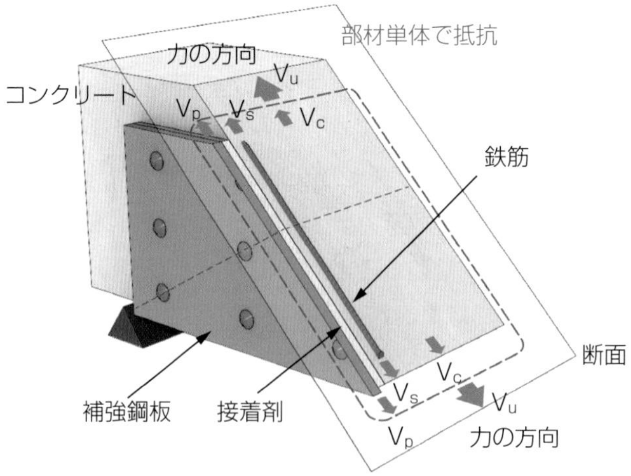

b）せん断力を受ける場合

図2-3-24　断面力ごとの抵抗断面の考え方

きるのですが，せん断力の場合，**図2-3-24** b）に示すように力の方向と平行に補強材が配されている関係上，それぞれの接着界面の付着力に依存することとなります．この付着力は，接着される材料（被接着体）の物性に大きく依存し，鋼板よりもコンクリートのほうが弱いとされています．そのため，曲げ補強時にはこの付着ずれが小さいため大きな問題とはなりませんが，せん断補強時には力の方向が付着ずれ界面と平行となるため，コンクリートと接着材との付着せん断に対する照査が別途必要となります．

このことは，炭素繊維シートのような繊維系接着工法にも同様のことが言え，土木学会の「FRP接着による構造物の補修・補強指針（案）」[6] によれば，繊維材の方向性と接着力の実効性を考慮した係数を用いてせん断耐力を提言しています．

以上のように，せん断補強に対する設計の考え方は，曲げ補強の場合に比べて複雑です．RC構造の場合，十分なウェブ厚を有しており，また，せん断スパン比を十分に取ってあるので，一般的には，積極的に補強対策を行っていないのも実情です．ただし，何らかの要因によって一度，損傷が発生した場合には，これらのような検討を行う必要があります．

3-6 まとめ

ここでは，RC橋の損傷と補修・補強と称して，変状例とそのメカニズムについて構造的特性の観点から解説するとともに，補修・補強に関する考え方について構造工学的な概要および体系について説明しました．本文中に述べた様に，RC構造物は通常，曲げひび割れに関してはある程度許容する設計となっている為，発生しても早急な対応を求められることはまれですが，せん断ひび割れに関しては，比較的早く損傷が進み，ぜい性的な破壊に至る可能性がある為，早急に原因を究明し，対策を講じる必要がある事に留意して下さい．

〔**参考文献等**〕
1）「橋梁と基礎」編集委員会編：初心者のための橋梁点検講座，橋の点検に行こう！，建設図書（2016）
2）川上　洵，小野　定，岩城一郎：コンクリート構造物の力学－解析から維持管理まで－，技報堂出版（1998）
3）土木学会　構造工学委員会：これだけは知っておきたい橋梁メンテナンスのための構造工学入門，建設図書（2019）
4）土木学会　コンクリート委員会：電気化学的防食工法設計施工指針(案)，土木学会（2001）
5）小林和夫：コンクリート構造学，森北出版（1994）
6）土木学会　複合構造委員会：FRP接着による構造物の補修・補強指針(案)，土木学会（2018）

Column
コラム

改築工事で田中賞作品部門を受賞した橋

関越自動車道　片品川橋（高橋脚長大トラス橋の耐震補強）

委員長　本間　淳史

（左：全景，右上：下弦材ガセットの補強，右下：免震支承への取替え）

1985年に完成した関越自動車道の片品川橋は，最大高さ69.4mの高橋脚上に架設された長大トラス橋（総延長1,034m）であり，供用して約30年後に耐震補強を実施しました．

耐震補強は，上部構造の補強量を最小限とするため，橋梁の免震化を基本とし，中間支点のガセット補強または端対傾構の巻立てコンクリートを利用してジャッキアップを行い，鋼製支承から免震支承へ取替えました．ただし，反力が大きく支承取替ができなかった橋脚は，地震時エネルギーを吸収するための制震ダンパーを部材に組み込み，対傾構および横構を取替えました．この制震ダンパーには，維持管理の容易さに配慮して，摩擦型ダンパーを橋梁に初めて採用しています．また，高橋脚の補強は，橋脚基礎の補強が必要とならないよう，炭素繊維巻立て工法により実施しました．

長大トラス橋の耐震補強に関する設計・施工技術を結集し，合理的な補強方法を用いて景観を損なうことなく耐震性の向上を図ったことにより，本橋は完成時（1985年度）と耐震補強後（2017年度）の２度にわたり田中賞の栄誉に輝きました．

【参考文献】渡辺陽太，浅井貴幸，丸山純一，橋本潔高，大野豊：関越自動車道 片品川橋上部工耐震補強工事の施工，橋梁と基礎，2016年11月号，建設図書

第4章

PC橋の損傷と補修・補強

プレストレストコンクリート（以下，PC）は，引張に弱いコンクリートにPC鋼材を用いてプレストレスを導入することで全断面を荷重に抵抗させることができます．このような構造特性によりPC橋はRC橋に比べて軽量で剛性を大きくすることができるので，橋長の大きな橋梁で採用率の高い構造形式です．**図2-4-1**に示すように，日本国内の橋長15m以上の橋梁のうちPC橋が44％を占めています[1)]．

1951年に我が国最初のPC橋である「長生橋」が建設され，日本のPC橋の歴史が始まりました．2021年7月にPC構造物として初めて国の重要文化財に指定された「第一大戸川橋梁」が1954年に建設されたのを皮切りに，PC技術はこれまでに多くの建設分野で実績をあげ，その歴史はすでに70年を超えています．その間，PC技術は，その時代に要求される性能と技術水準によって，時代とともに変遷してきました．

PC橋は，強度が高く緻密なコンクリートが使用されること，常時はひび割れが発生しないように設計されることから，基本的には耐久性の高い構造といえます．しかし，歴史の発展期に建設されたPC橋の一部では，耐久性に関する設計・施工技術が十分に成熟していなかったために，劣化が生じているものもあります．

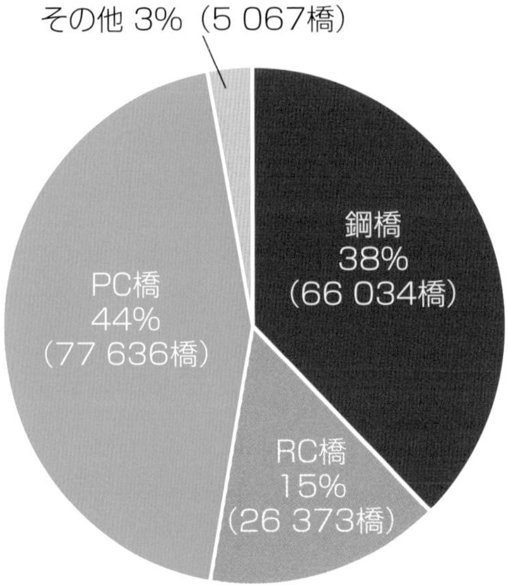

図2-4-1　日本国内の上部工材料別橋梁数[1)]（橋長15 m以上）

4-1　PC橋の劣化と損傷

4-1-1　塩害および鋼材腐食

PC橋の構造に大きな影響を及ぼす劣化として，鋼材腐食が挙げられます．PC鋼材は同じ断面積の鉄筋と比べてはるかに大きな引張力を負担するので，腐食破断が生じた場合には構造性能が大きく低下します．さらに，PC鋼材は腐食に敏感な材料であり，機械的性質の低下が急激に生じます．そのため，**図2-4-2**に示すように，同程度の腐食状況であったとしても，鉄筋に比べて強度低下が進んでいることに注意する必要があります．

PC鋼材の腐食の原因には，塩害とグラウト充填不足が挙げられます．塩害は，海からの飛来塩分や凍結防止剤がコンクリート中に浸透することで生じます．特に，かぶりの小さなプレテンション方式PC橋で発生しやすい劣化です．**写真2-4-1**は，飛来塩分による塩害が生じたプレテンション桁の例を示したものですが，PC鋼材に沿ったひび割れが発生していることが分かります．これは腐食生成物の膨張反応によってかぶりコンクリートに引張変形が生じるためです．また，ひび割れからはさび汁が漏出しますので，外観目視によってこれらの変状の有無を確認することでPC鋼材の腐食の有無をある程度，把握することが可能です．ただし，ひび割れ幅が小さいからといって，腐食の程度は必ずしも軽微だとは限らないので注意が必要です．ひび割れ幅と腐食量には相関性はないと考えておいたほうが賢明です．

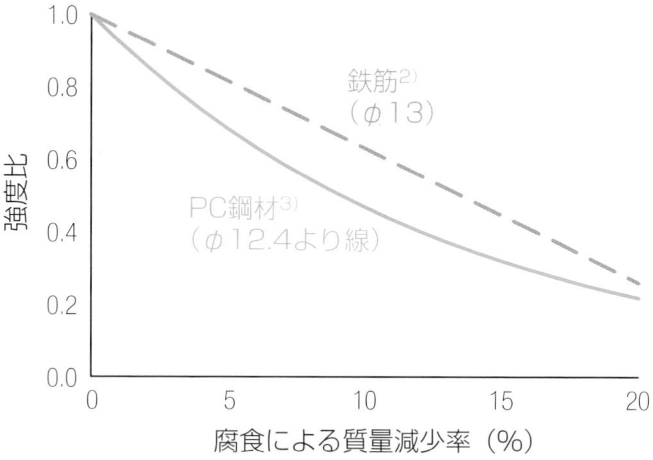

図2-4-2　既往の実験[2),3)]における鋼材の引張強度の回帰式

写真2-4-1　飛来塩分によるPC鋼材に沿った腐食ひび割れ

第Ⅱ編　第4章　PC橋の損傷と補修・補強

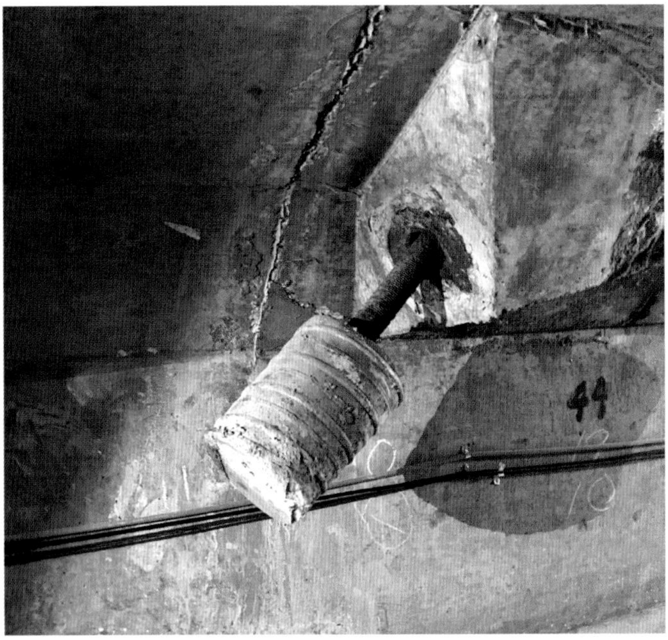

写真2-4-2　グラウト充填不足箇所のPC鋼材の腐食破断による定着体の突出事例

プレテンション桁の場合や，ポストテンション桁でグラウトがしっかりと充填されている場合には，鋼材腐食のサインがPC鋼材に沿ったひび割れとして外観から確認できます．しかし，グラウト充填不足箇所では，PC鋼材が腐食しても腐食生成物による膨張圧がコンクリートに生じないので，ひび割れもさび汁も発生せず，外観から腐食の進行を確認することができません．この場合，腐食が相当に進行してからひび割れやエフロレッセンスが生じたり，最悪の場合にはPC鋼材が破断し，**写真2-4-2**のように鋼材や定着体が突出して初めて腐食を認識することもあります．このようなPC鋼材の突出はPC床版の横締め鋼棒やPC箱桁橋のウェブに鉛直方向に配置されたせん断鋼棒など，シースとPC鋼材とのあきが狭くグラウトが充填しづらい箇所で発生しやすいものです．グラウト充填不足箇所に凍結防止剤を含んだ雨水が浸入すると腐食が促進されますが，たとえ塩分がなくともグラウト充填不足箇所では，着実に鋼材腐食が進行します．そのため，調査によってその存在を把握することが重要になります．

4-1-2　ASR

ASR（Alkali Silica Reaction）は，コンクリート中の反応性骨材とアルカリとの反応によって生成したアルカリシリカゲルが吸水膨張することによって生じる劣化です．ASRによってコンクリートマトリクスにダメージが生じるほか，鋼材も引っ張られることで，応力増加が生じます．

ASRはコンクリート中のアルカリ量が多いほど発生しやすいので，セメント量が多い高強度なコンクリートを使用するPC橋では注意が必要です．また，飛来塩分や凍結防止剤はナトリウム，カリウムといったアルカリ金属イオンを含むので外部からアルカリを供給することとなり，さらにASRが発生しやすくなります．アルカリの外部供給がある場合には，JIS A

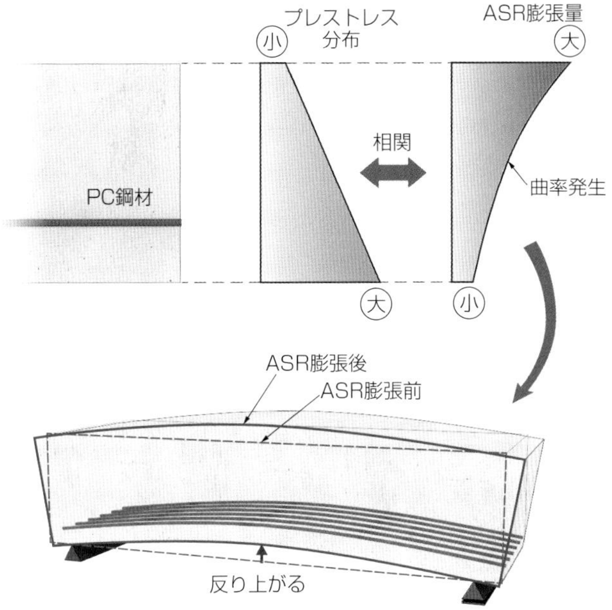

図2-4-3 PC桁断面のASRによる膨張ひずみ分布

1145化学法やJIS A 1146モルタルバー法で骨材の反応性を判定できないため，フライアッシュなどの抑制効果のある混和材を使用するといった対策が必要となります[4]．

ASRによる膨張量は拘束の大小によって変化することが知られています．PC橋の場合，**図2-4-3**に示すように，PC鋼材近傍ではコンクリートに高い圧縮応力が発生しています．このとき，ASRによる膨張は小さくなります．一方，PC鋼材から離れた位置ではコンクリートの圧縮応力が比較的小さくなります．このとき，ASRによる膨張は大きくなります．このような現象は，ASRゲルが液体であり，高い圧力下では毛細管空隙や直交方向に逃げてしまうために生じると考えられています[5]．断面内の位置によって膨張ひずみが異なるので，曲率が発生し，その結果，単純支持ばりの場合には反り上がるような変形が生じます．また，橋桁全体が伸びるので，遊間異常が生じる場合があります．

ASRがはり部材の曲げ耐力やせん断耐力に悪い影響を与えることを示した研究事例はほとんどありませんが，RC構造とPC構造の前提である，鋼材の定着が成立しているかどうかには注意を払う必要があります．橋脚張出し部やフーチングなどの大断面の鉄筋隅角部には大きなひずみが発生することが知られています[6]．これにより鉄筋破断が生じると構造体としての前提が崩れ，耐力が大幅に低下する場合があります．**写真2-4-3**は，PC床版の定着部付近で生じたASRによるひび割れ，エフロレッセンスの事例です．定着部付近では複雑な応力場となっているので，ASRによるひび割れも複雑な形状で発生しています．この状況で定着性能がどのくらい確保されているのかは，現在の技術レベルでは評価するのが困難です．

写真2-4-4は，ASRによってPC箱桁のウェブに水平ひび割れが発生した事例です．もしもこのひび割れが貫通していた場合，**図2-4-4**に示すようにひび割れの上下で別の部材に分

写真2-4-3　PC床版の定着部付近で生じたASRによるひび割れとエフロレッセンス

写真2-4-4　PC箱桁のウェブに生じたASRによるひび割れ

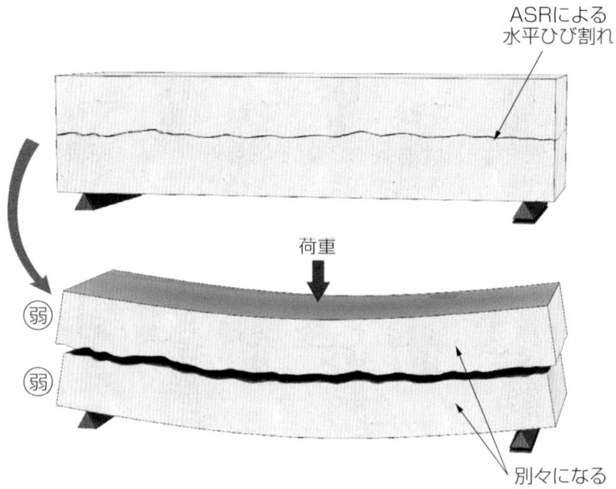

図2-4-4　水平ひび割れ貫通時の部材挙動

かれてしまうことになり，強度が大幅に低下します．そのため，ひび割れの深さを調査し，部材の一体性が損なわれていないかを確認することが必要となります．

4-2　PC橋の補修

4-2-1　PC橋の維持管理の考え方

PC橋の劣化シナリオの例を**図2-4-5**に示します[7]．この図は構造物の外部から水や塩等の劣化因子が浸入するケースを想定しています．PC橋の建設後（図の左端），しばらくの間はコンクリートのかぶりが高い耐久性を発揮するため，性能の低下はほとんど見られません．したがって，一般のPC橋ではPC鋼材が腐食して耐荷性の低下が進行するまでに相当の時間を要します．しかしながら，前述のようにPC鋼材は腐食に敏感な材料であるため，PC鋼材の腐

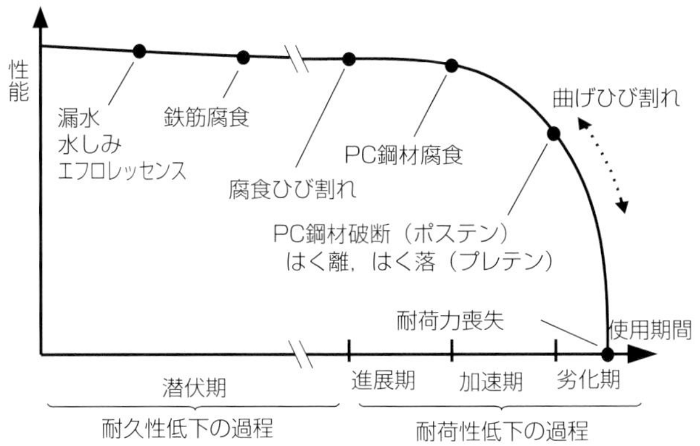

図2-4-5　PC橋の劣化シナリオの例[7)]

食が発生した後は耐荷性が顕著に低下すると考えられます．また，PC橋はRC橋に比べ，構造性能が低下してからひび割れが発生することが多く，目視点検で曲げひび割れが発見された段階では耐荷性能が損なわれているおそれがあります．このため，PC橋の維持管理にあたってはPC鋼材の劣化をできるだけ進行させないことが重要です．

さらに，PC橋は一般のコンクリート構造物とは異なる構造特性を有することから，補修補強にあたってはPC構造の特徴や技術の変遷などを考慮する必要があります．この点については，**4-2-2**以降で触れます．

4-2-2　塩害により劣化したPC橋の補修

塩害劣化したPC橋の補修は，表面被覆工法，表面含浸工法，断面修復工法，電気防食工法，脱塩工法等があります[8)]．塩害による劣化が進行していない過程では表面被覆工法や表面含浸工法により，供給される塩化物イオンの浸透を防ぐことが有効です．また，塩化物イオンが鋼材位置まで浸透し，鋼材の腐食が開始した段階ではコンクリート内部に浸透した塩化物イオンを除去する断面修復工法や脱塩工法，あるいは鋼材腐食の進行を防止する電気防食工法による補修の要否を検討します．このうち，断面修復工法を採用する場合は，塩分を含むコンクリート断面をはつることに起因して，プレストレスとして導入されていたPC部材の応力状態が変化することに注意が必要です．

写真2-4-5は，支間10m桁高450mmのプレテンション試験桁の下面側からウォータージェット工法により断面はつりを行っている状況になります[9)]．この試験では，大規模な断面修復を行う場合を想定し，深さ120mm，支間中央部6mにわたりPC鋼材を完全に露出させています．試験中の計測や解析にて確認された結果を**図2-4-6**に示します．これによると，①PC桁が上方に反り，最終的に上縁側でひび割れが生じる，②はつりに伴うプレストレスの再分配の影響が無視できなくなり，PC桁の応力状態が大きく変化する，③PC桁の弾性短縮によりプレストレスの減少が顕在化することが確認されています．このように，断面修復工法によりPC橋を補修する際には，はつりの影響によりPC部材の力学性能が変化することに注意する必要があります．特に，プレテンション桁はPC鋼材の張力をコンクリートとの付着に

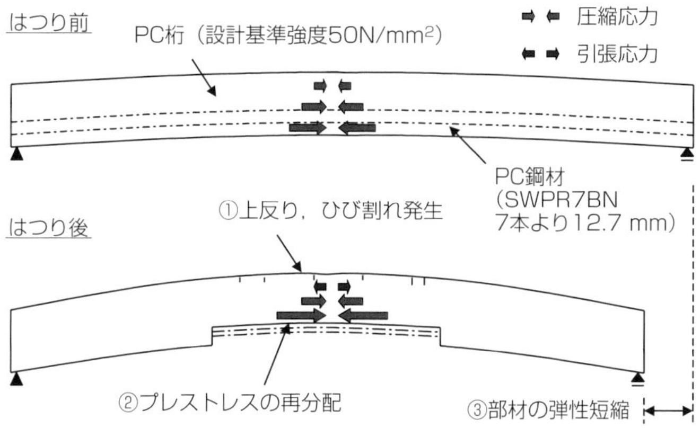

図2-4-6　PC試験桁の断面はつり結果の概要[9)]

写真2-4-5　PC試験桁のはつり[9)]

よりプレストレスとして伝達させるため，その伝達機能を有するコンクリートをはつるような断面修復工法は適用できないと考えておいたほうが賢明です．

4-2-3　グラウト充填不足が疑われるPC橋の補修

グラウト充填不足が生じている状況は，水や塩の浸入に対し，PC鋼材が無防備な状況にあると言えます．つまり，このようなPC橋は生まれつき，**図2-4-5**中の耐荷性低下の過程に進行した状況でPC橋が使用されていると言えます．したがって，グラウト充填不足が疑われるPC橋に関しては，PC鋼材の劣化が進行する前にできるだけ早期に対策を講じることが重要になります．

グラウト充填不足が疑われる変状を目視点検により把握するには，シースに沿った変状と水の浸入経路に着目します．一例として，PC桁のウェブ側面にシースに沿ったひび割れ，エフロレッセンス，水しみが発生した事例を**写真2-4-6**に示します．変状の原因としては，**図2-4-7**に示すように上縁定着されたPC橋において，橋面上の滞水が上縁定着部の切欠き部に浸入したことが推定されます．ただし，目視点検では推測の域を超えることができないため，

写真2-4-6　PC桁に発生したシースに沿った変状の例[10)]

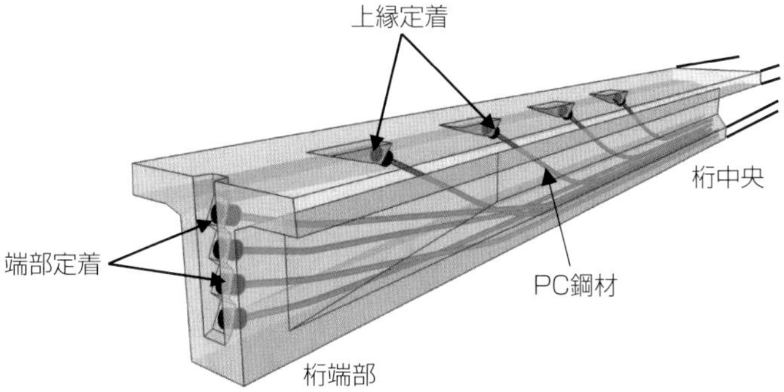

図2-4-7　ポストテンション桁のPC鋼材定着位置[10)]

表2-4-1　グラウト充填調査方法の適用条件[10)]

調査方法	適用条件
放射線 透過法	・部材厚さ400 mm程度未満 ・調査面の両側に機器を設置するスペースおよび作業空間が必要
広帯域 超音波法	・シース径38 mm以上 ・シースかぶり250 mm以下 ・シース配置間隔110 mm以上 ・鉄筋配置間隔125 mm以上
インパクトエコー法	・空隙の大きさ／空隙の深さが0.25程度以上（シース径の4倍程度まで）

グラウト充填状況を詳細調査により確認する必要があります．調査にあたっては，プレストレスが導入されているPC桁をできるだけ損傷させない方法が望ましく，**表2-4-1**に示すような非破壊検査方法が採用されるケースが多いようです．なお，各方法とも対応できる部材厚，シースのかぶり深さ，シース径や配置間隔など適用条件がそれぞれ異なることに注意する必要があります．

詳細調査によりグラウト充填不足が確認された場合は，橋面防水などにより水の供給を止めたうえで，グラウト再注入工法により補修する必要があります．本工法に用いる材料は充填性，防錆効果および施工性などを考慮して選定します．また，PCグラウトの再注入方法はPCグラウトの充填性確保の観点から，グラウトポンプと真空ポンプを併用することが基本になります．なお，横締め鋼棒やPC箱桁橋のせん断鋼棒などでグラウト再注入が困難な場合は，PC鋼材の突出対策を検討する必要もあります．

4-2-4　ASRが疑われるPC橋の補修

ASRが疑われるひび割れ発生箇所を**図2-4-8**に例示します．このひび割れを目視点検により把握するには，水の浸入経路や構造的な特徴に着目するとよいです．例えば，床版橋は中空部に沿ってひび割れが発生する傾向にあります．これらのひび割れは目視点検で確認できる箇所もありますが，コンクリートで覆われた地覆部や橋の内部は目視できません．床版上面は舗装があり直接見ることができませんが，路面に橋軸方向ひび割れが生じている場合は，中空部との位置関係や，PC桁の下面ひび割れ状況と合わせてASRが疑われるかを検討するとよいです．なお，ASRの進行は水の供給が必要なため，同じコンクリートを用いたPC桁であっても，ひび割れの発生頻度が大きく異なるケースもあるようです．

また，ポストテンションT桁橋の床版間詰め部，PC桁の端部，連続合成桁の一次・二次床版継目部，ゲルバー桁のゲルバーヒンジ部などは，構造的に水が浸入しやすいので，ASRに

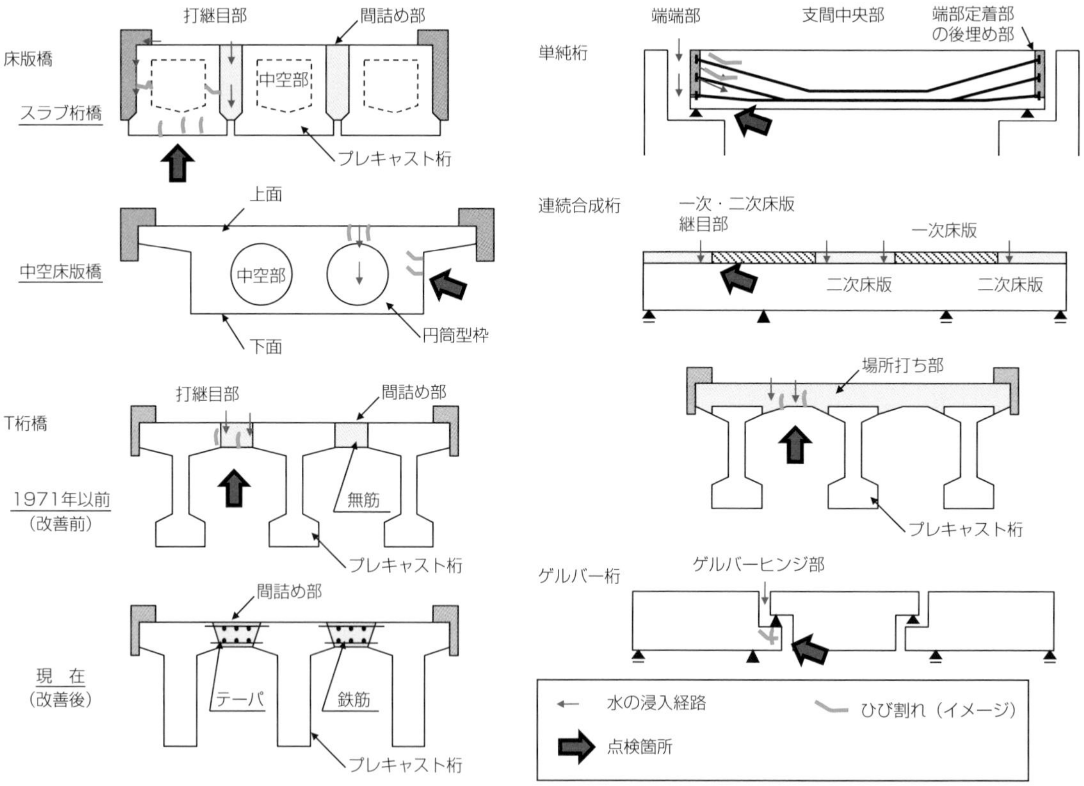

図2-4-8　ASRが疑われるひび割れ発生箇所の例

よる変状が顕在化しやすい箇所になります．なお，ポストテンションT桁橋のプレキャスト桁は，古い時代であると上フランジ側面が鉛直であり車両の繰返し載荷によりずれが生じやすい構造でしたが，1971年以降はテーパが付けられプレキャスト桁上フランジと間詰め床版の一体化が向上するように改良されています．

ASRが疑われるPC橋の補修方法としては，外部からの水分供給を遮断することが重要になります．このため，橋面防水，排水処理の改善，表面保護などの水対策を優先するとよいです．中空部に滞水している場合は，標高の低い側に水抜き孔を設けて排水させる必要があります．なお，水の供給がない箇所に表面保護を適用するとかえってASRが進行することもあるので注意が必要です．

ASRに起因したひび割れに関しては，橋の耐荷性能に直ちに影響しないと考えられる場合は経過観察とすることが多いようです．ただし，PC橋を長期的に使うケースにおいて，ひび割れ部から中性化が進行し将来的にPC鋼材の腐食が懸念される場合は，表面保護やひび割れ注入などの対応を検討する必要があります．また，第三者被害が懸念される場合ははく落防止工法による対策，耐荷性能の低下が懸念される場合は，繊維シート接着工法，増厚工法，部分打換えや部材取替えを検討する必要があります．

4-3　PC橋の補強

4-3-1　補強方法の種類

PC橋に用いられる補強工法には，外ケーブル工法，増厚工法，増桁工法，繊維シート接着工法，鋼板接着工法，構造変更，あるいは部材交換や架替えなどがあります．

外ケーブル工法：本工法は力学的な補強効果が明確であり，さまざまな補強目的に適用できることから，PC部材の補強に多く用いられています（**写真2-4-8**）．ただし，既設部材への剛性の付与ができないことや，外ケーブルという新たな作用に伴う断面力あるいは応力状態の変化を伴うため，詳細な設計検討が必要になります．

増厚工法，増桁工法：これらの工法は構造物の重量が増加するものの，部材の剛性を向上させ，耐荷力を補強することができます．増厚工法は主にRC床版の疲労耐久性の改善，増桁工法は既設部材の断面力の低減など，劣化や損傷が生じた部材に対しても補強効果が得られます．

繊維シート接着工法，鋼板接着工法：これらの工法は，比較的軽量な補強材をPC桁に設置することで補強が可能なため，増厚や増桁と比べ施工が簡易という特長があります．ただし，劣化や損傷が顕在化している場合は再劣化の懸念があります．また，PC部材の応力状態を大きく改善することができないことに注意が必要です．

構造変更：既設PC橋の構造を変更するため，詳細な設計検討が必要になります．例えば，コンクリートゲルバー橋の連続化は，構造系を変化させることで発生する断面力に対して，外

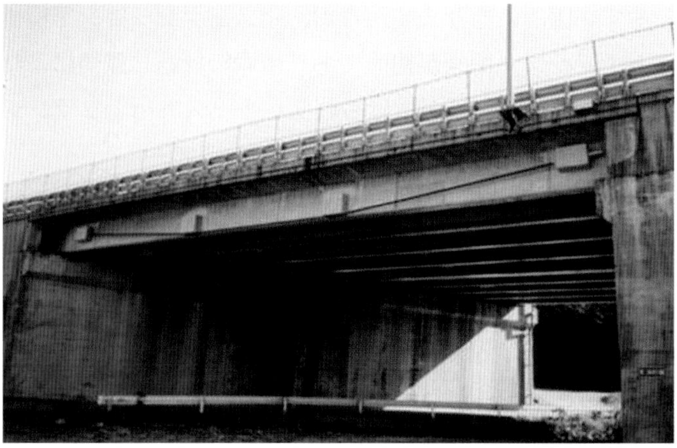

写真2-4-8　外ケーブル工法によるPC橋の補強事例

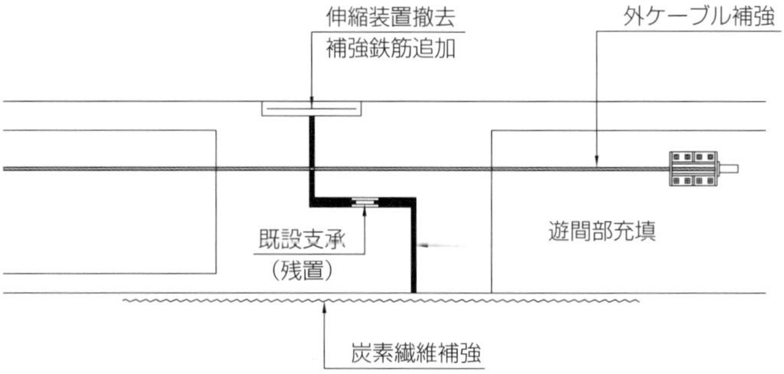

図2-4-9　コンクリートゲルバー橋の連続化の補強概要

ケーブル補強，炭素繊維シート補強，鉄筋補強を行う必要があります（**図2-4-9**）．また，せん断破壊が先行しないことを照査し，必要に応じて主桁せん断補強や横桁補強を行います．さらに，構造変更による断面力の変化だけでなく，プレストレス力の変化やクリープの影響を考慮する必要があります．

部材交換，架替え：これらの工法は，他の工法に比べ費用を要するものの，設計で想定した補強効果を得やすいという特長があります．ただし，伸縮装置や支承の交換の際にPC橋本体に手を加える場合は，前述のプレストレス再分配の影響に加え，健全なコンクリートやPC鋼材，PC鋼材定着具，鉄筋等に悪影響を及ぼすことがないように注意します．また，PC橋の架替えでは，PC桁を橋軸方向に切断する際に横締めPC鋼棒にグラウトが充填されていないとPC鋼材が突出する可能性もあります．

4-3-2　外ケーブル工法による補強計算例

（1）　補強計算の概要

外ケーブル工法によるコンクリート部材の曲げ補強の概要を**図2-4-10**に示します．コンクリート部材の応力状態を改善するには，既設部材の曲げモーメントと反対符号の曲げモーメントを適切に導入できるように外ケーブルを配置します．単純桁の場合，既設部材の曲げモーメ

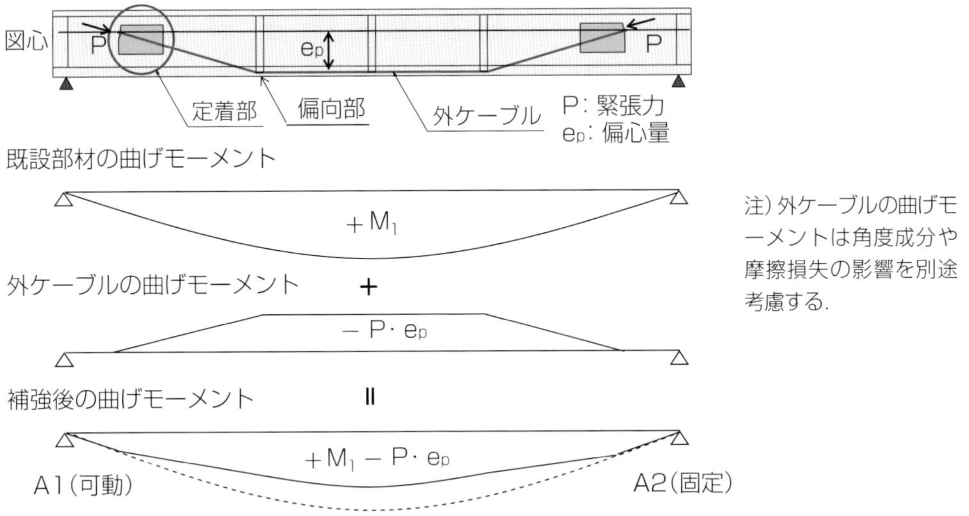

注）外ケーブルの曲げモーメントは角度成分や摩擦損失の影響を別途考慮する.

図2-4-10　外ケーブル工法による曲げ補強の概要（単純桁の場合）

ントは等分布荷重による正の曲げモーメントが卓越するので，外ケーブルは支間中央付近で既設部材の図心より下方に配置して負の曲げモーメントを作用させ，応力変動の少ない桁端部で定着するのが一般的です.

外ケーブル工法による補強計算は，以下の手順で行われることが一般的です.

①既設部材の応力状態の把握
②不足プレストレス量の推定
③外ケーブル緊張力の算出
④外ケーブル本数の決定
⑤外ケーブルにより補強された既設部材の性能照査（曲げ，せん断等）
⑥定着部および偏向部の設計

ここでは，道路橋における設計活荷重の変更（TL-20：20tfからB活荷重：245kN）に伴う既設PC桁の下縁応力の超過に対し，支間中央断面における外ケーブル本数を決定するまでの計算過程（①～④）について説明します．なお，応力度は，圧縮を正（+），引張を負（−）とします.

（2）補強計算の実施例

①既設部材の応力状態の把握

既設部材の応力状態を把握するには，a）既設部材の設計計算書を利用する方法，b）設計計算を実施する方法，c）実構造物を調査することで応力状態を把握する方法があります．ここでは，設計計算書がないものの構造図面が残されていたことから「b）設計計算を実施する方法」により，既設部材の応力状態を把握することにします.

設計計算の入力値は，PC桁の断面形状，PC鋼材配置，コンクリートおよび鋼材の材料特性値を構造図面より確認し，PC鋼材の初期緊張力ならびに緊張力のロス計算は当時の設計基準を参考に設定したものを用います．設計計算より算出された既設PC桁の推定応力度を

表2-4-2　既設PC桁の推定応力度[11)]

			推定応力度 σ_d（N/mm^2）	
			上縁	下縁
(1)　導入直後のプレストレス			−5.5	30.2
(2)　有効プレストレス			−4.2	23.1
(3)　主桁自重			6.4	−11.4
(4)　場所打ちコンクリート			0.5	−0.8
(5)　橋面荷重			2.2	−3.7
(6)　活荷重（B活荷重）			6.8	−11.7
合成応力度	プレストレス導入直後	(1)+(3)	0.9	18.8
		設計の制限値 σ_{ca}	$19.0 > \sigma_d > -1.5$	
	活荷重載荷時	(2)+(3)+(4)+(5)+(6)	11.7	−4.5
		設計の制限値 σ_{ca}	$14.0 > \sigma_d > -1.5$	

注）文献11）に記載されている設計荷重作用時を活荷重載荷時，許容値を設計の制限値に読み変えています．

表2-4-2に示します．検討の結果，活荷重載荷時の推定応力度は，既設PC桁の下縁で−4.5 N/mm^{2}となり，設計の制限値−1.5 N/mm^{2}を超過することが確認されました．

②不足プレストレス量の推定

不足プレストレス量は，活荷重載荷時のコンクリート上縁及び下縁に発生する応力度を設計の制限値以下とするために，式（1）により算出します．

$$\sigma_{cqu} = \sigma_{ca} - \sigma_d = -1.5 - (-4.5) = 3.0\ \mathrm{N/mm^2} \qquad (1)$$

σ_{cqu}：不足プレストレス量（N/mm^2）

σ_{ca}：設計の制限値（=−1.5 N/mm^2）

σ_d：活荷重載荷時の推定応力度（=−4.5 N/mm^2）

③外ケーブル緊張力の算出

外ケーブル緊張力によりコンクリート部材に導入される応力度は，式（2）に示すように緊張力そのものによる軸力成分（P）と，部材図心に対し偏心配置させることで得られる曲げ成分（$P \cdot e_p$）として算出されます．

$$\sigma_{cqu} = \frac{P}{A_c} + \frac{P \cdot e_p}{W_c} \qquad (2)$$

σ_{cqu}：コンクリート下縁の不足応力度＝3.0 N/mm^2

P：外ケーブル緊張力

e_p：外ケーブルの偏心量＝− 686 mm

A_c：断面積＝706 900 mm^2

W_c：断面下縁における断面係数＝−187 277 000 mm^3

式（2）より，外ケーブル緊張力Pについて整理した式（3）に基づき，外ケーブル緊張力を求めます．

$$P=\frac{\sigma_{cqu}}{\frac{1}{A_c}+\frac{e_p}{W_c}} \qquad (3)$$

$$P=\frac{3.0}{\frac{1}{706\,900}+\frac{-686}{-187\,277\,000}}$$

$$=590\,824\ \mathrm{N}$$

$$=591\ \mathrm{kN}$$

④外ケーブル本数の決定

コンクリート部材に配置する外ケーブルは7S9.5（外ケーブルのP_u=714kN）を使用し，外ケーブル応力度の制限値（$0.6P_u$）を用いて式（4）により外ケーブル本数を決定します．

$$N=\frac{P}{0.6\times P_u}=\frac{591}{0.6\times 714}=1.38\text{本} \qquad (4)$$

P_u：外ケーブルの引張荷重＝714 kN
N：外ケーブル本数

（3）その他の計算

コンクリート部材には，**図2-4-11**に示すとおり，外ケーブル7S9.5を２本配置します．この外ケーブル配置に従い，「⑤外ケーブルにより補強された既設部材の性能照査（曲げ，せん断等）」と「⑥定着部および偏向部の設計」を行います．これらの計算については文献11）が参考になります．

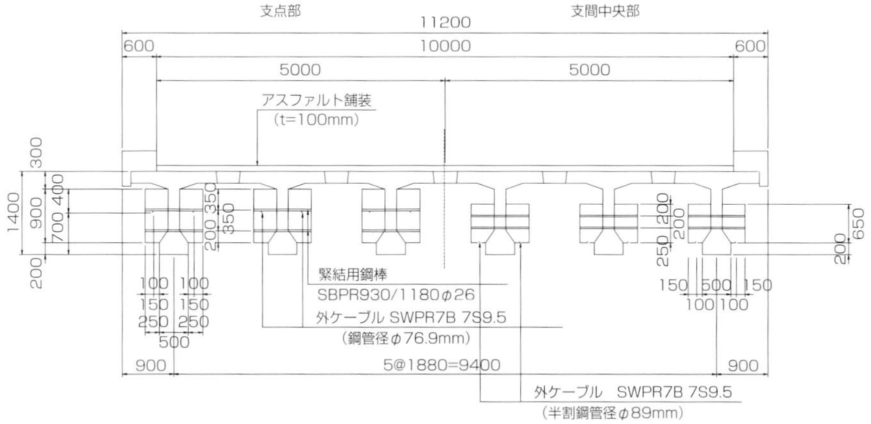

図2-4-11 外ケーブル工法による補強概要図[11]

4-4　ま　と　め

PC橋は耐久性に優れた構造物ですが，PC橋の生命線であるPC鋼材の腐食・破断を見逃し，適切な対策が講じられない場合には，急速に耐荷性が損なわれ，重大事故に至る可能性もあります．したがって，PC橋の維持管理は，PC鋼材の劣化が進行する前に対策を講じる予防保全を目標にすることが大切です．

〔参考文献等〕

1）国土交通省道路局：道路統計年報2020，https://www.mlit.go.jp/road/ir/ir-data/tokei-nen/index.html，2021年閲覧

2）加藤絵万，岩波光保，横田　弘，守分敦郎：塩害を受けた桟橋上部工の劣化状況のばらつきに関する考察，コンクリート工学年次論文集，Vol. 28（2006）

3）田中泰司，長田光司，野島昭二：電気化学的に腐食させたPC鋼材の機械的性質に関する実験的検討，プレストレストコンクリートの発展に関するシンポジウム論文集，Vol. 30（2021）

4）国土交通省東北地方整備局道路部：東北地方におけるRC床版の耐久性確保の手引き（案）2019年試行版（2019）

5）Y. Takahashi, S. Ogawa, Y. Tanaka and K. Maekawa: Scale-dependent ASR expansion of concrete and its prediction coupled with silica gel generation and migration, Journal of Advanced Concrete Technology, Vol. 14, pp. 444-463（2016）

6）田中泰司，岸　利治：コンクリートの膨張作用による鉄筋隅角部の変形挙動に関する解析的検討，コンクリート工学年次論文集，Vol. 28, No. 1, pp. 821～826（2006）

7）プレストレスト・コンクリート建設業協会：PC構造物の維持保全—PC橋のさらなる予防保全に向けて—（2015）

8）土木学会：2018年制定コンクリート標準示方書［維持管理編］（2018.10）

9）プレストレスト・コンクリート建設業協会：プレストレストコンクリート構造物の補修の手引き（案）［断面修復工法］（2009.9）

10）プレストレスト・コンクリート建設業協会：プレストレストコンクリート構造物の補修の手引き［PCグラウト再注入工法］（2020.4）

11）プレストレスト・コンクリート建設業協会：外ケーブル方式によるコンクリート橋の補強マニュアル［改訂版］（2007.4）

第５章

RC床版の損傷と補修・補強・更新

鋼桁やコンクリート桁の上に構築される鉄筋コンクリート床版（以下，RC床版）は，主桁上に配置されたずれ止め（スタッド）や鉄筋によって主桁と一体化された板状のコンクリート構造物です（**図2-5-1**）.

RC床版には，交通荷重によって主に曲げとせん断が作用します．曲げに対しては，床版の上面および下面に，それぞれ格子状に補強鉄筋が配置されて，例えば床版支間部（桁と桁の間）に荷重が載荷された場合には，下側に配置された鉄筋が引張力に抵抗し，上面部ではコンクリートが圧縮力に抵抗します．そのとき，主桁上では床版に発生する力が上下で逆になるため，上側に配置された鉄筋が引張力に抵抗し，下面ではコンクリートが圧縮力に抵抗します．また，このような板状の部材には，荷重に対して橋軸方向（車両進行方向）と橋軸直角方向（車両進行方向と直角な方向）それぞれに力が作用するため，格子状に鉄筋を配置して補強しています．一方，せん断に対しては，一般的なせん断力だけでなく，板状の面部材特有の押抜きせん断力が作用することになり，これに対してコンクリートと鉄筋が力を分担して抵抗します.

RC床版は，交通荷重（活荷重）の繰返しだけでなく，雨水や凍結防止剤（塩分）などの作用を絶えず受ける過酷な供用環境にあり，劣化が進行すると床版上面のコンクリートの砂利化，あるいは下面コンクリートのひび割れやはく離損傷が発生しています（**写真2-5-1**）．しかしな

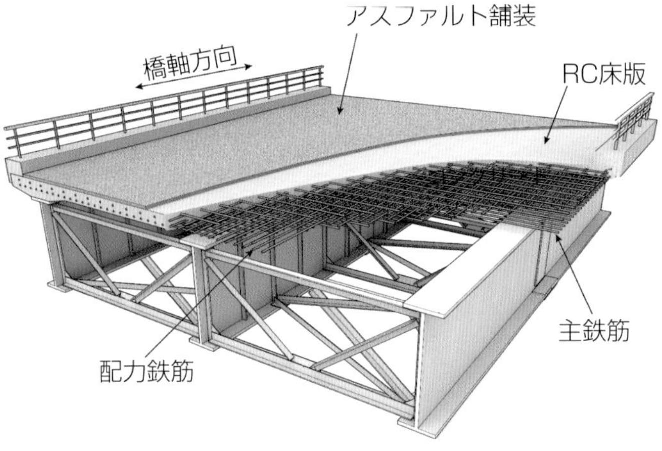

図2-5-1　鋼桁上のRC床版の構造

(a) 上面の砂利化

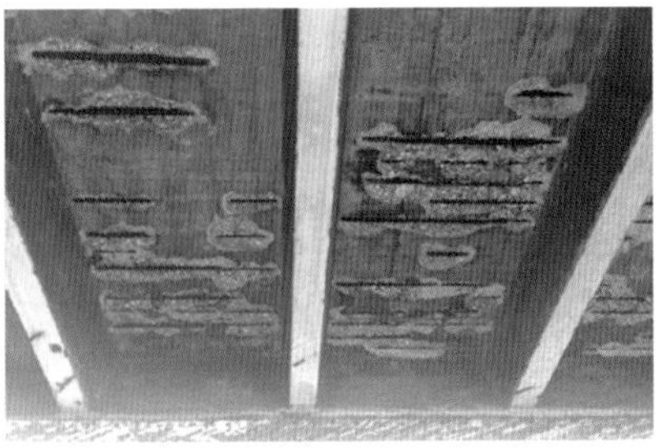

(b) 下面のコンクリートはく離

写真2-5-1　床版の損傷

がら，このRC床版は，橋梁（上部構造）を構成する部材の中でも，舗装を介して交通荷重を直接支持する特に重要な部材であり，床版の損傷は，道路機能の消失に直結しやすいことから，その耐久性の確保，ならびに変状が発生した場合の早期発見と速やかな措置（補修・補強）が重要です．本章では，一般的な鋼I桁橋におけるRC床版を対象に，劣化のメカニズムと補修，補強および更新の方法について概説します．

5-1　RC床版の劣化

5-1-1　上面の砂利化

前述のとおり，床版の上面は，雨水や凍結防止剤などの作用を受ける供用環境にあるとともに，施工上かぶり不足が生じやすい部位でもあるため，鉄筋の腐食やコンクリートの砂利化が発生し，床版とその上の舗装の損傷につながります．特に平成14年の道路橋示方書（以下，道示）で床版防水層の設置が義務付けられる前に建設された古い床版では，速やかな対応が求められています．加えて，近年ではアルカリシリカ反応（ASR）や凍害などの劣化と疲労により早期劣化に至る事象も確認されており，こうした材料劣化と疲労による複合劣化に対するメンテナンスの必要性も高まっています．

床版上面の劣化は**図2-5-2**に示すとおり，床版上側鉄筋上に生じる水平ひび割れとその上の砂利化によって引き起こされます[1]．水平ひび割れは交通荷重の繰返しによっても生じますが，鋼材腐食が生じるとコンクリートとの付着強度が低下し，促進されると言われています．また，砂利化は水－ひび割れ－繰返し作用（交通荷重，凍結融解）の３条件が共存する場合に促進されます．逆にこれらの３条件のうち一つでも取り除くことができれば砂利化を防ぐことができます．よって，床版内に水を浸入させないこと（防水），乾燥収縮や各種劣化に伴うひび割れを抑制することが対策の要諦になります．なお，床版上面の劣化は，床版下面よりも先に舗装面に変状が現れることが多いため，点検時に留意する必要があります．

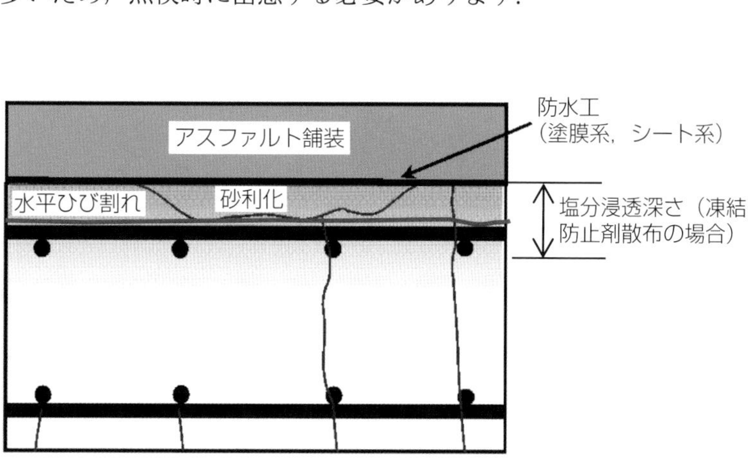

図2-5-2　RC床版上面の変状[1]

5-1-2　下面のひび割れ，はく離

図2-5-3に交通荷重による疲労損傷過程（損傷メカニズム）を示します[2)]．

床版下面に，配力鉄筋断面の曲げひび割れ（橋軸直角方向のひび割れ）が発生し始めるのが段階Ⅰです．その後，交通荷重の繰返し載荷により，橋軸直角方向のひび割れ本数が増加するとともに，橋軸方向の曲げひび割れも発生するようになります．このように２方向のひび割れが発生する状態が疲労損傷の段階Ⅱです．次の段階Ⅲでは，２方向ひび割れが床版下面全体に進展して亀甲状になり，その一部は床版上面にも発生したひび割れと一体化して貫通ひび割れとなります．ここに路面の雨水等が浸入した場合には，床版下面に遊離石灰が析出することになります．最終の段階Ⅳでは，貫通ひび割れの生じた床版上を輪荷重が繰返し走行することにより，ひび割れの開閉やこすり合わせが繰り返されてコンクリートの角落ちやはく落が発生します．これを放置して供用を続けると，押抜きせん断破壊により局部的な陥没が発生してしまい，床版が耐荷力を失って終局状態を迎えることになります．

上記の疲労損傷過程では，特に段階Ⅳにおいて床版上面から浸入する水によって，この劣化が加速することが分かっていますので，現在では予防保全の観点から床版防水層の設置が義務付けられています[2)]．

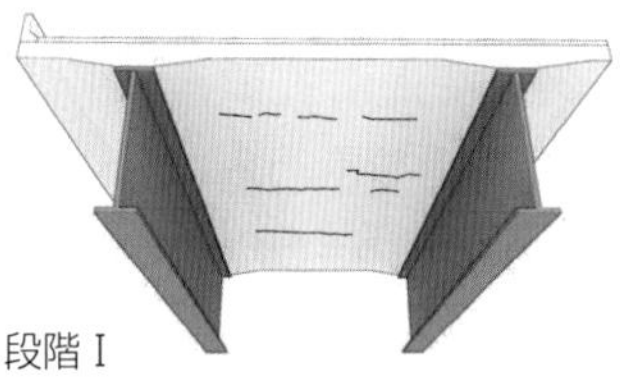 段階Ⅰ	乾燥収縮および重車両の走行により，曲げ強度の小さい配力鉄筋断面の曲げひび割れ，すなわち橋軸直角方向のひび割れが床版下面に発生し始める．
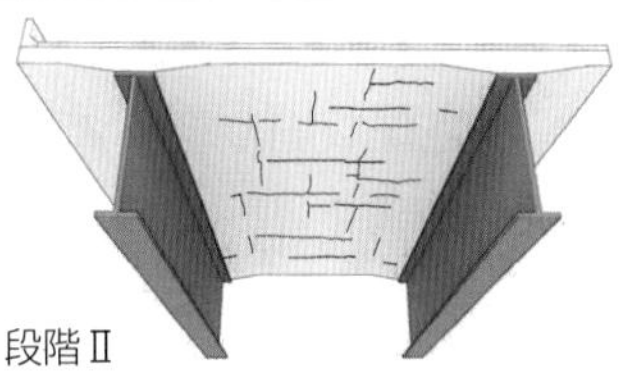 段階Ⅱ	交通荷重の繰返し載荷により，橋軸直角方向のひび割れ本数が増加して，版として機能していた床版の異方性化が進む．この結果，床版の曲げモーメントが主鉄筋方向に再配分されて橋軸方向の曲げひび割れも発生するようになる．このような状態を2方向ひび割れと呼ぶ．
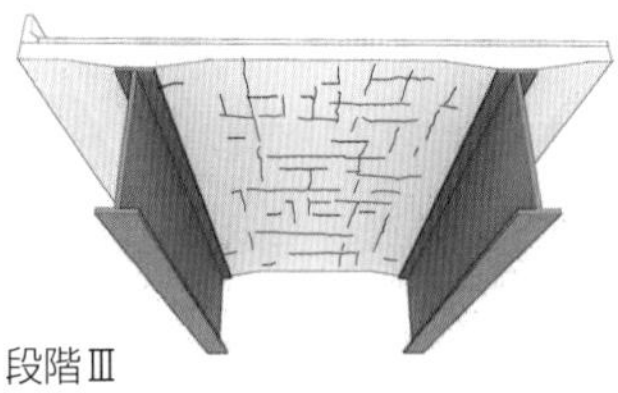 段階Ⅲ	段階Ⅱで生じた2方向ひび割れは，垂直およびねじりせん断力によって床版下面全体に進展して亀甲状になる．この状態になると，床版の上面にも橋軸直角方向のひび割れが生じるようになり，その一部は下面のひび割れと一体化して貫通する．ここに路面の雨水等が浸入した場合には，床版下面に遊離石灰が析出する．
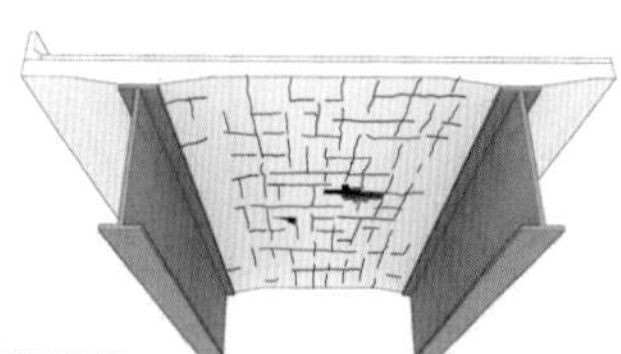 段階Ⅳ	貫通ひび割れを有する床版上を輪荷重が繰返し走行することにより，ひび割れの開閉やこすり合わせが繰り返される．これによってひび割れに面したコンクリートの角落ちやはく落が発生．これを放置して供用を続けると，重車両の輪荷重によって押抜きせん断破壊により局部的な陥没が発生し，床版が耐荷力を失って終局状態を迎える．

図2-5-3　RC床版の疲労損傷過程

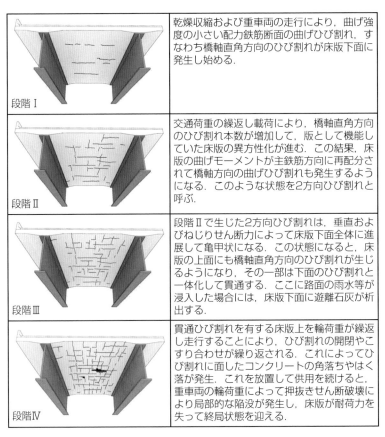

また，床版の下面は常に大気にさらされており，塩害や中性化の影響によりひび割れの発生，さらにはかぶりコンクリートのはく離などの損傷が生じやすい環境であるといえるため，床版の下面は，健全度を把握するうえで重要であるとともに損傷原因をよく調査する必要があります．

5-2　RC床版に作用する荷重と耐力

5-2-1　設計曲げモーメント

RC床版の設計において，主に照査する荷重は輪荷重です．道示におけるT荷重は，大型車の後輪軸を設計用の荷重としてモデル化したもので，左右のタイヤそれぞれP＝100（kN），併せて1組（軸）あたり200（kN）の荷重となっています（第Ⅰ編第2章2-1参照）．

床版は，板構造をした面部材（スラブ）であり，主桁により支持される1方向スラブに該当しますが，前述の輪荷重が載荷された場合には，床版を支持する主桁だけでなく，橋軸方向に長い床版も変形に抵抗するために，主方向（橋軸直角方向）だけでなく，それに直交する方向（橋軸方向）にも曲げモーメントが発生します（**図2-5-4**）．RC床版に発生する曲げモーメントは，厳密には複雑な偏微分方程式を解かないと求められないのですが，パソコンなどの電子計算機が普及していない時代に，T荷重を用いて簡易に設計曲げモーメントを算出できるように道示で算出式が提案されており，現在でもそれが標準的に使用されています[3)]．

表2-5-1は道示に示す，「T荷重（衝撃を含む）による床版の単位幅（1m）あたりの曲げモーメント（kN·m/m）」の算出式のうち，一般的な構造である床版支間の方向を「車両進行方向に直角」（橋軸直角方向）にとる場合を抜粋したものです．ここでいう床版の支間（m）は基本的に主桁間隔を指します．床版区分は，主桁本数が4本や5本の複数の構造では，床版支間の方向の連続版として扱います．そのとき，主桁間の曲げモーメントが支間曲げモーメント，主桁上が支点曲げモーメントになり，主桁の外に張出した床版が片持版の曲げモーメントです．床版の構造によって発生する曲げモーメントは変わりませんが，適用する床版支間によって異なっていますので注意してください．

この表をもとに，例えば，主桁間隔L=2.5（m）の床版の主鉄筋方向の支間曲げモーメント（**図2-5-4**のM_x）は，

$$M_x = [(0.12 \times 2.5 + 0.07) \times 100] \times 80\% = 29.6 (\mathrm{kN \cdot m/m}) \qquad (1)$$

のように算出され，これに同じく道示に規定された割増し係数（L=2.5 mの場合は1.0）を乗じて設計曲げモーメントとして用います．

同様に，配力鉄筋方向の支間曲げモーメント（**図2-5-4**のM_y）は式（2）のように算出されます．

$$M_y = [(0.10 \times 2.5 + 0.04) \times 100] \times 80\% = 23.2 (\mathrm{kN \cdot m/m}) \qquad (2)$$

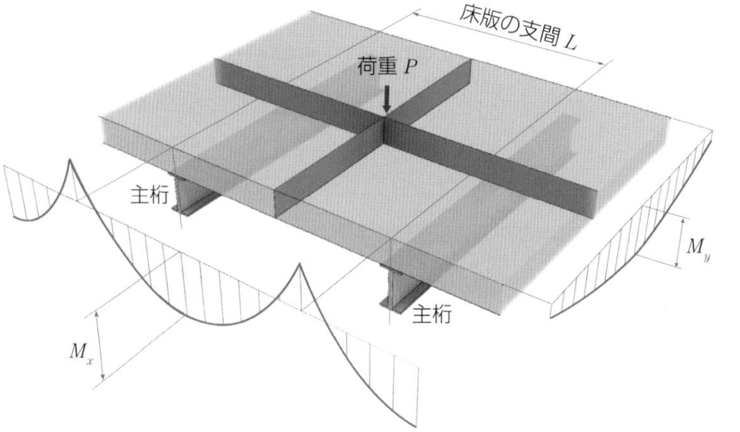

図2-5-4　2方向に発生する床版の曲げモーメント

表2-5-1　T荷重（衝撃を含む）による床版の単位幅（1 m）
あたりの曲げモーメント（kN·m/m）[3)]

床版の区分	曲げモーメントの種類		構造	床版支間の方向 / 曲げモーメントの方向 / 適用支間（m）	車両進行方向に直角 主鉄筋方向の曲げモーメント	配力鉄筋方向の曲げモーメント
単純版	支間曲げモーメント		RC （PC，合成）	$0<L\leqq4$ $(0<L\leqq8)$	$+(0.12L+0.07)P$	$+(0.10L+0.04)P$
連続版	支間曲げモーメント	中間支間 端支間	RC （PC，合成）	$0<L\leqq4$ $(0<L\leqq8)$	＋(単純版の80%)	＋(単純版の80%)
連続版	支点曲げモーメント	中間支点	RC，PC，合成	$0<L\leqq4$	−(単純版の80%)	−
			PC，合成	$4<L\leqq8$	$-(0.15L+0.125)P$	
片持版	支点曲げモーメント		RC，PC，合成	$0<L\leqq1.5$	$\dfrac{-P\cdot L}{(1.30L+0.25)}$	−
			PC，合成	$1.5<L\leqq3.0$	$-(0.60L-0.22)P$	
	先端付近曲げモーメント		RC （PC，合成）	$0<L\leqq1.5$ $(0<L\leqq3.0)$	−	$+(0.15L+0.13)P$

ここに，L：T荷重に対する床版の支間（m）
　　　P：T荷重 の片側荷重（100 kN）

これによれば，床版の支間によりますが，おおよそ主鉄筋方向の約7～8割程度の曲げモーメントを配力鉄筋方向にも考慮することになっています．しかしながら，実はこの配力鉄筋方向の曲げモーメントを設計で考慮するようになったのは昭和48年の道示からです．それ以前の設計では，主鉄筋の25%以上の配力鉄筋を配置するように義務づけられていただけなので，**図2-5-3**の段階Ⅰに示すひび割れが生じやすい構造であったことが分かります．したがって，床版の診断にあたっては設計された時期が重要になり，必要に応じて配力鉄筋方向の補強が有効になります．

5-2-2　押抜きせん断破壊

RC床版のような面部材（スラブ）に作用するもう一つの断面力がせん断力であり，特に輪荷重のような集中荷重が作用する場合には，押抜きせん断破壊に対する検討が必要になります．

道路橋のRC床版における押抜きせん断破壊については，松井教授らの研究[4)]により，**図**

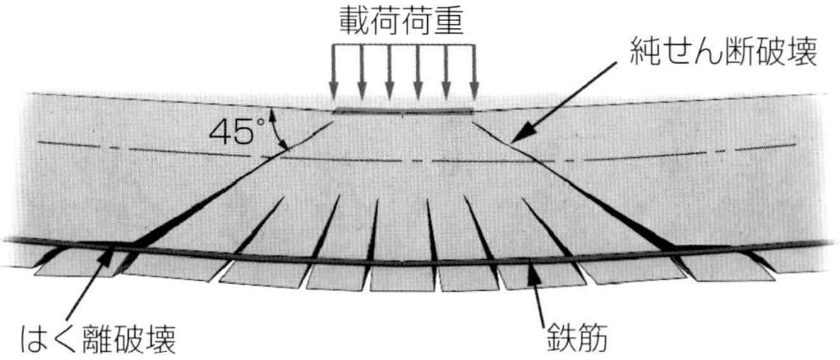

(a) 押抜きせん断破壊のモデル

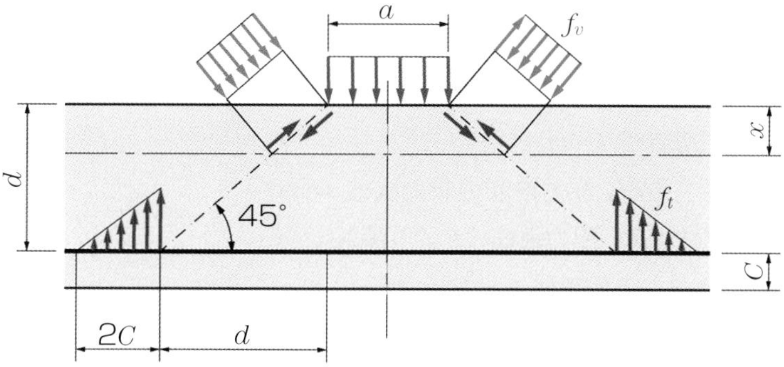

(b) 断　　面

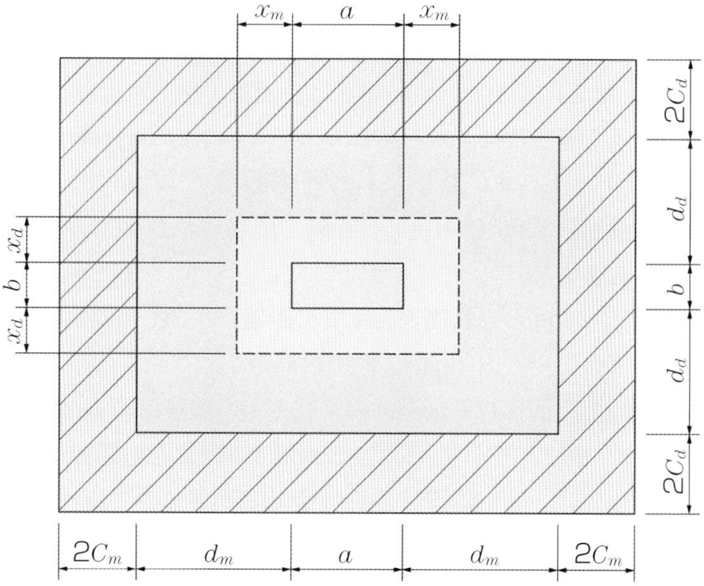

(c) 平　面　図

図2-5-5　押抜きせん断破壊の力学モデル

2-5-5に示すような力学モデルが提案されて，実験結果ともよく合うことから広く知られています．これによれば，床版上面に載荷された荷重に対して，押抜きせん断破壊面の破壊角度θを45°として，床版上面では圧縮側コンクリートがせん断破壊に抵抗し，床版下面側では補強鉄筋に沿ったかぶりコンクリートがはく離に対して抵抗すると仮定しています．この力学モデルに基づく押抜きせん断耐荷力P_0（N）は以下の式で表されます．

$$P_0=f_v[2(a+2x_m)x_d+2(b+2x_d)x_m]$$
$$+f_t[2(a+2d_m)C_d+2(b+2d_d+4C_d)C_m] \quad (3)$$
$$f_v=0.656f'_c{}^{0.606} \quad (4)$$
$$f_t=0.269f'_c{}^{2/3} \quad (5)$$

ここに，a，b：載荷板の主鉄筋，配力鉄筋方向の辺長（mm）

x_m, x_d：主鉄筋，配力鉄筋に直角な断面の引張側コンクリートを無視したときの中立軸深さ（mm）

d_m, d_d：引張主鉄筋，配力鉄筋の有効高さ（mm）

C_m, C_d：引張主鉄筋，配力鉄筋のかぶり深さ（mm）

f'_c：コンクリートの圧縮強度（N/mm²）

f_v：コンクリートのせん断強度（N/mm²）

f_t：コンクリートの引張強度（N/mm²）

式（3）の第1項が圧縮側コンクリートで負担する耐荷力（図2-5-5(c)の破線で囲まれた青色の部分），第2項が補強鉄筋のかぶりコンクリートで抵抗する耐荷力（図2-5-5(c)の斜線で塗潰された部分）を示しています．また，ここでいう載荷板は，実際の床版では輪荷重のタイヤの設置面積になりますので，道示に基づけば，$a=500$(mm)，$b=200$(mm)となります．

ここで，床版厚さ19(cm)，コンクリートの圧縮強度$f'_c=24$(N/mm²)，主鉄筋D16が125(mm)間隔，配力鉄筋D13が250(mm)間隔で配筋されたRC床版の押抜きせん断耐力を算出してみることにします．

主鉄筋の純かぶり（床版表面から鉄筋表面までの距離）を30（mm）とすれば，主鉄筋のかぶり深さは鉄筋中心までの$C_m=38$（mm），配力鉄筋のかぶり深さは$C_d=52.5$（mm）となります．また有効高さは床版上面からそれぞれの鉄筋までの距離になるので，$d_m=152$（mm），$d_d=137.5$（mm）となります．そして，ここでは細かい計算を省略しますが，これより中立軸深さは，$x_m=58.8$（mm），$x_d=40.7$（mm）と算出されます．

一方，コンクリートの圧縮強度f'_cより，式（4），（5）を用いてせん断強度$f_v=4.5$（N/mm²），引張強度ft＝2.2（N/mm²）が算出されるので，これらの数値を用いて式（3）より，このRC床版の押抜きせん断耐力は$P_0=680$（kN）となります．

この計算結果にみられるように，一般的なRC床版の押抜きせん断耐荷力は，5-2-1で述べたT荷重の片輪荷重$P=100$（kN）に対して相当な余裕がありますので，図2-5-3に示す疲労損傷過程の段階ⅠやⅡの状態においては押抜きせん断破壊が生じることはありません．しかしながら，疲労損傷が進み段階ⅢからⅣに移行すると，いくつかの貫通ひび割れが橋軸直角方向に形成されて，あたかも配力鉄筋のみによって連結された梁を並べたような状態（梁状化）となり，交通荷重のほとんどは主鉄筋断面で支持されることになります．前述の松井教授らは，輪荷重走行試験による疲労実験の結果から貫通ひび割れの間隔が40〜50cm程度であることを確認しており，これより梁状化の梁幅Bを**図2-5-5**において$B=b+2d_d$で与えられるとしました．このように梁状化した床版は，**図2-5-5**に示す配力鉄筋断面の負担分が消失してせん断耐荷力が大幅に低下するだけでなく，**表2-5-1**により算出される設計曲げモーメントで想定した単位幅（1m）を下回ることとなり，主鉄筋の応力が超過して損傷を助長することとなります．

5-3　RC床版の補修

道路橋を構成する部材の中でも，床版の損傷は走行車両へ与える影響が大きいことから，損傷が発見された場合には速やかな対策が必要になります．対策の方法としては，損傷が比較的軽微な場合や，損傷の範囲が一部で耐荷力の低下に影響を与えないような場合は，ひび割れ注入や断面修復による補修を行い性能の回復を図ります[5)]．

5-3-1　ひび割れ注入

ひび割れ注入は，一般のコンクリート構造物と同様に，ひび割れ塗布材，注入材，充填材などにより，コンクリート内部への通気，通水を遮断することを目的とします．補修が必要なひび割れ幅は，かぶり，環境条件，鋼材の種類等を勘案して判断しますが，一般に0.2mm程度未満の微細なひび割れはひび割れ塗布，0.2〜0.5mmのひび割れはひび割れ注入を行います．また0.5mm以上の比較的大きなひび割れや，ひび割れ幅の変動が大きいことが予想される場合は，伸び能力を期待できるひび割れ充填を行うとともに，FRPシート接着や増厚工法などの補強と合わせて検討が必要になります．

5-3-2　断 面 修 復

RC床版の上面では，**5-1-1**で述べたように，塩化物イオンなどの劣化要因の影響によって，かぶりコンクリートの浮きやはく離，さらには砂利化が生じることがあります．このような場合には，変状により脆弱化した部分だけではなく，塩化物イオンなどの有害な劣化因子が侵入していると想定される位置まではつり，劣化因子を確実に除去することが重要です．床版を打ち換える範囲は，劣化因子の浸透深さによって，上面鉄筋の裏まで打ち換える場合（部分打換え）および床版全厚を打ち換える場合（全厚打換え）があります（**図2-5-6**）．また，劣化因子は変状発生箇所だけでなく，同一の床版では広範囲にわたって浸透している可能性が容易に想定されるだけでなく，打換えを行った箇所の新旧コンクリートの打継目が再劣化の要因となる可能性があるので，できるだけ全面的に打ち換えることが望ましいといえます．目安としては，橋軸直角方向の幅は主桁間，橋軸方向の長さは横桁や対傾構の間隔以上とした，いわゆるパネル単位以上での補修範囲を基本にするとよいでしょう．劣化の範囲が主桁間を超える大きさの場合は，主桁間ごとに打換えを行い，打継目を支持桁上に配置するように配慮するとよいです．

なお，床版コンクリートのはつり処理を行う場合には，衝撃による既設コンクリートおよび鉄筋への影響に留意するとともに，施工条件や経済性も考慮してウォータージェット（WJ）工法と人力ブレーカ等による打撃工法との併用により行うことが基本です．目安としては，はつり処理面から約10cmの範囲をWJ工法にて仕上げることがよいとされています．

また，はつり処理により露出した鉄筋は，さびを十分に除去して適切な防錆処理を行うとともに，腐食による断面欠損が著しい場合には，交換や欠損分を補う鉄筋を新たに配置するなどの処置を行うことも必要になります．

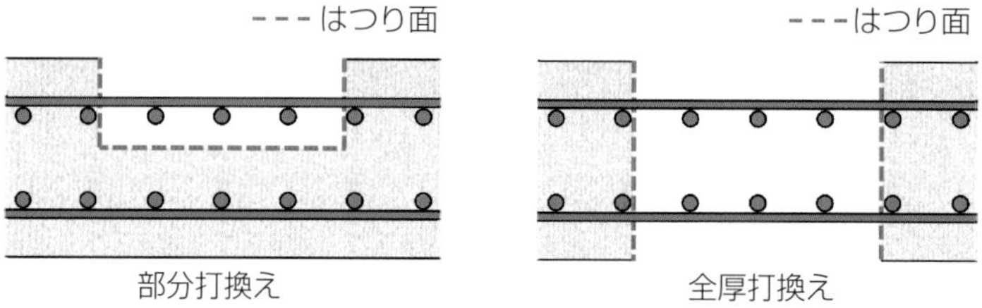

図2-5-6　床版の打換え深さの違い

5-3-3　はく落防止

はく落防止は，補修の一環として，劣化したかぶりコンクリートのはく落を未然に防止するため，公衆災害のおそれがある箇所を対象に行います．

はく落防止は，一般に表面被覆と同様の工程で行われますが，主材（中塗り）塗布工程の際に，塗膜に強度と変形追従性能を持たせるため，現場でエポキシ樹脂系接着剤などを連続繊維シートやネットに含浸してコンクリート表面に貼り付けてはく落防止層を形成します（図2-5-7）．

床版下面に連続繊維シートを貼り付けた場合には，床版上面からの水をため込んでしまい，床版を劣化させるおそれがあるので，はく落防止の施工前に床版防水を施工しておく必要があります．なお，床版防水を施工したものでも，現地条件等を勘案し，必要に応じて水抜き穴を設けるなどの水抜き対策を併せて行うことも検討するとよいです．

なお，はく落防止層の設置により床版下面の点検が困難になりますが，最近では半透明の表面保護工なども開発されているので，劣化の進行が懸念される場合などには採用を検討するとよいでしょう．

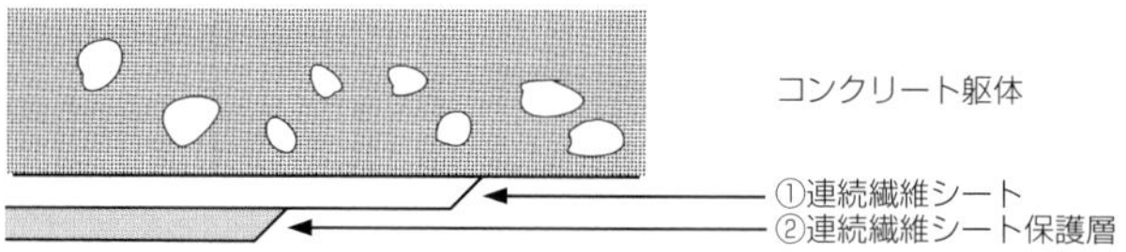

図2-5-7　はく落防止層の構成

5-4 RC床版の補強工法

5-4-1 主な補強工法

RC床版において補強が必要となる主な損傷は，**5-1-2**で説明した疲労損傷です．疲労損傷が生じるようになった主な原因は，交通荷重の増大や過積載車両の走行がありますが，建設年次が古い場合には床版厚や配力鉄筋の不足という設計上の問題も考えられます．RC床版の損傷度が低い段階ⅠやⅡの状態では，曲げ補強を目的とした対策を施すことにより劣化進行を抑制できますが，段階Ⅲのように損傷が進行した状態では，せん断耐荷力を向上させる対策が必要になります．

疲労損傷に対するRC床版の補強方法としては，床版上面または下面の増厚工法，縦桁増設工法，鋼板接着工法およびCFRPシート接着工法などがこれまでに採用されています．このうち，下面増厚工法や鋼板接着工法などの下面からの対策は主に曲げ補強であり，せん断耐荷力の改善は副次的に得られる効果ですが，これに対して上面から施工される床版上面増厚工法は，せん断耐荷力の大きい鋼繊維補強コンクリートを用いて床版厚を直接的に増加させるため，せん断耐荷力の改善効果が大きい方法といえます．したがって，床版の補強方法は，損傷の進行度合い，特にせん断耐荷力の低下の有無や全面積に占める損傷の割合等を勘案して選定する必要があります．

5-4-2 鋼板接着工法

鋼板接着工法は，床版の下面に厚さ4.5mm程度の補強鋼板をアンカーボルトで取付けたのちに，鋼板とコンクリートの間の2～4mmのすき間にエポキシ樹脂を圧入して一体化することにより耐荷性能の向上を図る工法です（**図2-5-8**）．圧入された接着用のエポキシ樹脂が，ひび割れに徐々に浸透して，劣化したRC床版自体の剛性回復も期待できます．阪神高速道路などで1990年代頃まで施工が行われました．

補強鋼板が合成された床版は，版としての曲げ剛性だけでなく，せん断に対する剛性も大幅に向上するので，疲労耐久性が大きく改善されることになります．さらに，接着した鋼板は，**5-3-3**で述べた，はく落防止の機能も有することになります．

維持管理上の課題として，床版上面から浸透した水が鋼板上面に溜まり，鋼板に浮きや腐食が生じる可能性があること，上面の舗装と下面の鋼板に覆われて床版の点検がしにくくなることなどがあげられます．近年では，腐食した鋼板の取替えや，浮いた鋼板へ樹脂の再注入などの補修が行われる事例もあります．

5-4-3 CFRPシート接着工法

鋼板接着工法は，鋼板が重いため，重機が使用しにくい床版下面での施工性に難があるとともに，鋼板の腐食対策など維持管理の課題もあります．そのため，最近では軽量で施工性に優れる炭素繊維（CFRP）シートやアラミド繊維（AFRP）シートをエポキシ樹脂で接着して補強

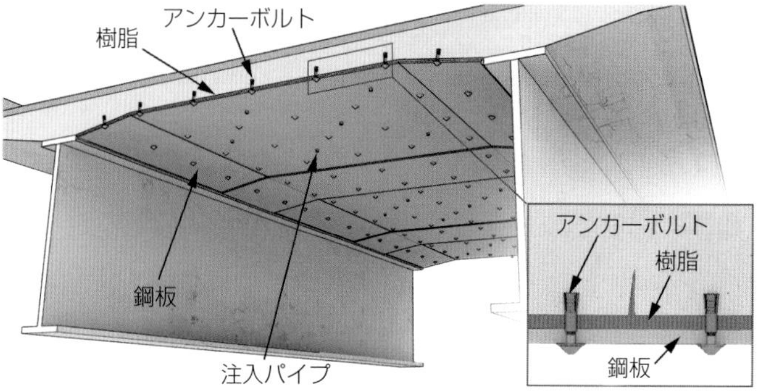

図2-5-8　鋼板接着工法

する工法が多く用いられるようになっています（**図2-5-9**）．特にCFRPシートは，耐震補強などでも実績があり，鋼板に比べて軽量で高強度かつ高弾性，さらに高耐食性なことから，コンクリート構造物の補強材料として幅広く活用されています（**表2-5-2**）．

床版と一体化したCFRPシートは，鉄筋コンクリート構造における鉄筋と同様の役割を果たすとともに，ひび割れの動きを抑制する効果もあります．補強量は貼り付けるCFRPシートの断面積とヤング係数の積により求められ，シートの貼付け層数(枚数)により調整しますが，層数が増えるとコンクリートに接する樹脂層の水平せん断力が大きくなってずれ破壊が生じやすくなるため，一般的には1方向につき1～2層となっています．なお，CFRPシートは薄く断面積は小さいですが，**表2-5-2**に示すようにヤング係数が鋼板に比べて2～3倍大きいためにそれに相当する補強効果を発揮します．また，鋼板と同様に床版高さの最縁端に配置されるため曲げ補強効果も大きいといえます．

CFRPシートは，当初はハンチ部も含めて床版下面全体に貼り付けられていましたが（**図2-5-9(a)**），施工後の床版下面のひび割れ観察ができるとともに水抜きも兼ねて，最近では25 cm程度の幅のCFRPシートを10 cm程度の間隔をあけて2方向に貼り付ける格子貼り（**図2-5-9(b)**）が採用されるようになっています．なお，全面貼りの場合には，鋼板接着工法と同様にCFRPシートにはく落防止としての効果が期待できますので，目的に応じて使い分けることがよいでしょう．

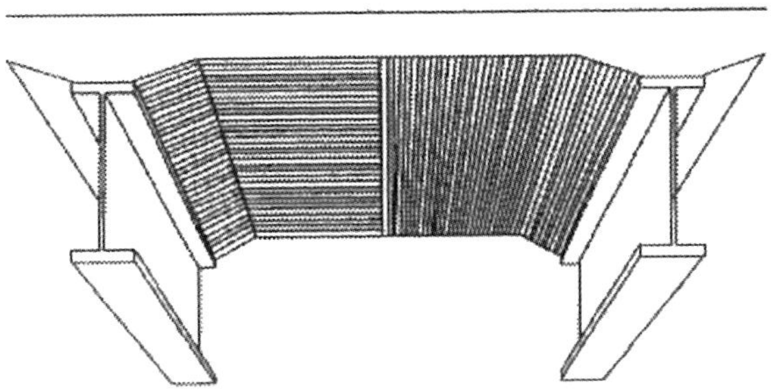

(a) 全面貼り

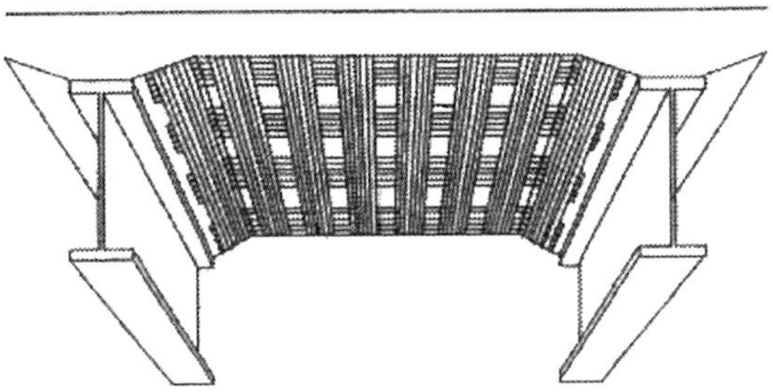

(b) 格子貼り

図2-5-9 床版下面のCFRPシート貼付け方法

表2-5-2 鋼板およびCFRPシートの代表的な材料特性

種類		ヤング係数 (N/mm^2)	引張強度 (N/mm^2)	目付量 (g/m^2)	密度 (g/cm^2)
鋼板	SS400	2.0×10^5	400～510	－	7.85
炭素繊維	高強度型	2.4×10^5	3 400	200～600	1.80
	中弾性型	3.9×10^5	2 900	300～400	1.82
		4.3×10^5	2 400	300～400	1.82～2.10
	高弾性型	5.4×10^5	1 900	300	2.10
		6.4×10^5	1 900	300	2.10

5-4-4 縦桁増設工法

縦桁増設工法の目的は，主桁間に1～2本の縦桁を追加して，床版支間を1/2あるいは1/3に縮小することにより，床版の主鉄筋方向に発生する曲げモーメントを減少することです（**図2-5-10**）．**5-2-1**で説明したように，床版支間Lの縮小は曲げモーメントの低減に直接的に効果があります．ただし，基本的に作用断面力を低減させる効果を期待するだけなので，損傷が過度に進行した段階の床版では補強効果をあまり期待できません．

また，この工法は曲げ変形に対する補強なので，輪荷重によるせん断力を低減する効果が少ない場合には再劣化を生じる事例も報告されています．そのため，設計前にレーンマークの位置をよく確認して，できるだけ車輪走行位置の直下に縦桁を増設することにより，せん断力の作用を抑制するような配慮が必要になります．さらに，縦桁を設置したことにより，縦桁上の床版では補強前と曲げモーメントの正負が逆転することにも注意が必要です．

なお，本工法を採用する場合には，**図2-5-10**に示すように，縦桁を支持する横桁の増設も必要になります．増設するこれらの横桁および縦桁は，縦桁のたわみが道示[3]に規定するたわみの許容値$L/2000$（Lは縦桁増設前の床版の支間）以下になるように設計します．

5-4-5　上面増厚工法

上面増厚工法は，床版コンクリートの上面に新たに鋼繊維補強コンクリート（SFRC）を敷設して一体化することにより，床版の耐荷性能を向上させる工法です（**図2-5-11**）．床版の厚さを増すことを目的としたこの工法は，曲げ剛性とせん断剛性を増加させるので疲労耐久性

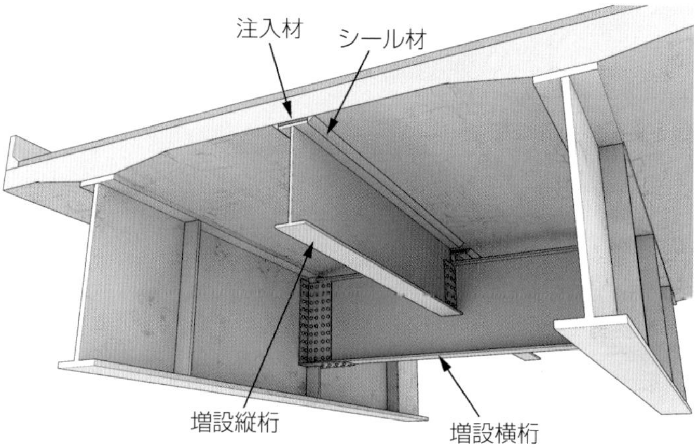

図2-5-10　縦桁増設工法のイメージ

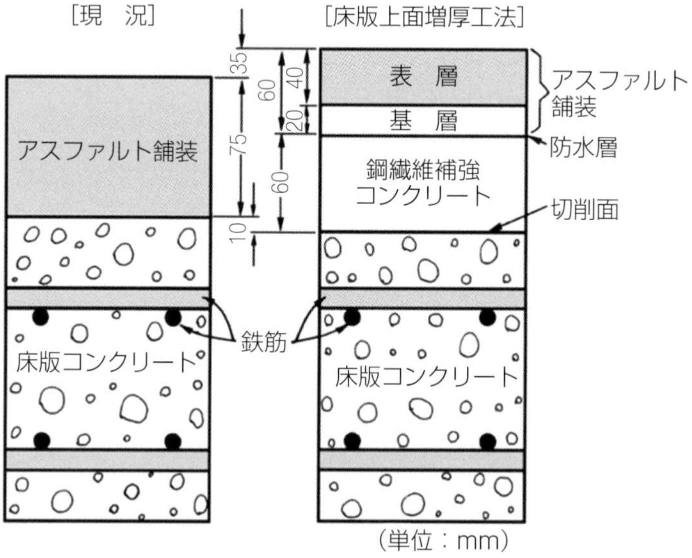

図2-5-11　上面増厚工法の標準断面

の向上効果が大きい工法です．

上面増厚工法では，既設のアスファルト舗装を撤去した後に，床版コンクリートの上面を1cm程度切削して，その上にSFRCを6cm程度敷設します．SFRCの敷設により，床版の高さが上がるので，舗装の厚さを調節してできるだけ走行路面への影響を抑えるように設計します．

SFRCと既設RC床版との一体化により床版のせん断剛性が高まるだけでなく，SFRC自体が高いせん断抵抗性を有しているので，押抜きせん断に対する耐荷性能を大幅に向上させることができます．また，SFRCの高い水密性により水や塩分の浸透に対する耐久性の向上も期待できます．なお，ジョイント部では伸縮装置との高さの擦り付けに注意が必要です．

近年，上面増厚を施工した床版の一部で，SFRCと既設床版界面のはく離損傷が確認されています．この原因としては，既設床版の切削面の処理が不十分，SFRCの締固め不足，既設床版の劣化進行が過度に進行していたことなどが考えられています．さらに，上面増厚の施工は交通規制が必要ですが，近年，車線規制による分割施工が標準となっていることに伴うSFRCの施工目地が弱点となり，雨水等の浸透によるはく離損傷の起点となっていることが想定されています．したがって，施工上の弱点となりやすい範囲については，付着耐久性および止水性を高めるためにエポキシ樹脂などの接着剤を塗布するように改善が図られています．

また，舗装の補修時にSFRCが切削されて鋼繊維が毛羽立つ事例が報告されていますが，床版防水への影響が無いように必要に応じて研削などの処理をしておく必要があることにも留意してください．

5-5　RC床版の更新（取替え）

5-5-1　プレキャストPC床版への取替え

従来，損傷が生じたRC床版は，これまで述べてきたような部分的な補修や補強を適切に行うことで，建設当初の性能に回復すると考えられてきました．しかしながら，近年では設計時の想定を超える交通車両の増加，過積載車両の通行，凍結防止剤の散布による塩分の浸透など，RC床版の供用環境は厳しくなっており，なおかつそれに対する補修や補強技術が十分でなく，高速道路などでは補修や補強工事の施工条件も厳しいことから，補修や補強を繰り返し実施しても性能の低下が避けられない床版が増えてきました．そのため，通行車両への安全性，維持管理コストの経済性，ならびに交通規制等による社会への影響の低減などを目的に，過度に損傷の進行したRC床版を撤去して，新たに耐久性の高いプレキャストのプレストレスト・コンクリート床版（PC床版）に取り換える事例が高速道路を中心に増えています（**図2-5-12, 2-5-13**）．

RC床版の取替えにあたりプレキャスト製の床版を使用する一番の理由は，交通規制期間を最小限とするための施工時間の短縮ですが，経年劣化した床版の更新という位置づけから，耐

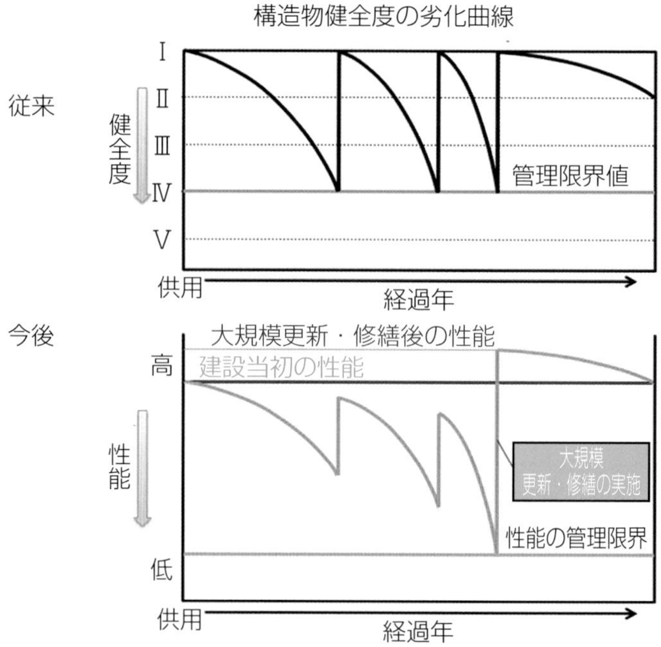

図2-5-12　RC床版の健全性および性能に関する概念[6)]

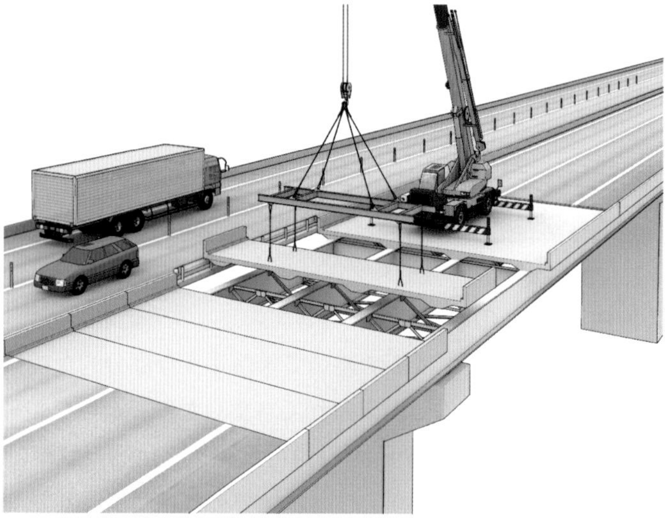

図2-5-13　プレキャストPC床版への取替え

久性向上の観点からもプレキャストPC床版の採用が推奨されています．

現場施工のRC床版に比べて，プレキャストPC床版の耐久性が高くなる主な理由としては，

①品質管理の徹底された工場で製造される

②パネル単体で製造し，敷設するまでの養生期間があるので場所打ち床版に比べてコンクリートのクリープ・乾燥収縮の影響が小さい

③一般的に設計基準強度50（N/mm^2）の高強度コンクリートを使用するので剛性および密

実性が高い

④プレストレスの導入によりひび割れが生じにくく，押抜きせん断耐荷力も向上する

などがあげられます．またこのほかにPC構造物としては，プレテンション方式で製作されるためPC鋼材の防錆がよいという特徴もあります．

5-5-2　取替えPC床版の厚さ

PC床版の厚さは，一般的にはRC床版の厚さより薄くできるとされています．道路橋示方書[3]では，RC床版の最小厚さtを床版支間の長さL（m）に応じて以下の式（6）で算出します．

$$t = 30L + 110 \text{（mm）} \qquad (6)$$

例えば，更新対象となる橋梁の床版支間長（主桁の間隔）が$L=2.5$（m）であった場合，必要とされる最小の床版厚さは$t=185$（mm）となります．ここでRC床版の場合は大型の自動車交通量に応じて10～25%の割増しを行いますが，PC床版の場合は大型車の割増しは考慮されず，さらに配力鉄筋方向の断面力のバランスから90%に減じてよいこととされています．したがって，このような取替え用のプレキャストPC床版の厚さは$t=17$（cm）程度でよいことになってしまいますが，実際には鉄筋の配置条件などから20 cm程度は必要となります．このため更新対象となる既設のRC床版より厚くなってしまい，死荷重の増加や橋梁前後を含めた縦断線形の変更が設計上の課題となることがあります．しかしながら，床版の疲労損傷が原因として床版の取替えに至ったことを考えれば，できるだけ床版は厚くして剛性を高めたほうがよいので，双方のバランスを設計でよく検討して，安易に床版厚を薄くすることは避けることが望ましいといえます．特に後述する床版の接合に関連して，採用する接合構造によって床版厚さの差が生じないように，NEXCO各社ではプレキャストPC床版の厚さは220（mm）を標準とするように定めています．

5-5-3　プレキャストPC床版の接合構造

工場で製作されたプレキャストPC床版は，現場で敷設された後に接合されて一体化します．この接合構造として広く採用されているのがループ状の重ね継手（ループ継手）を間詰めコンクリートにより連続化する構造です（**図2-5-14**）．

このループ継手による接合構造は，新東名高速道路の建設当初に，ドイツの規定（DIN）を参考に輪荷重走行試験による疲労耐久性の検証などを行いながら研究開発された構造です．ループ形状の定着効果により，一般的な鉄筋の重ね継手に比べて必要な継手長を短くできるため，現場でコンクリート施工が必要となる間詰め幅を半分程度に小さくできる利点があります[5]．

初期のループ継手構造は，新東名の新設橋梁で採用されたために，プレキャスト版の下側が突出する形状（あご）に製作して，現場施工における接合部の型枠や足場作業を省略するための工夫を施しました．しかしながら，この突出形状（あご）が，プレキャストPC床版の敷設時にループ鉄筋と干渉することで施工性が低下するだけでなく，接触した場合にはひび割れや欠損を生じるなどの課題が生じました．これに対応するため補強鉄筋を配置したり繊維シートで欠落防止を行うようになりましたが，最近では耐久性上の弱点となることを懸念して，突出部を設

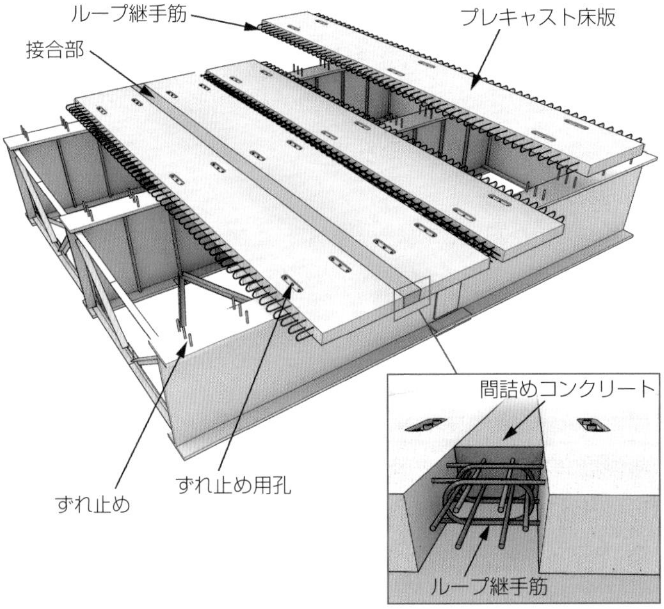

図2-5-14　ループ継手によるプレキャストPC床版の接合

けない事例が増えています．特に床版の取替え工事の場合には，既設床版の撤去作業のために足場が設置されるので，突出形状の効果も減少します．

ループ継手による接合構造は，上記の突出形状の課題に加えて，ループ鉄筋内に配置する橋軸直角方向の配筋作業が大変なため，近年では施工性の向上および現場施工部（間詰めコンクリート幅）の縮小を目的として，各企業において様々な接合構造が開発され実用化されています．また，これに合わせて，接合構造の性能評価方法の確立が求められており，例えばNEXCOでは輪荷重走行試験により疲労耐久性を評価する方法が提案されています[7)]．

なお，RC床版の取替え工事では，接合構造における間詰めコンクリートだけでなく，斜角の部分やジョイント付近でも現場施工によるコンクリート部が生じることがあります．そのような箇所においては，現場施工部分の品質•性能確保が床版全体系の性能に影響を及ぼすため，設計および施工に十分に留意する必要があります．

5-6 まとめ

昭和40年代前半ごろから道路橋床版のコンクリートが一部抜け落ちるような損傷事例が発生したことを踏まえて数多くの研究が行われ，その損傷メカニズムの解明とそれに対する補修や補強工法の技術開発が行われてきました．輪荷重走行試験による疲労耐久性の検証や床版防水層設置の義務化などはその代表的な事例です．近年では，1990年代以降の凍結防止剤の本格散布に伴い，床版上面では水の浸入や材料劣化および疲労損傷によって，水平ひび割れや砂利化が顕在化するようになり，以前は橋梁における二次部材と考えられていた床版は，今では重要な一次部材と認識されるようになっています．したがって，床版の点検，診断および対策は，橋梁の維持管理の中でも重要な業務と位置付けられます．

〔参 考 文 献〕
1）土木学会：2022年制定コンクリート標準示方書［維持管理編］（2022）
2）土木学会構造工学委員会：これだけは知っておきたい橋梁メンテナンスのための構造工学入門，建設図書（2019）
3）日本道路協会：道路橋示方書・同解説，Ⅱ鋼橋・鋼部材編（2017）
4）松井繁之：道路橋床版－設計・施工と維持管理，森北出版（2007）
5）東日本高速道路(株)：設計要領第二集，橋梁保全編（2020）
6）高速道路資産の長期保全及び更新のあり方に関する技術検討委員会報告書（2014），https://www.e-nexco.co.jp/assets/pdf/pressroom/committee/140122/04.pdf，（2021年11月閲覧）
7）後藤俊吾，長谷俊彦，本間淳史，平野勝彦：PC床版の疲労耐久性評価方法の提案，構造工学論文集Vol.66A（2020）

Column
コラム

改築工事で田中賞作品部門を受賞した橋

都市高速道路の拡幅技術（西船場JCT）

橋梁と基礎編集委員　小坂　崇

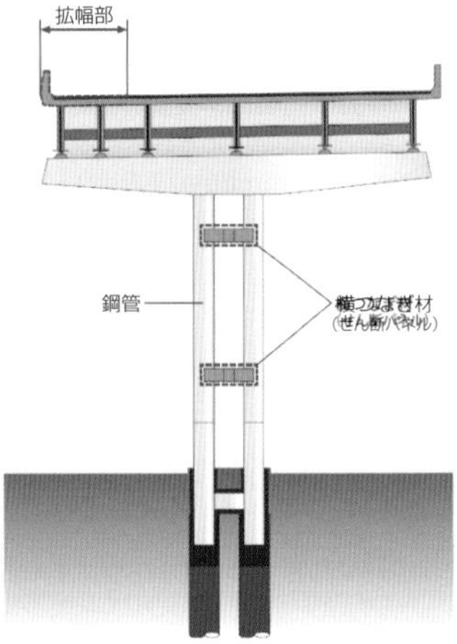

西船場JCT改築事業では，阪神高速16号大阪港線東行から１号環状線北行に直接接続する信濃橋渡り線の設置と，大阪港線と環状線の拡幅が行われました．大阪港線では，渡り線に至る約800mの区間で幅員を2.75m拡幅し，１車線を増設しました．この都市高速道路の拡幅において使用された技術は，2018年度の田中賞を受賞しました．

阪神高速では橋の老朽化が進行し，既存橋梁の改築や補修が増える中，安全と安心の提供だけでなく，構造物の長寿命化を実現する技術が求められています．そのような中，本事業では，杭基礎一体型の鋼管集成橋脚の導入により，既存構造物を活用しながら改築を実現しました．また，下部構造の想定以上のASRによる変状に対して，高速道路供用中の長期仮受け及び梁の再構築を行いました．さらに，皿型高力ボルト摩擦接合継手を適用することで，改築後の構造物の耐久性と維持管理性の向上を図っています．このような技術を活用して，都市高速道路の拡幅が行われました．

鋼管集成橋脚は，複数本の鋼管を低降伏点鋼材によるせん断パネルを有する横つなぎ材で連結し，ひとつの柱とした橋脚です．鉛直荷重を主部材の鋼管が支持し，地震時慣性力などの水平荷重は二次部材である横つなぎ材が抵抗する損傷制御設計を採用した構造です．さらに，鋼管柱と鋼管杭を従来のフーチングより簡易な地中梁を介して接続し，都市内の狭い条件下でも設置可能なスリムな構造としました．西船場JCTでは，この鋼管集成橋脚を既存のRC橋脚間に，地震に対応する対震橋脚として新設しました．拡幅によって増加する上部構造の重量に対して増加する地震時慣性力を鋼管集成橋脚が分担し，既存のRC橋脚と協同して地震に対応することでリダンダントな橋梁を実現しました．

この事例では，先進的な技術と既存構造物の活用を組み合わせることで，都市高速道路の拡幅と安全・安心の提供を同時に実現することができました．今後も，このような先進的な技術の開発や導入が求められ，橋梁技術の進歩により改築や更新に対応していくことが重要と言えます．

【参考文献】小坂崇，金治英貞，森川信，堀岡良則，丹羽信弘，仲村賢一：西船場ジャンクションの設計コンセプトと構造計画，橋梁と基礎，2019年２月号，建設図書

第6章

支承の劣化・損傷と対策事例

6-1　支承とその維持管理

支承は，上部構造からの荷重を下部構造へ伝達する役割（機能）を担う重要な部材であり，常時や地震時などに機能の発現や耐久性の確保が求められます．しかし，桁端部に設置される場合には，伸縮装置からの漏水や塵埃の付着などの影響を受けやすく，橋の主構造と同等な耐久性を保持することが困難な場合が多いのが実情です[1)]．支承を構成する鋼材に，主に腐食による損傷が進行し断面減少が生じたり，桁の移動や回転などに対する変形に追従できないなどの機能障害が生じた事例が報告されています[2)]．このほか，近年多く採用されているゴムを主体材料とした支承についても，ゴム体にひびわれが発生する事例が報告[3)]されています．

本章では，代表的な支承形式（ローラー支承，支承板支承，線支承，ゴム支承）を対象に，支承の機能に障害を生じさせる劣化・損傷に着目し，障害の発生が橋梁に及ぼす影響を構造や力学の観点から解説するとともに，支承を健全な状態に保つ維持管理・メンテナンスに欠かせない損傷状態の把握と措置について，７つの事例を紹介します．また，劣化・損傷した支承が発見された際の措置における留意点についても解説します．

6-1-1　支承の機能

支承が設置されている桁端部の構造を**図2-6-1**に示します．

支承は，上部構造と下部構造の接続部である沓座面に設置され，上部構造の死荷重，走行車両の活荷重などの鉛直荷重を支持すること，地震や風などの水平荷重を確実に下部構造へ伝達すること，活荷重や温度変化の影響などによる上部構造の水平移動やたわみによる回転変位に対しても追従し，上部構造と下部構造の相対的な変位を吸収すること，などの機能を担います．**図2-6-2**に支承部に求められる機能を示します．

6-1-2　支承の変遷

（1）材料・材質

我が国の橋梁に支承が初めて用いられたのは明治時代とされ，材料には鋳鉄が長年用いられてきました．昭和30年代初頭にゴム（パッド型）を用いる支承が採用されるようになり，近年の新設の橋梁には，ゴムと鋼板を積層に配置した積層ゴム支承や地震力による移動量の低減効果が期待できる免震支承が採用されることが多くなってきました．

（2）形　　式

初期の支承は固定・可動の区別のない面支承でしたが，大正12（1923）年の関東大震災を機に，摩擦力を小さくして下部構造への負担を低減できるようローラーを用いた「ころがり支承」が採用されるようになりました．その後，昭和に入って，支承の小型化が図られ，小判形の線支承が実用化されました．つぎに支承のプレートとプレートの間で「すべり移動」を生じさせる支承板支承の研究が進み，高力黄銅支承板支承（BP-A），密閉ゴム支承板支承（BP-B）が広く採用されるようになりました．

このような変遷から，材料・材質や形式は変化しているものの，長年供用された支承ほどメ

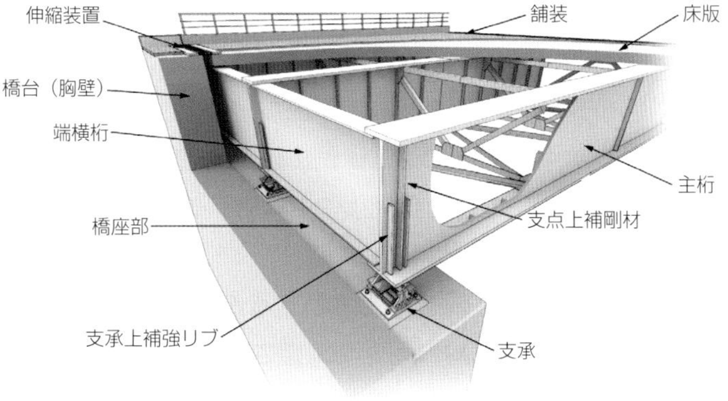

図2-6-1　桁端部の構造と支承

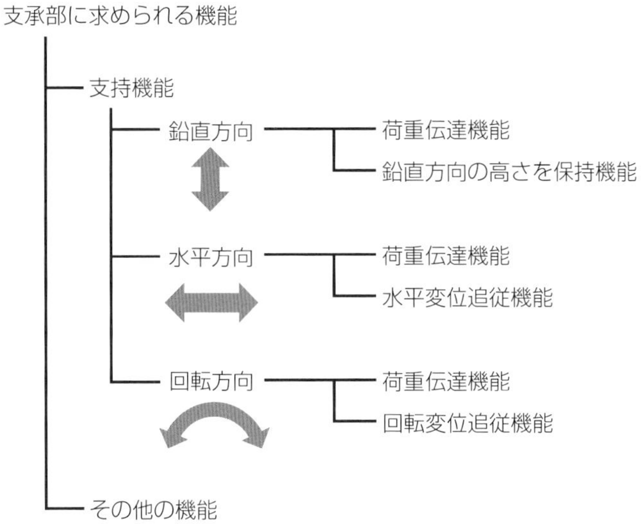

図2-6-2　支承部に求められる機能[4)をもとに一部編集]

ンテナンスの対象となりやすいことを踏まえると，メンテナンスの対象となる支承は，古い年代から採用された順に，おおよそ，ローラー支承，線支承，ゴム支承（パッド型），支承板支承，積層ゴム支承となります．以下に，実際の橋梁（道路橋）で発生した支承部の劣化・損傷事例と，橋梁に及ぼす影響を踏まえ対応された措置事例を紹介します．

6-2　支承の損傷が橋梁に及ぼす影響と措置の事例

支承に損傷が生じ，回転機能や水平移動機能に支障をきたすようになると，上部構造や下部構造に想定していない力を生じさせ，それに伴う損傷を引き起こすことがあります．例えば，腐食錆がベアリング周辺の隙間が埋まる固着（固化）の現象は，固定支承においては回転変位の拘束を，可動支承においては回転変位の拘束と水平変位の拘束を発生させます．

回転変位が拘束されると，ソールプレート端等への作用応力が大きくなり，ソールプレート溶接部などの鋼桁に疲労亀裂を発生させるなど，上下部接続部の主桁側で損傷の発生に至ることが報告されています．また，水平変位の拘束は，例えば，地震時において，支承が正常に可動することによって摩擦力を上限としていた作用よりも大きい力が下部構造に作用するといった，橋梁全体の水平力の支持機構に変化が生じます．

図2-6-3は，それを模式的に示したものです．可動支承が固定支承に近しい挙動となると，固着（固化）の程度が著しい場合には，可動の条件で算定された水平震度0.1～0.2程度の水平力に対して設計された橋脚に，それを上回る，固定相当または固定に近い水平震度が0.6程度以上の水平力が作用するため，危険な状況に陥ることも想定されます．

以上より，支承に固着（固化）が生じないように，伸縮装置からの漏水や，橋座面における土砂の堆積など，腐食の進行を促す環境は，できるだけ改善するなどのメンテナンスが重要となります．

6-2-1　ローラー支承の腐食（事例①）

写真2-6-1は，ローラー支承に腐食が発生した事例です．**図2-6-4**にローラー支承の構造

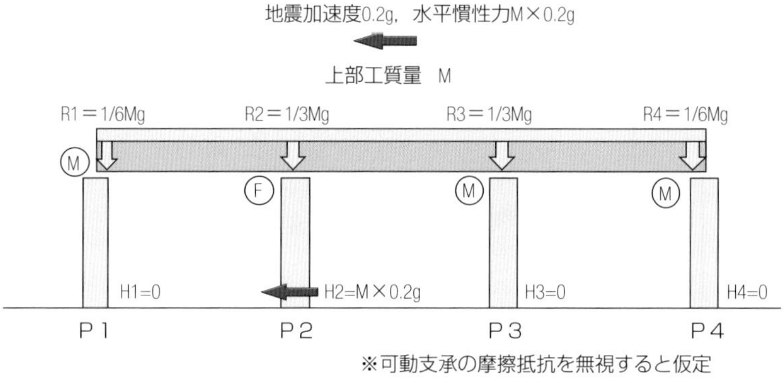

（1）設計上の地震力の仮定

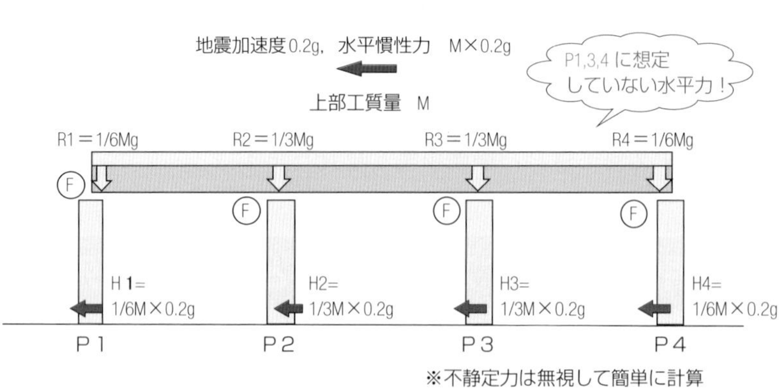

（2）可動支承が固着し，固定の条件となった場合

図2-6-3　可動支承が固着した場合の影響の模式図

を模式的に示します．目視点検において，ローラーカバーの下部の底版に著しい腐食が見られたため，実際にローラーカバーを取り外したところ内部のローラーに腐食が確認されました．これを放置しローラーが扁平になって接触面が増えると，ローラーの回転移動機能が発現しなくなり水平移動機能の低下に繋がります．活荷重や温度変化による桁の伸縮量，地震時の上部構造の水平移動量に追従できなくなると，ローラーが回転することを前提に設計で見込まれていた摩擦力に起因して発生する水平力を上回る力が上下部構造ともに作用することとなり，設計条件との不整合を解消するための補修が必要な場合があります．

ローラーカバーを取り外し内部の状態まで確認するかどうかの判断基準としては，ローラーの腐食が進行してローラーが扁平になると**図2-6-4**に◯で示すサイドブロックと支承本体の間の隙間が大きくなるため，この隙間が生じているかどうかが，目視点検における着目点の1つとなります．ローラーカバーは，ローラーに塵埃や水が接触することを防ぐ役割をしていますが，雨水の吹き込みなどにより水が浸入した場合，水が乾きにくい環境であるため腐食の進行が速くなります．

本損傷事例では，ローラーカバーを取り外してローラーおよび支圧板の腐食状況を確認した結果，荷重の伝達機能は保持されていると判断されたため，措置としてはグリースアップ工法が採用されました．

写真2-6-2に措置事例を示します．本事例では，ローラーまわりの腐食部のさびの除去をした後，変位追従機能の回復を目的とした潤滑剤の注入（グリースアップ）の実施と再塗装を実施しています．

写真2-6-1　ローラー支承に発生した腐食事例

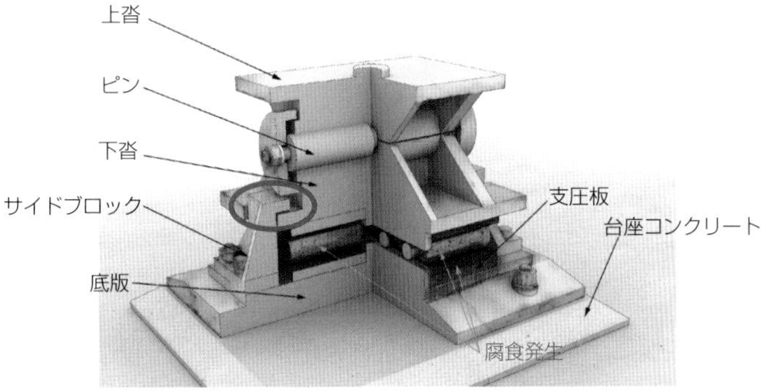

図2-6-4　ローラー支承の構造の模式図

写真2-6-2　ローラー支承の措置事例

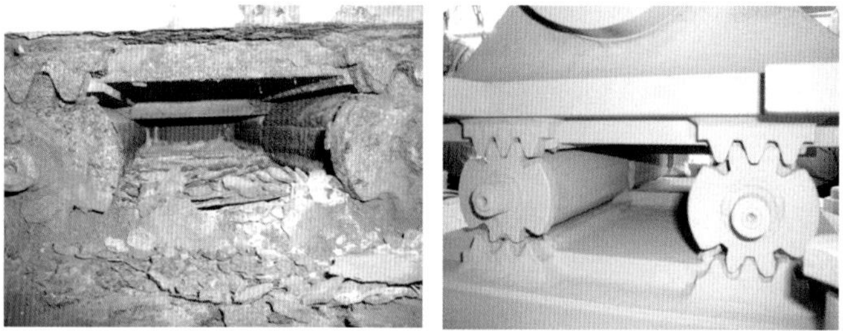

写真2-6-3　金属溶射によるローラー支承の措置事例
（左：処理前，右：溶射後）

写真2-6-3は，再塗装の代わりに金属溶射[5)]を実施した別の橋梁の事例です．本事例のポイントは，補修後の耐久性の保持に対する信頼性を高めていることであり，研掃材の飛散防止のための板張り防護などの対策を講じた上で，腐食さびをより確実に除去できるブラスト処理を実施しています．

6-2-2　1本ローラーの移動量の異常（事例②）

図2-6-5は，1本タイプのローラー支承に異常な移動が生じ，ローラーが支圧板から外れそうな事例です．右図は，その状況を模式的に示したものです．

ローラー支承は，上部構造の移動量に応じてローラーを支持する支圧板の橋軸方向の幅を設計するため，支承設置時の遊間の調整不良，想定以上の移動などが要因となって，1本ローラーは支圧板から逸脱しやすい構造と言えます．ローラーが支圧板から逸脱すると，路面に大きな段差が発生するとともに，場合によっては復旧に多大な時間を要する桁端部の損傷に繋がる可能性があるので，速やかな措置（応急措置）が必要です．

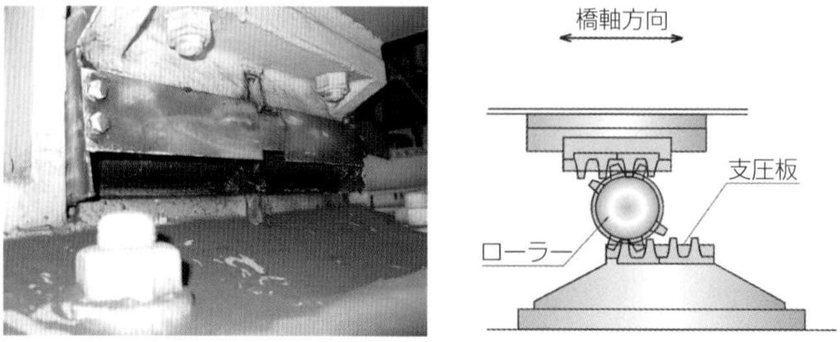

図2-6-5　1本ローラー支承の移動量の異常事例

実績が豊富で確実性が高い効果的な応急措置としては，鋼製の部材を組み合わせることによって構築したサンドルによる仮受けが挙げられます（**写真2-6-4**）．なお，サンドルが直ちに手配できない場合には，比較的入手しやすいH鋼とコンクリートを組み合わせて台座を構築する方法も採用されます．主桁の仮受け構造は，橋梁の図面などから，既設支承の最大設計反力を読み取って，式（1）で算出される必要幅を確保した構造（**図2-6-6**）とすることが考えられます．

仮受け設置後は，必要に応じて，主桁側に支点上補剛材を設け座屈防止を図るなど，直ちに行える応急的な措置から優先して，順次行うことが望ましいと言えます．

$$L=\frac{\Sigma R}{\sigma_{ca}\times b} \qquad (1)$$

ここに，

L：サンドルの橋軸方向必要幅（mm），

ΣR：既設支承の最大設計反力（N），

σ_{ca}：下部構造のコンクリートの許容圧縮応力度，

b：下フランジ幅（mm）

次に，支承取替えを行う場合について説明します．

支承取替えの施工手順は，様々な文献[例えば6)]に記されていますが，ここでは，鋼桁橋の支承取替えを行う場合の配慮事項を記載します．

写真2-6-4　応急措置事例（左：サンドル，右：H形鋼）

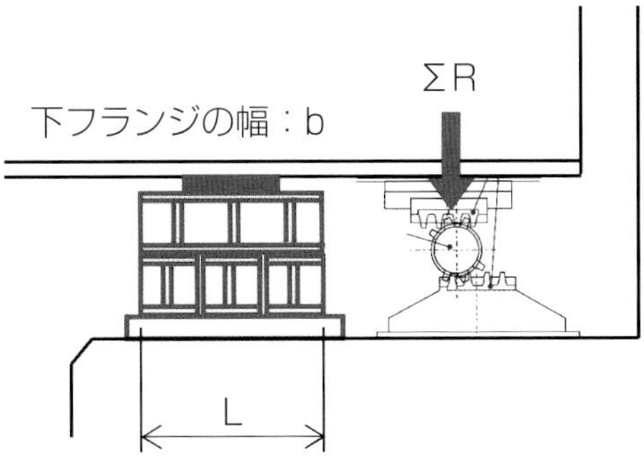

図2-6-6　サンドルを用いる仮受け構造

（1）ジャッキアップ

図2-6-7に支承取替えの施工フローを示します．フローに示すとおり，既設支承を撤去するためには，鋼桁のジャッキアップと仮受けが必要です．このとき，反力を受ける鋼桁にジャッキアップ補剛材を設置します．標準的なジャッキアップ補剛材の配置を**図2-6-8**に，補剛材断面の計算[7)]を式（2）および式（3）に示します．

$$\sigma_c=\frac{P}{A}\leqq\sigma_{ca} \qquad (2)$$

ただし，

$$\sigma_{ca}=\sigma_{cag}\times\frac{\sigma_{cal}}{\sigma_{cao}} \qquad (3)$$

ここに，

P：支承の最大設計反力（N）に対して不均衡荷重を考慮した鉛直荷重，

A：荷重集中点の設計で考慮する断面積（mm^2），

σ_{cao}：補剛材の局部座屈を考慮しない許容軸圧縮応力度の上限値（N/mm^2），

σ_{cag}：局部座屈を考慮しない許容軸圧縮応力度（N/mm^2），

σ_{cal}：局部座屈に対する許容応力度（N/mm^2）

下部構造側にジャッキを設置するスペースがない場合には，**図2-6-8**に示すように，ジャッキアップブラケットと呼ばれる鋼製ブラケットなどで橋座面を拡幅し，ジャッキを据え付けます．このブラケットの設計にはジャッキアップ補剛材と同じ設計荷重を用います．また，ブラケットは荷重集中点として十分な剛度を有する必要があり，「道路橋示方書」[8)]に準じ

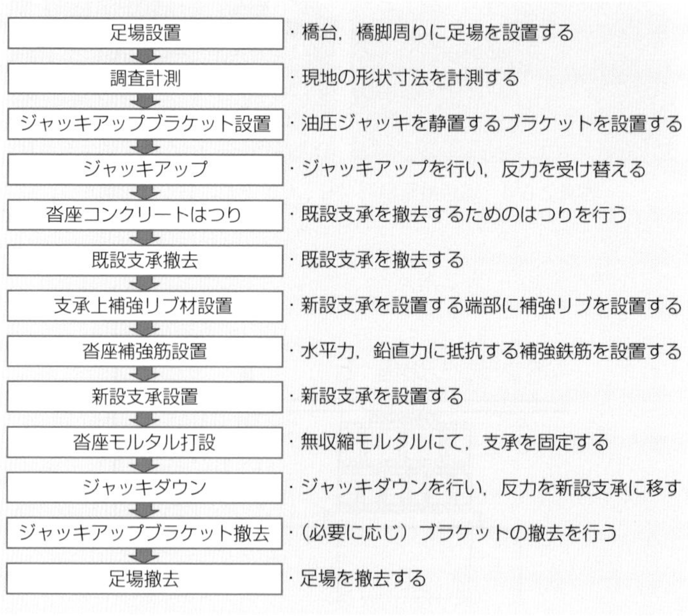
足場設置
・橋台，橋脚周りに足場を設置する
調査計測
・現地の形状寸法を計測する
ジャッキアップブラケット設置
・油圧ジャッキを静置するブラケットを設置する
ジャッキアップ
・ジャッキアップを行い，反力を受け替える
沓座コンクリートはつり
・既設支承を撤去するためのはつりを行う
既設支承撤去
・既設支承を撤去する
支承上補強リブ材設置
・新設支承を設置する端部に補強リブを設置する
沓座補強筋設置
・水平力，鉛直力に抵抗する補強鉄筋を設置する
新設支承設置
・新設支承を設置する
沓座モルタル打設
・無収縮モルタルにて，支承を固定する
ジャッキダウン
・ジャッキダウンを行い，反力を新設支承に移す
ジャッキアップブラケット撤去
・（必要に応じ）ブラケットの撤去を行う
足場撤去
・足場を撤去する

図2-6-7　支承取替え施工フロー

て，板厚は22 mm以上とします．

（2）支承上補強リブの設置

鋼桁の場合には，既設支承の撤去後，新設支承の設置前に支承端部の直上の鋼桁ウェブに，**図2-6-9**に示す支承上補強リブと呼ばれる部材を設置します．支承上補強リブは，橋軸方向の慣性力と支承高さに起因する隅力による鉛直方向の力の作用に対して，鋼桁のフランジやウェブの局部座屈を防止する役割を果たします．支承上補強リブの設計には，式（4）により算出される荷重を用います．

$$P_V = P_H \times \frac{h}{L} \qquad (4)$$

ここに，

P_V：支承上補強リブに作用する鉛直力（kN），

P_H：支承に作用する水平力（kN），

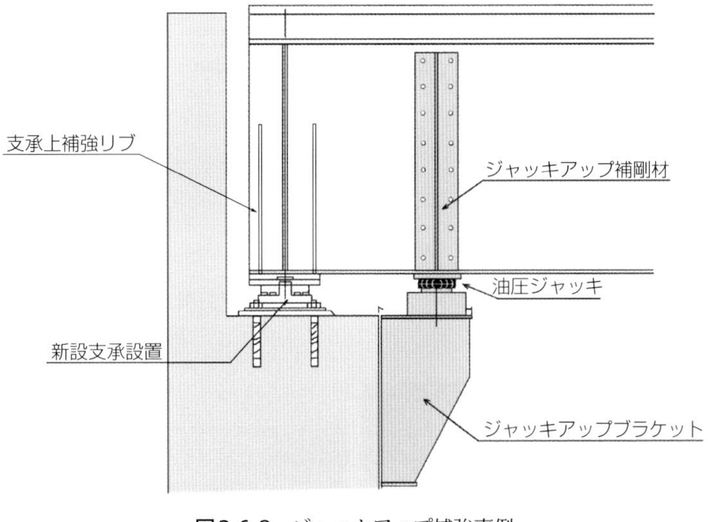

図2-6-8　ジャッキアップ補強事例

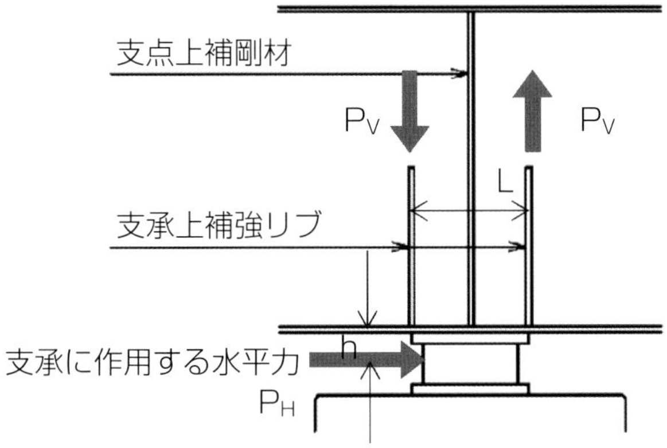

図2-6-9　支承上補強リブの設計例

h：支承中心から下フランジまでの距離（m），

L：支承上補強リブの設置間隔（m）

（3）橋座部の補強鉄筋

鉄筋コンクリートの下部構造の橋座部には，**図2-6-10**に示すような地震時の水平力に抵抗する補強鉄筋と鉛直方向の支圧に抵抗する補強鉄筋を設置します．

このように，新規に支承を設置する場合には，支承の荷重伝達機能を担う接続部の補強を行う必要があります．**写真2-6-5**に支承取替え後を示します．ここでは，コンクリート桁の事例も示します．

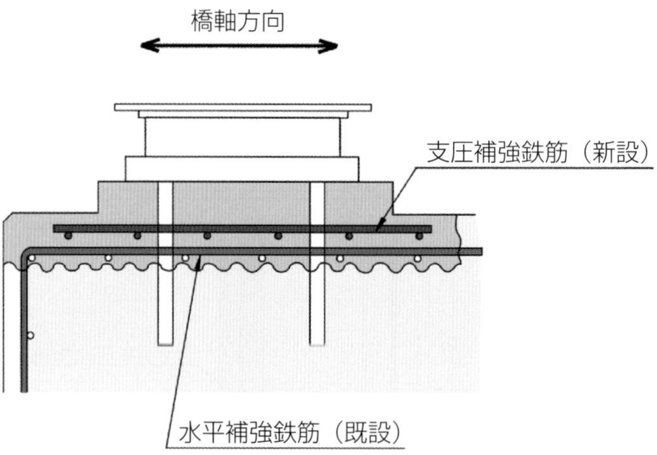

図2-6-10　橋座部の補強鉄筋の配置例

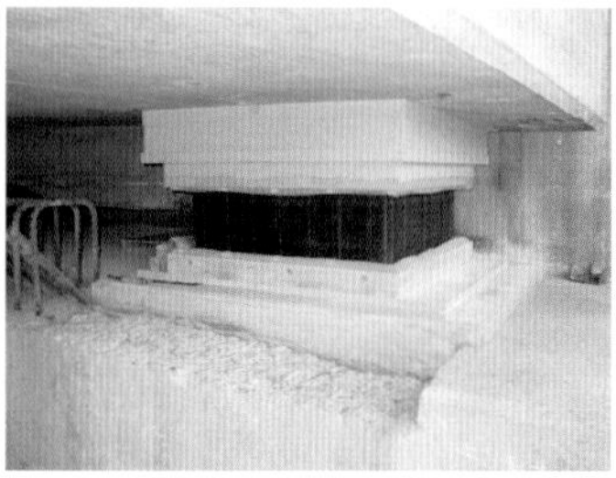

写真2-6-5　支承取替え事例（左：鋼桁，右：コンクリート桁）

6-2-3　線支承の破断

図2-6-11は，線支承の本体が破断した事例です．図中の右下にその状況の模式図を示します．支承本体のき裂や破断は，下沓突起やサイドブロック付け根に発生する場合と下沓中央付近に発生する場合があります．前者は橋軸直角方向に過大な力が作用して，後者は下沓中央付近の沓座モルタルの部分的な空隙により，曲げ応力あるいはせん断応力が作用して，それぞれ破断したものと考えられます．

材料的にみると，昭和55（1980）年以前には，支承の主要部材に鋳鉄が，その後も強度と

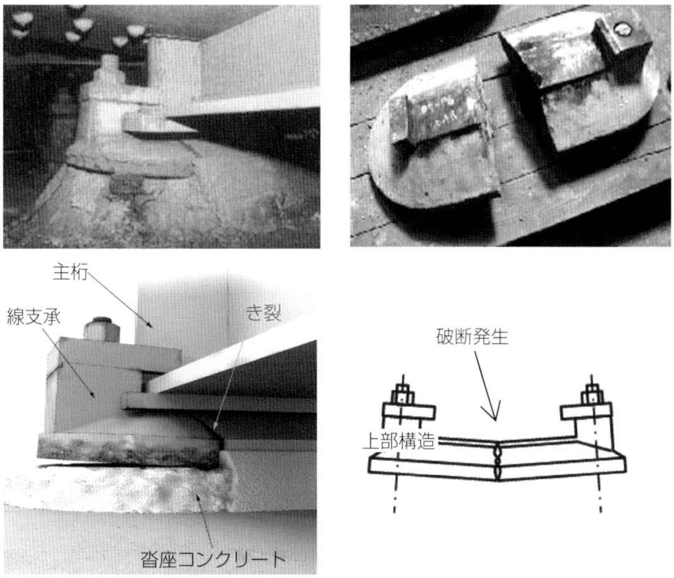

図2-6-11　線支承本体の破断事例

の兼合いからSCMn1A材などが用いられてきました．鋳鉄やSCMn1A材はじん性に乏しいため，古い年代の支承では，想定されていない外力の作用により脆性的な破断損傷の発生が懸念される場合があります．一方，現在の支承では，主要部材にSCW480N材やSM490A材等が用いられ，さらに，兵庫県南部地震以降，支承の設計荷重も変更され，支承本体の耐荷力は大幅に増加していることから，支承本体が破断するような損傷事例は少ないようです．しかしながら，線支承を有する既設橋は数が多く，点検を実施するにあたって，破断が生じる形式であることを頭に入れておくべきと考えます．

このような損傷が発見された場合は，**6-2-2 1本ローラーの移動量の異常（事例②）**の事例と同様に仮受け等を用いる応急措置を行うとともに，支承取替えを計画する必要があります．

6-2-4　支承板支承の腐食

写真2-6-6(左)は，支承板支承（BP-A支承）に腐食が発生した事例です．**図2-6-12**に支承板支承（BP-A支承）の構造および腐食損傷を模式的に示します．支承の下沓が腐食し，下沓を取り囲むように存在していた沓座コンクリートが剥がれて，下沓の一部に断面欠損が生じています．このような損傷により，鉛直方向の荷重支持機能が低下することから，支承取替えなどの措置が必要となる場合もあります．

この事例では，下沓の断面欠損が著しいことから，措置として支承取替えを実施（**写真2-6-6(右)**）しました．

6-2-5　ゴム支承（パッド型）の移動

図2-6-13は，ゴム支承（パッド型）が架設時にセットされた位置から移動してズレが生じた事例です．右側に模式図を示します．コンクリート橋に用いられることが多いパッド型の支承

写真2-6-6　支承板支承の腐食事例（左）と取替え事例（右）

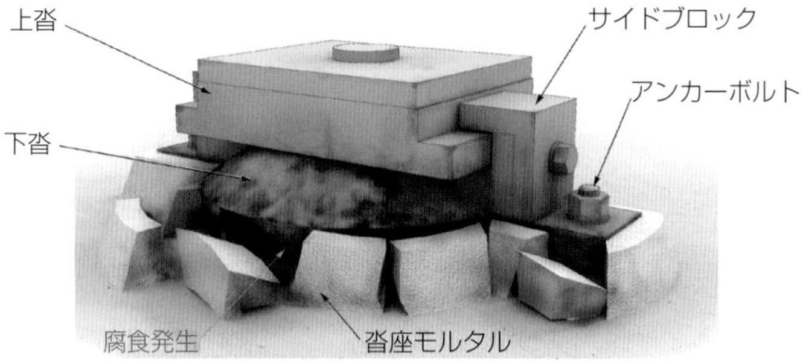

図2-6-12　支承板支承の腐食損傷

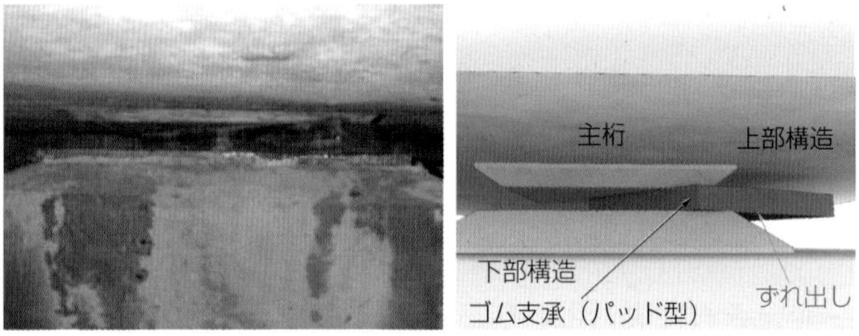

図2-6-13　ゴム支承（パッド型）の移動事例

は，上部構造側および下部構造側ともに固定されないため，主桁の伸縮や振動などによりズレが蓄積して逸脱したり，斜角のある橋梁では右の写真のように平面的に回転してズレ出る場合があります.

支承のズレによる支間長の変化が，活荷重による主桁挙動に悪影響を及ぼさないように，さらに，沓座モルタルから支承が逸脱すると橋面に段差の発生が懸念されることから，支承を元の位置に戻す「据替え」を実施しました.

据替えの実施には，前述と同様のジャッキアップが必要となります.

6-2-6　ゴム支承のPTFE板の逸脱

図2-6-14は，すべりタイプの可動型ゴム支承において，ゴム支承本体上面に接着されたPTFE板（4フッ化エチレン樹脂板）が，ゴム本体より逸脱した事例です．右側に模式図を示します．ゴムとPTFE板の間の接着不良などに起因して，温度変化による桁の伸縮繰返しによっ

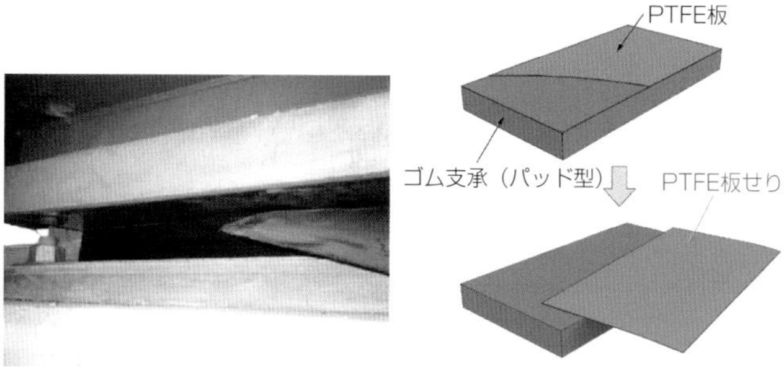

図2-6-14　ゴム支承のPTFE板の逸脱事例

て，徐々にズレが大きくなったと考えられます．このようなPTFE板の損傷は，温度変化による桁の伸縮量が大きい長大な橋などに用いられているBP-B支承でも報告事例が見られます[9]．この損傷が進展するとPTFE板が桁下に落下する危険性があるため，応急措置として切断や撤去を行います．ただし，PTFE板の撤去によりすべり摩擦力が大きくなると，設計時に想定された水平力よりも大きな力が下部構造に作用するため，その後の措置として，PTFE板の再設置が必要になります．ゴム支承の場合，PTFE板を現場にて，再接着を行うことが困難であるため，支承取替えを行う必要があります．取替えの実施には，前述と同様のジャッキアップが必要となります．

6-2-7　積層ゴム支承のオゾンクラック

図2-6-15は，積層ゴム支承の被覆ゴムがオゾンによって劣化した事例です．下に積層ゴム支承の構造および腐食損傷を模式的に示します．オゾン劣化により高分子鎖が切断され，ゴム体にき裂が発生しやすい状態となる場合があり，一般に老化防止剤を配合し，表面皮膜を形成してオゾン劣化を防止しています．外部に傷，くぼみ等の欠陥がある場合にはオゾン劣化が特に顕著となることがあり，ゴム体に発生したクラックから水や酸素などの劣化因子が侵入し，内部補強鋼板に腐食が進展します．そのため，クラックが内部鋼板まで進展しているかどうかを確認する必要があります．

オゾン劣化に対する修繕の事例を，**写真2-6-7**に示します．措置にあたり，ハリーゲージによりクラックの深さを測定するなどして，10 mm程度の被覆ゴム厚さに対して2 mm以下の浅いクラックであることが確認できたため，保護材の塗装を措置したケースです．一方，クラックの深さが2 mmを超える場合には，ブチルゴム系のテープを併用して修繕を行います．また，クラックの深さが7 mmを超える場合には，積層ゴムのゴムと内部鋼板の接着に影響を及ぼしている可能性もあり，支承取替えの検討も必要です．

このとき，クラックの発生が確認されていない積層ゴム支承においても，新たなクラックが発生する可能性があるため，保護工を施しておくことが望ましいでしょう．

この事例では，調査の結果，内部補強鋼板は健全であることが確認されたことから，保護材の塗装により対応しましたが，早期に措置ができなかった場合には，支承本体の取替えが必要となったケースと言えます．

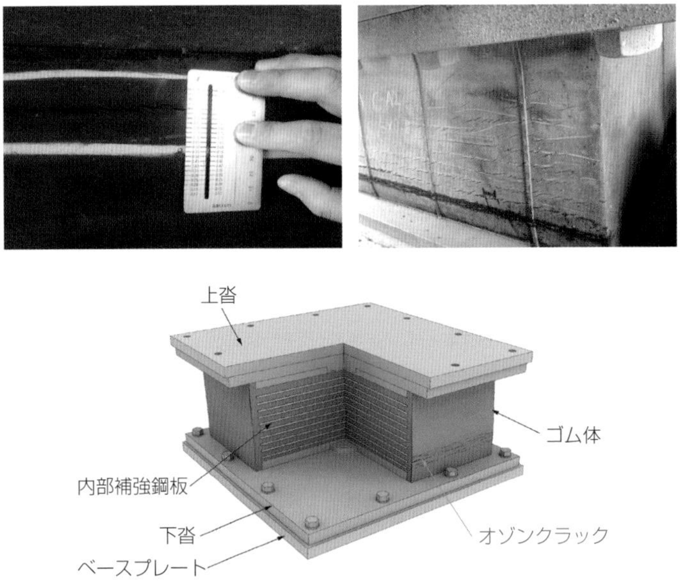

図2-6-15　積層ゴム支承のオゾンクラック事例

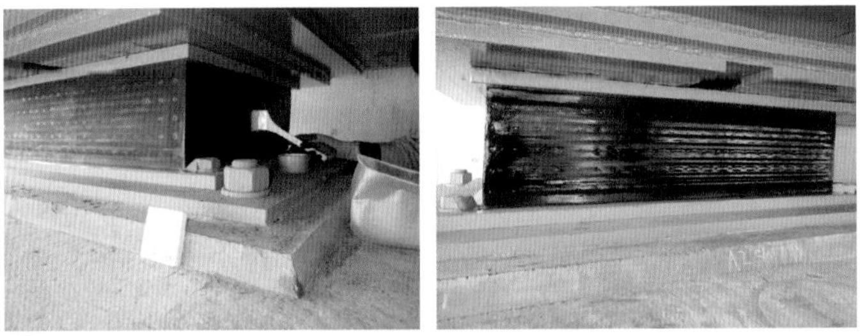

写真2-6-7　積層ゴム支承の耐オゾン劣化措置事例

6-3 ま と め

本稿では，７つの支承の損傷事例およびそれらに対する措置の緊急性および構造力学→構造や力学の観点を踏まえ，実際の措置の内容の解説をしました．そのまとめを**表2-6-1**に示します．

これを見ると，支承の措置のタイプとして，再塗装など既設の支承本体を存続させるものと，既設の支承を撤去し，新たに支承を設置するタイプの２ケースがあります．また，詳細な記載は控えましたが，実際の支承取替え設計においては，B活荷重（道路橋の場合）やレベル２地震動[10]に対応できるよう，取替え前より荷重伝達機能の向上を図る場合とそうでない場合の２ケースがあります．

レベル２地震動へ対応した支承へ取替えを行う場合，橋脚や橋台が地震時水平力の分担力に

表2-6-1　支承の劣化・損傷と措置事例のまとめ

	損傷事例番号	損傷による機能低下			その他の措置判断のポイント	措置の内容
		鉛直	水平	回転		
ローラー支承	事例①	−	●	−	−	再塗装・グリースアップ
	事例②	−	−	−	ローラー逸脱	取替え
線支承	事例③	●	●	●	−	取替え
支承板支承	事例④	●	−	−	−	取替え
ゴム支承	事例⑤	−	−	−	設計支間長との相違およびゴム板逸脱	ゴム支承の据替え
	事例⑥	−	●	−	設計されたすべり摩擦係数との相違	取替え
積層ゴム支承	事例⑦	−	−	−	耐オゾン劣化防止（耐久性保持）	保護材の塗装

注）「●」：損傷事例番号ごとの機能低下の発生を示す，「−」：該当しないことを示す．

応じた耐力を有していることが前提となるため，それらの耐震補強も併せて実施することの検討が必要な場合もあり，広い視野から方針を決定する必要があります．

例えば，支承の損傷・劣化が，１つの支承に発生しているのか，複数に発生しているのかなど，橋梁全体での損傷発生状況や橋全体の挙動を考えることや，今後，その橋をどの程度の期間使用することが想定されるかなど，措置後の維持管理・メンテナンスのコンセプトを明確にして判断することが望まれます．

ここまで述べた要点をまとめた**表2-6-1**は，複数の橋梁の支承に対して種々の損傷が確認された場合の措置の思考の整理に大変有用であると考えます．

支承部に機能障害が発生すると，車両の安全な通行の妨げとなるだけでなく，橋の主構造に損傷が発生する場合や橋全体の挙動に影響する場合も考えられます．一方，設計荷重の変更などにより，支承部の機能向上を図る措置が必要な場合もあります．しかし，多大な時間と費用が必要となる取替えに至らぬよう，点検時に支承周りを清掃するなど，対応可能な措置を施し，支承をできるだけ健全な状態に保つことが肝要であり，支承部の点検・診断・措置・記録のメンテナンスサイクルを確実に実施することが重要です．

今回の事例では取り上げることができませんでしたが，支承の劣化・損傷の進行により，正常な機能が保持できていないにもかかわらず，適切な措置を実施しなかったことにより，支承部以外の橋梁の他の部位に損傷が発生する可能性も考えられます．このため，今後も，構造や力学の観点から，支承部の構造および劣化・損傷と，設計供用期間中の種々な作用に対する橋梁全体の応答や挙動と関連について，実態の解明を行うことが求められます．

〔参 考 文 献〕
1）日本道路協会：道路橋示方書・同解説，Ⅰ共通編，p.164（2017.11）
2）増井 隆，中村聖三：橋梁メンテナンスのための構造工学【実践編】，橋梁と基礎（2021.10）
3）土木学会：鋼構造シリーズ25 道路橋支承部の点検・診断・維持管理技術（2016.5）
4）日本道路協会：道路橋支承便覧，p.11（2018.12）
5）日本道路協会：鋼道路橋防食便覧，V-25（2014.3）
6）日本道路協会：道路橋補修・補強事例集（2007年度版），p118（2012.3）
7）(一社)橋梁調査会［編著］：道路橋の補修，補強計算例Ⅱ，鹿島出版会（2014.10）
8）日本道路協会：道路橋示方書・同解説，Ⅰ共通編，p.170（2017.11）
9）日本道路協会：道路橋補修・補強事例集(2009年度版)，p.169（2012.3）
10）日本道路協会：道路橋示方書・同解説，Ⅴ耐震設計編，p.260（2017.11）

Column
コラム

改築工事で田中賞作品部門を受賞した橋

史跡 鳥取城跡 擬宝珠橋（伝統技術と最新技術の融合）

幹事長　石井　博典

開通記念式典

橋脚遺構とステンレス製の水中梁

擬宝珠橋《ぎぼしばし》は，国指定史跡・鳥取城跡の大手橋として1621年に創建され，数度の架け替えを経て1897年ごろまで存続した木橋で，2018年秋に復元されました．復元工事前の発掘調査において，堀底から69本の旧擬宝珠橋3世代の橋脚基底部が見つかったため，復元工事に当たっては遺構の保全が求められました．

解決策として，橋脚遺構との干渉を避けながら井桁状の3径間のステンレス製梁を水中に架け，その上に8径間の木橋を復元させるハイブリッド工法が採用されました．ステンレスは耐食性と経済性に優れた2相ステンレス鋼が採用され，木橋の復元には伝統技術が駆使されています．この工法により，遺構を保護したまま同座標で復元橋脚の配置を実現することができました．以上のように，最新技術を取り入れた独創的な工夫と伝統技術の融合により，文化財を保護しながら，史実に忠実な木橋を復元しています．

【参考文献】赤澤泰，金箱温春，潤井駿司，松井幹雄，初鹿明：史跡鳥取城跡擬宝珠橋の計画と設計，橋梁と基礎，2019年7月号，建設図書

第７章

RC橋脚および杭基礎の耐震補強

我が国では，耐震工学や維持管理の知見に乏しかった高度経済成長期にインフラ構造物の整備を集中的に行っています．その後，平成７年の兵庫県南部地震等，幾つかの震災を経験し，また，材料的な劣化•変状が引き起こす様々な問題を受け，研究や技術レベルの向上が図られ，それらが各種の設計基準に反映されてきました．しかし，旧基準に準拠した構造物は，当然のことながら，補修や補強が施されない限り，最新の基準に照らして設計・施工される構造物に比べて，耐震性や耐久性が乏しい状態にあります．

既存橋梁の維持管理は，想定する残存供用期間内のどの時刻においても，橋梁に作用する可能性のあるあらゆるハザードに対して（**図2-7-1**），常に所要の性能をある確からしさで上回る状態を確保するための行為の総称です．所要の性能とは，前記した震災や材料劣化に伴う事故等を経て継続的に見直されてきており，基本的には，最新の技術基準が定める目標性能，あるいはそれに近い水準とするべきです．定期的に点検や検査を行い，既存橋梁の設計当時の性能を維持することは維持管理の行為の一部に過ぎません．劣化橋梁の補修・補強が完了し，予防保全の状態を実現したとしても，そこに強震動が作用し，橋梁が崩壊しては，対策の優先度

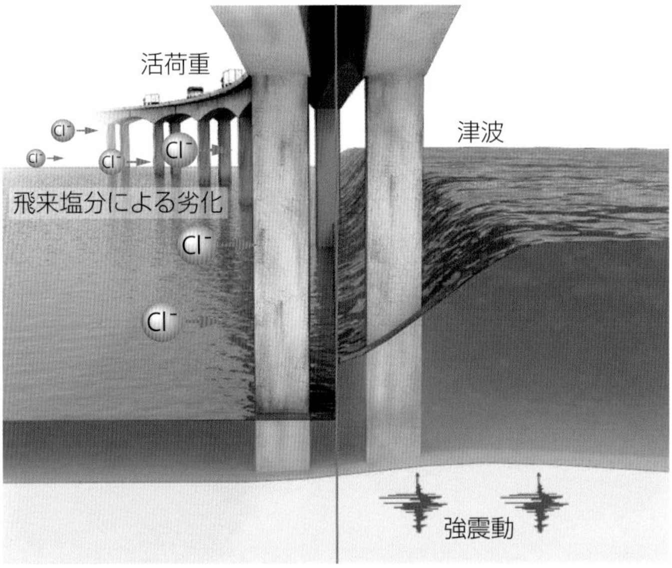

図2-7-1　様々なハザードにさらされる橋梁

図2-7-2　材料劣化対策に加えて着実に耐震補強も進めたい

を見誤っていたことになります（**図2-7-2**）.

我が国は，言うまでもなく，世界第一級の地震国です．平成７年の兵庫県南部地震以降も繰り返し，既存のRC橋脚等でせん断破壊や段落し位置の損傷が発生している事実を勘案し，必ず来る次の大地震の前に着実に耐震補強を進める必要があります．

本章では，RC橋脚と杭基礎に特に焦点をあて，それらの設計法の変遷や耐震補強工法の概要を述べます．また，耐震補強済み橋梁が強震動を受けた際に現れた過去の不具合の事例や補強に用いられた材料の経年劣化についても紹介し，耐震補強設計を行う際の注意点を示します．

7-1 耐震設計の変遷と既設橋の損傷事例

我が国の道路橋の耐震設計基準の変遷が参考文献１），２）に簡潔にまとめられています．そこには，昭和39年の新潟地震を契機として耐震研究が進められ，震度法から修正震度法への転換，あるいは液状化判定法や落橋防止構造等の規定が昭和46年に導入されたこと，また，昭和53年の宮城県沖地震等の地震被害に基づき，RC橋脚の非線形挙動を考慮した地震時保有水平耐力の照査が平成２年に導入されたこと，そして，平成７年の兵庫県南部地震後には，RC橋脚以外にも地震時保有水平耐力法が適用されることになり，内陸直下型地震の規定，動的解析による安全性照査，さらには免震設計が取り入れられる等，耐震設計基準が飛躍的に高度化したことが紹介されています．

また，参考文献１），２）では，RC橋脚と杭基礎が各設計基準に基づき試設計されており，基準の変遷が断面諸元や鉄筋量にどのような影響を及ぼすのかが定量的に考察されています．その結果の一部を**表2-7-1**に示します．当然のことながら，設計基準の変遷により設計地震力が大きくなっており，それに対応するためRC橋脚の曲げ耐力を大きくする軸方向鉄筋量が

表2-7-1 試設計されたRC橋脚および杭基礎の構造諸元[2)]

		S39橋[*1]		S46/51橋[*2]		H2橋[*3]		H8橋[*4]	
		橋軸方向	直角方向	橋軸方向	直角方向	橋軸方向	直角方向	橋軸方向	直角方向
RC橋脚	断面寸法（m）	1.9 × 2.4		2.0 × 2.6		2.0 × 2.6		2.2 × 2.9	
	軸方向鉄筋	D29　88本		D29　96本		D32　100本		D38　116本	
	帯鉄筋	D13@300		D16@150		D16@150		D22@150	
	中間帯鉄筋（mm）	D13@600		D13@300		D16@300		D22@150	
	かぶり（m）	0.10		0.10		0.11		0.14	
	軸方向鉄筋比（%）	1.24		1.19		1.53		2.07	
	帯鉄筋比（%）	0.08	0.10	0.23	0.26	0.24	0.34	1.15	1.08
杭体	杭径（m）	0.80		0.80		1.00		1.10	
	軸方向鉄筋比（%）	2.21		2.66		1.29		1.17	
	帯鉄筋比（%）	0.41		1.06		0.76		0.66	

＊1：昭和39年鋼道路橋示方書，および昭和39年道路橋下部構造設計指針・くい基礎の設計編
＊2：昭和46年道路橋耐震設計指針，昭和48年道路橋下部構造設計指針・場所打ちぐい基礎の設計施工編，および昭和51年道路橋下部構造設計指針・くいの設計編
＊3：平成2年道路橋示方書
＊4：平成8年道路橋示方書

増えています．さらに，破壊モードが安定的に曲げ破壊となり，曲げ降伏後の塑性変形能を高める目的で，RC橋脚の帯鉄筋量が大きく増加しています．震度法で設計されている**表2-7-1**のS39橋に対して，兵庫県南部地震を想定したレベル２地震動に耐えるように地震時保有水平耐力法で耐震設計されたＨ８橋の軸方向鉄筋比は約２倍，帯鉄筋比は10倍以上にもなっています．

これに対して，杭体の鉄筋量は，設計基準の変遷による特定の傾向が見られません．米田ら[2)]が指摘するように，昔の基準で設計された杭基礎ほど，耐震性にかかわる特性値が低く抑えられていたわけではなく，適用設計基準に耐震性能の大小が強く依存するRC橋脚との大きな違いがあります．杭基礎の設計では，「安定に関する照査」，および「部材等の強度に関する照査」が実施されており（**図2-7-3**），設計の各段階で種々の安全側の配慮がなされた結果として，旧基準で耐震設計された杭基礎も大きな地震時保有水平耐力が与えられていたと言えます．

このように，過去の震災の経験を踏まえながら，耐震設計基準は高度化しています．一方で，耐震補強等が施されていない既存のRC構造物の地震被害は繰り返されています．典型的

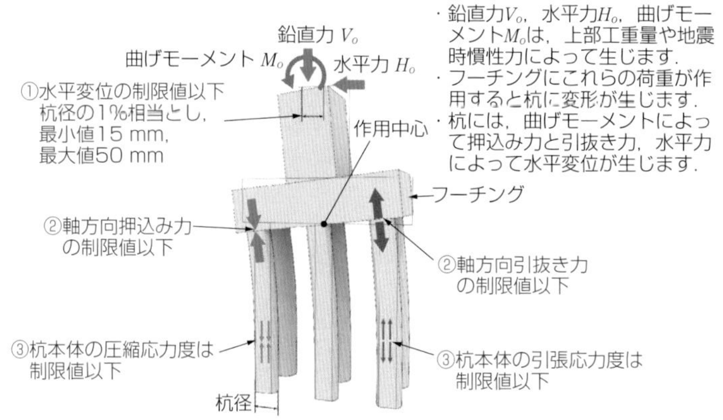

図2-7-3　安定および部材等の強度に対する杭基礎の照査

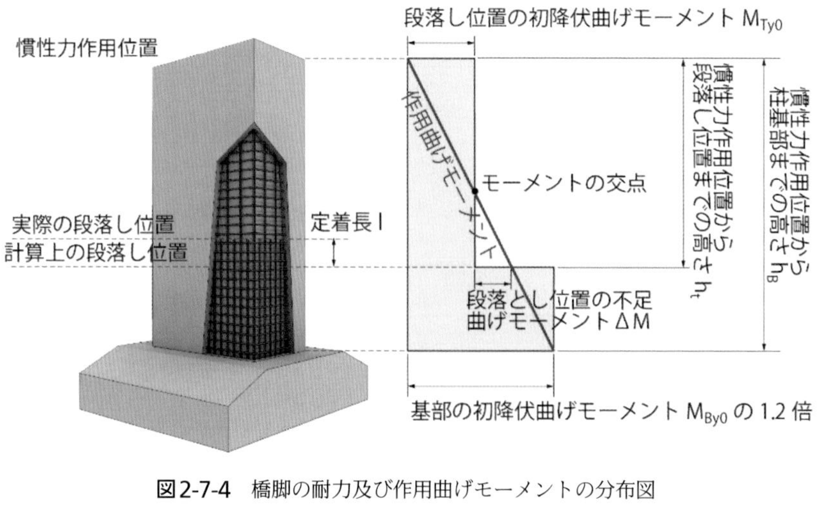

図2-7-4　橋脚の耐力及び作用曲げモーメントの分布図

なRC部材の損傷事例は，**表2-7-1**にも示されるように，せん断補強鉄筋量の不足により生じるせん断損傷です．また，旧基準で耐震設計されたRC橋脚は，設計上の作用モーメントが小さくなる箇所で軸方向鉄筋の段落し（橋脚中間部で軸方向鉄筋量を削減）を行っていましたが，RC橋脚が設計で想定した以上の強震動を受けると，段落し鉄筋の定着長不足による曲げ損傷や，断面剛性の急変による脆性的なせん断損傷に移行する例が観察されています．なお，段落し位置での損傷の可能性は，式（1）で判定することができます（各記号は**図2-7-4**の模式図を参照）．

$$\frac{M_{Ty0}\ /\ h_t}{M_{By0}\ /\ h_B}\begin{cases}\geqq 1.2：基部損傷\\ <1.2：段落し損傷\end{cases}\qquad (1)$$

せん断損傷と段落し位置の損傷は，昭和53年の宮城県沖地震以降，繰り返し観察される典型的なRC橋脚の破壊モードです．**写真2-7-1，2-7-2**に，平成16年の新潟県中越地震で被災

写真2-7-1　2004年新潟県中越地震で被災した上越新幹線
（上：せん断破壊したRC橋脚，下：補強後）

写真2-7-2　2004年新潟県中越地震で被災した上越新幹線
（左：段落し位置で損傷したRC橋脚，右：補強後）

した上越新幹線のRC橋脚のせん断損傷，および段落し位置の損傷の様子をそれぞれ示し，併せて被災後にせん断補強およびRC巻立てにより段落し位置を補強した様子を示します．

平成７年の兵庫県南部地震以降に進められてきたRC部材への耐震補強により，着実に既存RC構造物の耐震性能は改善され，せん断損傷や段落し位置で損傷するRC部材の数は減少しています．この結果として，平成23年の東北地方太平洋沖地震では，耐震補強実施済みのRC橋脚はほぼ無損傷でした．また，兵庫県南部地震後に改定された設計基準に準拠しているRC高架橋では，曲げひび割れがわずかに残留する程度の損傷しか観察されない等，RC構造物に対する耐震補強や設計基準の改定は確実にそれらの耐震性能を高めていることが確認されています．

しかしながら，耐震補強未着手のRC橋脚の中には，部材じん性が十分に確保されていないものもあり，東北地方太平洋沖地震により，例えば，東北新幹線RCラーメン高架橋の柱の一部が大きく損傷しています．今後も継続的にRC橋脚の耐震補強を進め，橋梁構造の耐震性を高める努力が欠かせません．なお，現行の耐震設計基準では，RC橋脚の基部に塑性ヒンジを誘導し，一方で，橋脚に十分な塑性変形能を与えることで，地震エネルギーをその位置で確実に吸収する，キャパシティデザインの考えを基本としています．これは，橋脚の下端であれば，地震後に容易に損傷を発見でき，仮に損傷が発生しているとしても，その修復作業が基礎構造に比べて簡単なためであり，レジリエンスに配慮した設計思想と言えます．

表2-7-1に示したように，旧基準では，RC橋脚は曲げとせん断耐力ともに小さいのに対して，杭基礎は現行基準で設計されたものと大差のない地震時保有水平耐力を持っている可能性が高いです．そのため，耐震補強によりRC橋脚の曲げ耐力が増えたとしても，杭基礎よりも先にRC橋脚の曲げ降伏が生じることが期待されます．しかし，RC橋脚の曲げ補強の程度によっては，あるいは，そもそも橋脚と杭基礎の間の耐力格差が小さい場合（例えば，壁式橋脚の橋軸直角方向等）には，RC橋脚の耐震補強後に両者の地震時保有水平耐力の大小に逆転が生じる

可能性があります．耐震補強の際には，地震後に修復作業が生じることを想定したうえで地震エネルギーを吸収する位置を特定し，それ以外は弾性応答となるように各部位・部材間の耐力格差を確実に確保する等，橋梁全体をシステムとしてとらえ，地震中の安全性と地震後の修復性の両者に配慮した耐震補強設計が必要です（**図2-7-5**）．

以降では，RC橋脚および杭基礎の耐震補強技術とその設計法を紹介します．

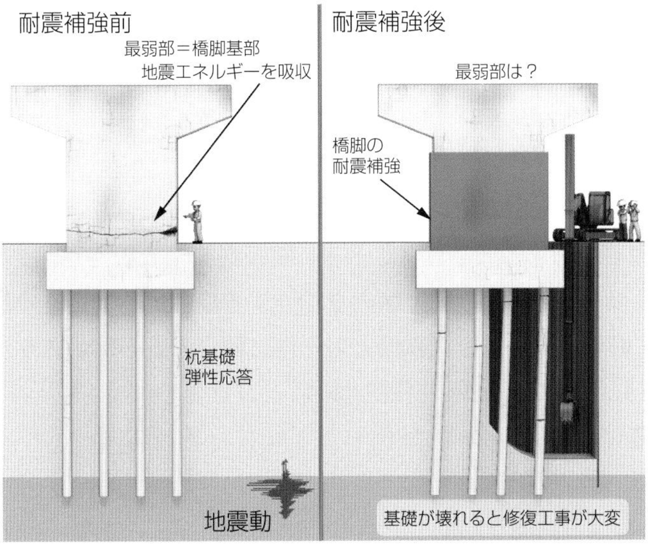

図2-7-5　橋脚と杭基礎の耐力格差と地震時の損傷位置

7-2　RC橋脚の耐震補強

既設橋梁の耐震補強は，橋脚のRC巻立て工法に代表されるように「部材自体を補強するもの」，支承条件の変更や制震デバイスを設置することで「橋全体系の耐震性を向上させるもの」，また「これらを組み合わせたもの」に大別されます．そのうち，ここでは「部材自体を補強するもの」に着目し，最も一般的なRC橋脚を対象にその耐震補強工法や設計上の留意点について紹介します．

既設RC橋脚の耐震補強の目的としては，前記で紹介したような損傷に対する「軸方向鉄筋の段落し部の補強」，「せん断補強」，「じん性補強」，「曲げ耐力補強」に分類され，その目的に合った補強工法を選定する必要があります．

一般にRC橋脚の耐震補強工法として選定される「RC巻立て工法」，「鋼板巻立て工法」，「繊維材巻立て工法」を補強の目的ごとに整理すると以下のようになります．

7-2-1　補強の目的

（1）軸方向鉄筋の段落し部の補強

軸方向鉄筋の段落し部において生じた曲げ損傷がせん断破壊に移行しないように，曲げ耐力およびせん断耐力の増強を図ります．一般に，段落し部周辺に対する鋼板巻立て工法，繊維材巻立て工法が適用されています．

（2）せん断補強

部材全体にせん断破壊が生じないように，せん断耐力の増強を図ります．一般に，RC巻立て工法，鋼板巻立て工法，繊維材巻立て工法が適用されています．

（3）じん性補強

かぶりコンクリートの剥離，軸方向鉄筋のはらみ出しや破断，コアコンクリートの破壊が生じないように塑性ヒンジ領域の拘束効果の増強を図ります．塑性ヒンジ領域となる橋脚基部周辺に対するRC巻立て工法，鋼板巻立て工法，繊維材巻立て工法が適用されています．

（4）曲げ耐力補強

地震時の応答変位および残留変位を減少させるために，曲げ耐力の増強を図ります．フーチングへのアンカー定着を有するRC巻立て工法，鋼板巻立て工法が適用されています．なお，フーチングへのアンカー定着により曲げ耐力を増強する場合は，地震時の基礎への影響が増大すること，また施工時にはフーチング鉄筋との干渉に留意する必要があります．

また，各補強工法について，以下に詳述します．

7-2-2　補 強 工 法

（1）RC巻立て工法（図2-7-6）

本工法は既設RC橋脚の周囲を鉄筋コンクリートで巻き立て，地震の繰返し作用に対し，巻き立てたRC部材と既設橋脚が一体となって抵抗するものです．既設部の軸方向鉄筋のはらみ出しに既設部帯鉄筋と補強部鉄筋コンクリートが抵抗し，じん性の向上を図るとともにせん断耐力の向上も図ることができます．また,補強部の軸方向鉄筋をフーチングに定着する場合は,曲げ耐力の向上も図ることができます．ここで，RC巻立て補強の主な特徴および留意点について，以下に解説します．

・経済性や維持管理の面から他工法に対して優位となる場合が多い工法です．
・配筋等の施工性から250mm程度以上の断面増加が必要となります．ただし，最近ではポリマーセメントモルタルを使用した補強部の部材厚が薄くできる工法もあり，建築限界や河積阻害等の制約がある場合には，この工法が用いられています．
・巻立てコンクリートの自重増加による基礎の負担が大きい場合，補強後の断面に対して基礎の照査を行う必要があります．

（2）鋼板巻立て工法（図2-7-7）

本工法は既設RC橋脚の周囲を鋼板で巻き立て，その間隙を充填材により密実させて，補強鋼板が既設部と一体となって抵抗するものです．既設部の軸方向鉄筋のはらみ出しに対し，既設部かぶりコンクリートと補強鋼板が一体となって抵抗し，じん性の向上を図るとともにせん断耐力の向上も図ることができます．また，アンカー鉄筋を通じて鋼板をフーチングに定着する場合は，曲げ耐力の向上も図ることができます．ここで，鋼板巻立て補強の主な特徴および留意点について，以下に解説します．

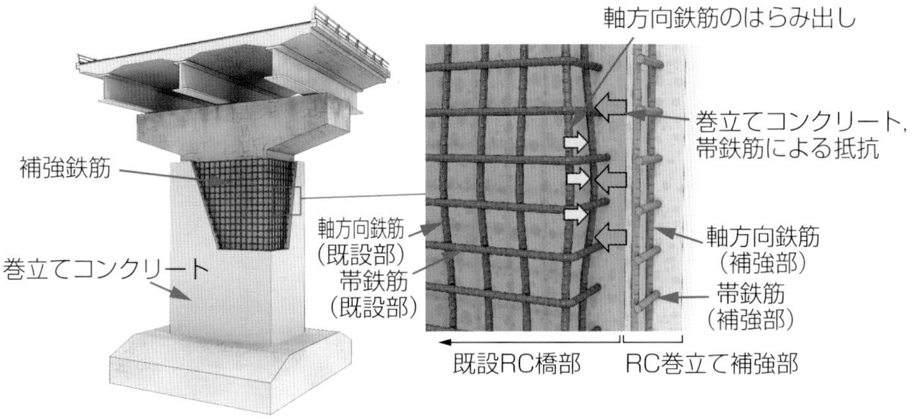

図2-7-6　RC巻立て補強概要

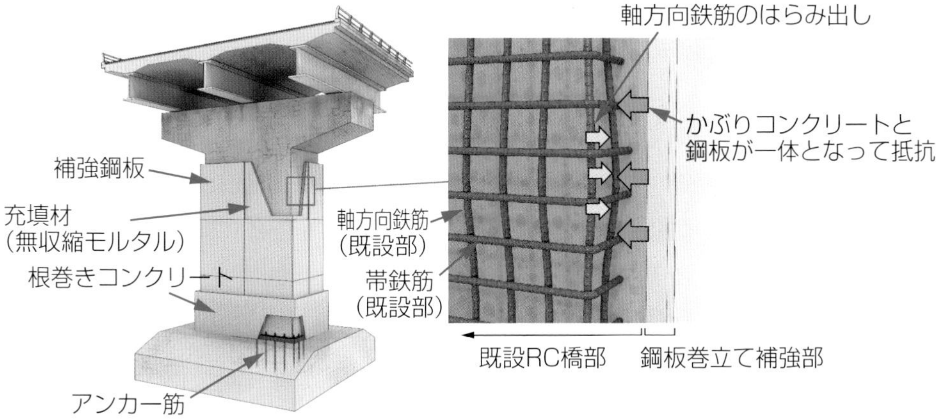

図2-7-7　鋼板巻立て補強概要

・断面増加が数cm程度で済むため側方余裕等が小さい場合に有利な工法です．
・準備作業に並行して補強鋼板の制作が可能なため，現場作業が比較的短期間で行えます．
・長期的には腐食等が生じるため，防食対策に十分な配慮が必要です．土中部の周囲には，防食を目的とした根巻きコンクリートを設置します．

（3）繊維材巻立て工法（図2-7-8）

本工法は既設RC橋脚の周囲を炭素繊維やアラミド繊維等の繊維材を樹脂等の結合材で集束したもので巻き立て，主に段落し部の曲げ耐力の向上が図られるほか，他の2工法と同様に補強部繊維材が既設部と一体となって抵抗し，じん性の向上，せん断耐力の向上も図ることができます．ここで，繊維材巻立て補強の主な特徴および留意点について，以下に解説します．

・一般的に段落し部の耐力の向上や橋脚全体のせん断耐力の向上を目的に選定されるケースが多い工法です．
・軽量な材料のため狭小な作業や材料搬入が容易です．

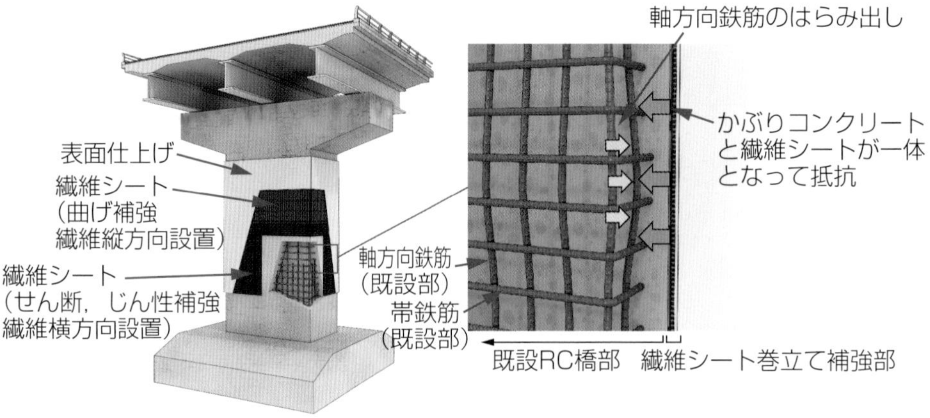

図2-7-8　繊維材巻立て補強概要

・繊維材の設置方向に留意が必要であり，曲げ補強の場合には繊維の向きが縦方向となるように，せん断およびじん性補強の場合には繊維の向きが横方向となるように繊維材を適切に設置します．

・繊維材は衝突等の外力の作用で損傷を受けやすいため，仕上げ工を行う必要があります．

ここで，都市高速の高架橋等で採用実績の多い鋼製橋脚の耐震補強についても簡単に紹介したいと思います．鋼製橋脚の耐震補強工法には，コンクリートを内部に充填する工法（コンクリート充填）と補剛材により鋼断面を補強する工法（鋼断面補強）が一般的です（**図2-7-9**）．前者については，RC橋脚と異なり柱断面が内空であるため，必要な高さまでコンクリートを充填することにより，鋼・コンクリートの合成断面として水平力に抵抗し，曲げ耐力とじん性を向上させる補強工法です．現場施工が容易なことから採用実績も多数ありますが，コンクリート充填後の橋脚基部の曲げ耐力がアンカー部の耐力を上回る場合には本補強工法を適用できません．これは，既設アンカー部はフーチング内に埋め込まれており，その補強は困難で容易に耐力の

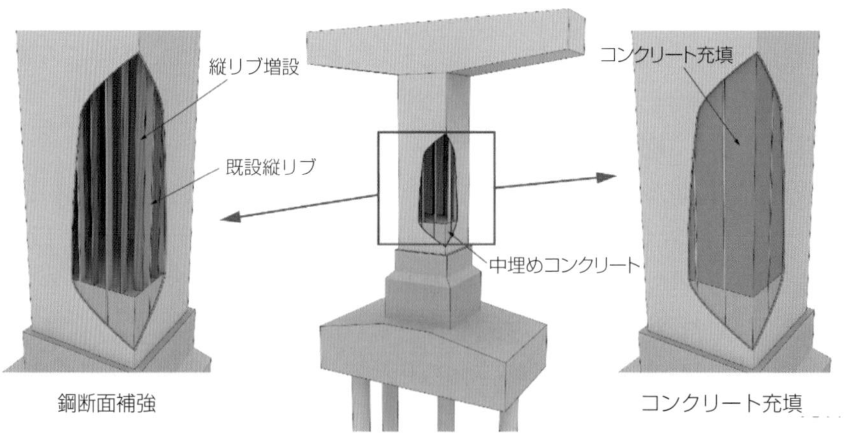

図2-7-9　鋼製橋脚の耐震補強工法例

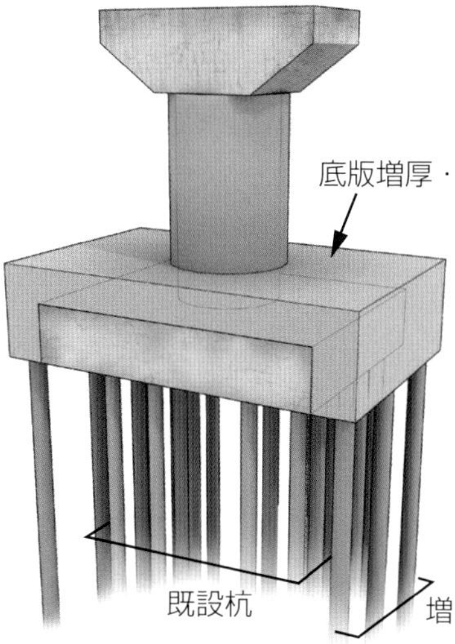

(a) 杭基礎の補強例

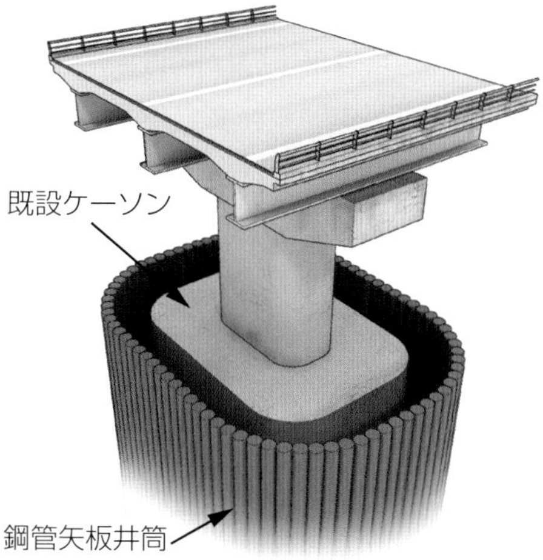

(b) ケーソン基礎の補強例

図2-7-11　基礎補強の例

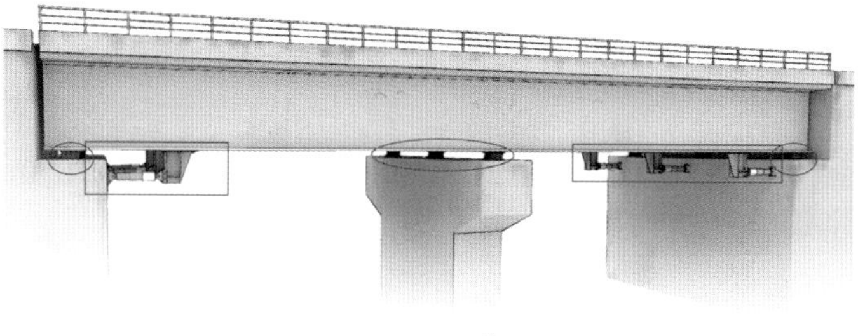

図2-7-12　橋全体系補強の例

す．具体的には，図2-7-12に示すような既設支承を免震支承に取り換えて，免震化を図ったり，制震ダンパーを設置して基礎に作用する地震力を制御する方法等があります．ここで，橋全体系補強の主な特徴および留意点について，以下に解説します．

- 支承交換やダンパーの設置により構造系が変更されるため，例えば可動支承を有する下部工では，常時および地震時に当初設計時には想定していなかった水平力が生じる場合もあるため，それらの影響を踏まえた設計が必要です．
- 仮設も含め，支承交換やダンパーの設置が可能なスペースの確保が必要です．
- 液状化の影響が厳しい地盤，固有周期が長い橋等，制震デバイスを用いた補強を適用してはならない条件があるため，留意が必要です．
- そのほか，取付け部に関する留意点については，不具合事例と併せて後述します．

（3）地盤改良工法

特に液状化により橋に影響が生じる場合の対策として，増し杭のように基礎の耐力を向上させる方法のほかに，地盤改良により液状化の発生を抑制する方法もあります．具体的な地盤改良方法としては，締固め工法，排水工法，固化工法等の実績があります．ただし，地盤改良の工法によっては，既設基礎との相互作用等が十分に解明されていないことや，地盤改良範囲によってはコストが増大する等の留意点が挙げられます．

以上，杭基礎の補強工法について紹介しました．ここで，損傷事例に基づく基礎補強の必要性について，兵庫県南部地震では杭に亀裂が生じた事例もありましたが，基礎本体の破断や大きな残留変位等といった地震時の安全性に影響を及ぼすような重大な被害は生じていません．このような事例や図2-7-11（b）のような基礎補強を行う場合の大規模な施工，それに伴う多大なコストを踏まえると，基礎の補強は必要最小限にとどめるべきです．また，既設基礎の評価を正確に行うためにも地質調査は必要不可欠です．既設橋梁の場合，必ずしも下部工位置で地質調査を実施していなかったり，そもそも地質調査結果が残っていない場合も少なくありません．特に液状化の影響を考慮した設計がなされていない時代の基礎については，地震時に甚大な損傷が発生する可能性があり，適切に地盤の評価を行う必要があります．したがって，対象となる下部工位置で地質調査を実施し，適切に地盤の評価を行うことによって，確実な基礎の補強により耐震性が担保されるとともに，補強工事で用いる仮設工の最小化，施工時の安全性確保にもつながります．

7-4　耐震補強の効果と耐震補強設計における留意点

前記したように，RC巻立てや鋼板により耐震補強されたRC橋脚は，東北地方太平洋沖地震による強震動を受けた際に特に損傷が生じていません．例えば，岩手県内にある東北新幹線1層RCラーメン高架橋は，平成15年の三陸南地震において，かぶりコンクリートが斜めひび割れにより剥落するほどの大きな損傷を受けています[3),4)]．これらの高架橋は，耐震補強が施されておらず，昭和40代の設計基準が適用されていたことから，RC橋脚の曲げせん断耐力比は小さいところで0.7程度でした．三陸南地震の被害を受け，これらの高架橋には厚さ6mm程度の鋼板を用いた鋼板巻立て補強（鋼板をフーチングにアンカーしていないせん断・じん性補強）が施されています．東北地方太平洋沖地震の際，この高架橋周辺で観測された地震動から求められる加速度応答スペクトルは，高架橋の1次固有周期に対する値が三陸南地震で観測された値とほぼ等しく，両地震で同等の地震力を受けていたことになります．しかし，耐震補強の効果により，東北地方太平洋沖地震では，これらの高架橋は全く損傷していないことが確認されています．これは，せん断破壊型のRC橋脚への鋼板巻立て補強が機能した好例です（**写真2-7-3**）．

一方，平成23年の東北地方太平洋沖地震や平成28年の熊本地震では，ダンパー等の制震装置による耐震補強が施された橋梁において，ダンパーの取付け部が外れてしまう事例が幾つか観察されています（**写真2-7-4**）．言うまでもなく，ダンパーは，その本体部が伸縮することにより制震機能が発揮されるため，取付け部は，速度効果等，地震応答中に生じ得る過強度分を勘案したうえで，ダンパー伸縮時に生じる軸方向力の最大値に耐える耐荷力を有する必要があります．既存橋梁の橋台部や桁等の上部工に後付けでこれら制震装置の定着部は設けられることになりますが，制震装置本体の設計のみならず，装置がその機能を十分に発揮するため

(a) 三陸南地震後に撮影（平成15年）[4)]　(b) 東北地方太平洋沖地震後に撮影（平成23年）[4)]

写真2-7-3　RC橋脚への耐震補強の効果

写真2-7-4　制震ダンパーに生じた取付け部の不具合

の定着部の詳細な設計が必要です．

写真2-7-4に示す制震ダンパー取付け部の不具合も，各部位・部材間の耐力格差が上手く確保できなかった例と言えます．前記したように，キャパシティデザインの考えに基づき，想定した位置で正しく地震エネルギーを吸収できるように部材・部材間の耐力を階層化する必要があります．さらに，**写真2-7-5**は，熊本地震で観察された道路橋の被災例です．外観からの観察による推定ではありますが，ラーメン高架橋へのRC巻立てにより橋脚部が大きな地震時保有水平耐力を有した結果として，地震荷重を受けた際の最弱部が橋脚からフーチングに移行し，フーチングが損傷してしまったように見えます．せん断やじん性補強ではなく，曲げ補強を伴う場合には，隣接する部材により大きな地震力が伝達されることを考慮した耐震補強設計が必要です．

耐震補強では，これまで紹介してきたように，既設橋脚へのRCや鋼板巻立て補強があり，そのほかにも制震ダンパー等が使用されています．当然のことながら，耐震補強済みの橋梁がいつ地震荷重を受けたとしても，正しくその機能を発揮するためには，これら耐震補強に用いられる材料・装置の経年劣化を防ぐ必要があります．沿岸部に位置する橋梁では，巻き立てられた鋼板に塩化物イオンが作用し，腐食が進展する可能性があります（**写真2-7-6**）．補強材料の材料劣化を防ぐための耐久設計が必要です．また，一般的な建設材料であるコンクリートや鋼に比べて，制震装置の長期性能についての知見は十分ではありません．少なくとも，そのような装置を設置する際には，水掛かりや雨掛かりを避ける等，長期性能を確保するための配慮が欠かせません（**図2-7-13**）．制震装置は，将来的な劣化の変状に備え，一般には，取り換え可能なように施工されます．しかし，実際には，どのような状態になったら取り換えなければならないのかの基準が不明確であり，結果としてそれらは使い続けられることになり，強震動を受け，想定どおりの機能を果たせなかったときに初めて，劣化が生じていたことを知る状況になることが危惧されます．残存供用期間内のどこで地震作用を受けるとしても，耐震補強時に期待した性能が確実に発揮されるようなメンテナンスが耐震補強時に添加される材料・装

写真2-7-5　耐震補強済みのRC橋脚を支えるフーチングの損傷

写真2-7-6　耐震補強に用いられる材料の劣化対策が必要な事例

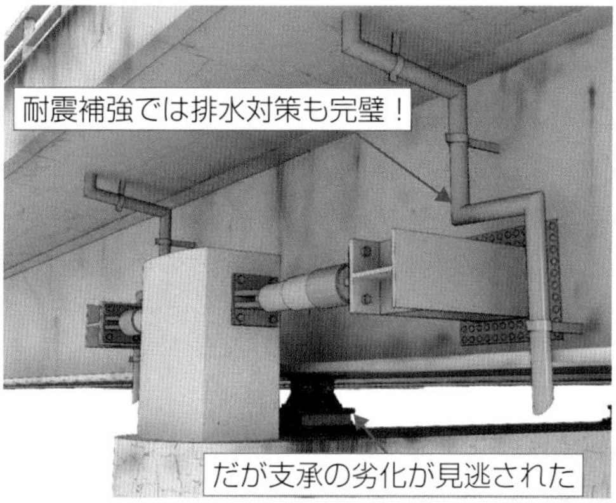

図2-7-13　制震装置の長期性能を確保するための配慮事例

置に対しても必要であることは言うまでもありません．

7-5 まとめ

本章では，RC橋脚と杭基礎の耐震補強に焦点をあて，主に以下の内容について紹介しました．

（1）既設RC橋脚では，現行基準で設計された橋脚に対して，特にせん断補強鉄筋量の不足や段落し鉄筋の定着長不足が原因となり，RC橋脚にせん断破壊や段落し破壊が生じる事例を紹介しました．その上で，地震時の安全性や地震後の修復性に配慮した耐震補強の必要性を述べました．

（2）既設RC橋脚の耐震補強工法として，一般的に用いられている「RC巻立て工法」，「鋼板巻立て工法」，および「繊維材巻立て工法」について紹介しました．

（3）既設杭基礎の耐震性能照査における限界状態の設定方針や，耐震補強の目的に応じた「増し杭」等の補強工法について紹介しました．

（4）過去の震災において耐震補強の効果が発揮された事例や，あるいは不具合が生じた事例を紹介するとともに，耐震補強で期待した性能が発揮されるための設計時の留意点や，耐震補強部材も含めた維持管理の必要性等を述べました．

〔参 考 文 献〕

1）堺　淳一，川島一彦，武村浩志：試設計に基づく耐震技術基準の変遷に伴うRC橋脚の耐震性向上度の検討，構造工学論文集，Vol. 43A, pp. 833～842（1997）
2）米田慶太，川島一彦，庄司　学，藤田義人：試設計に基づく耐震技術基準の改訂に伴うRC橋脚およびくい基礎の耐震性向上度に関する検討，構造工学論文集，Vol. 45A, pp. 751～762（1999）
3）Akiyama, M., Frangopol, D.M. and Mizuno, K.: Performance analysis of Tohoku-Shinkansen viaducts affected by the 2011 Great East Japan earthquake, Structure and Infrastructure Engineering, Vol. 10, No. 9, pp. 1228-1247（2014）
4）水野恵太，秋山充良：2011 年東北地方太平洋沖地震とフラジリティ解析による鉄道RC１層ラーメン橋脚の耐震補強効果の評価，コンクリート工学年次論文集，Vol.34, No.2, pp.937～942（2012）
5）(独)土木研究所構造物メンテナンス研究センター：既設道路橋基礎の耐震性能簡易評価手法に関する研究，土木研究所資料第4168号（2010.5）

第Ⅲ編

技　　術

第1章

実務における
鋼とコンクリートの
有限要素解析の活用と留意点

鋼橋や床版など鋼とコンクリート構造においては，設計や維持管理において，有限要素解析を活用することが増えてきました．近年のソフトウエアとパソコンの性能が飛躍的に向上している中で，構造物の有限要素解析は，より手軽にでき，変形や応力状態を３次元で表現できるため，実務において欠かすことのできないツールとなってきました．

一方，有限要素解析は，入力すれば答えが出てしまうため，理論の背景を知らないまま活用する技術者が増えることが心配されます．構造物の維持管理において，応力状態を把握するための線形有限要素解析に加え，損傷，限界状態を再現・予測するための非線形有限要素解析が使われる頻度が高くなりました．非線形解析は，座屈現象など幾何学的な非線形性に加え，材料の降伏や損傷を再現する材料非線形，これらを組み合わせた複合非線形解析が過去に比べて手軽に行えるようになりました．非線形材料については，鋼材とコンクリートで扱う理論の背景，構成モデルが異なることに留意しなければなりません．

これらを踏まえ，構造工学の観点から，実務で有限要素解析法（以下，FEM）をどのように活用していけばよいか，橋梁メンテナンスの技術者を意識しつつ，鋼とコンクリート構造で用いる非線形解析に必要な知識と留意点を解説します．

1-1　メンテナンス技術者に必要なFEMの知識

1-1-1　メンテナンス技術者が発見する損傷例

維持管理においては，５年に１回の近接目視点検で，鋼材の腐食や疲労き裂，床版のひび割れなどを発見する場合があります．例えば，鋼橋では桁端部の漏水による支承近傍の腐食，大地震後の緊急点検で伸縮装置や落橋防止装置の損傷，さらに鋼桁や鋼製橋脚の座屈（**図3-1-1**）などを発見するかもしれません．一方，寒冷地などのRC床版では，凍結防止剤の塩分を含んだ水の影響とひび割れが荷重の繰返しで進展した，押抜きせん断破壊（**図3-1-2**）を発見するかもしれません．これらの現地調査で発見する構造物の損傷は，診断，措置が必要になります．

FEMをうまく活用すれば，実験では再現できない損傷予測，有効な対策効果などが検討できます．例えば，線形解析で腐食部の断面欠損を再現すれば全体挙動は捉えられますが，局部損傷は「非線形」現象であり，非線形FEMでなければ，より正確に捉えることは難しくなります．

1-1-2　FEMの入力・出力

FEMでは，実現象を捉える条件をいかに仮定するかが重要になります．そのためには，何を入力して，何を出力するかの知識が必要になります．構造物の損傷状態の評価に非線形FEMを活用するためには，使用している要素や材料の理論的な背景に関する知識が必要になります．加えて，過去の実験や実際の損傷を再現できないと，FEMの特徴を活かしたメンテナンスは難しいことになります．ここではまず，入力・出力データについて述べます．

図3-1-3にFEMモデルの入力データである，モデルの座標，節点番号（節点並び），要素番号

図3-1-1　鋼製橋脚の座屈

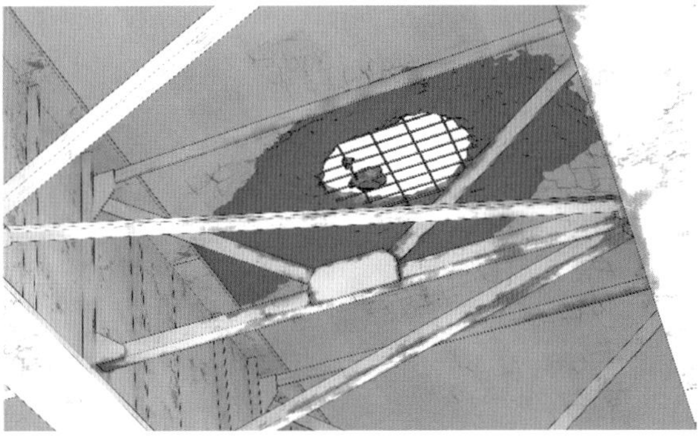

図3-1-2　RC床版の抜け落ち

(種類)，材料モデル (特性)，境界条件，荷重設定を示します．非線形FEMで重要なのは，材料非線形モデルの設定になりますが，鋼とコンクリートで理論が異なることに留意します．境界条件は，構造物の変形を捉えるうえで非常に重要です．特に，構造物の部分モデルの構築では，後述の使用する要素の種類により拘束する節点と自由度の知識がないと，実現象を捉えることは難しくなります．荷重設定は，載荷荷重の大きさ，方向が重要です．特に，1/2や1/4モデルを構築するときに，荷重の大きさ，境界条件を間違えることがあります．また，静的解析を要素ごとに載荷位置を変えて移動荷重を模擬する，荷重履歴で出力する方法もあります．

全体モデルから部分モデルを構築した事例を**図3-1-4**に示します．このモデルはPC床版を有する鋼２主桁橋の主桁のフランジ上に溶殖されているスタッドの挙動に着目してFEMモデルを検討した事例[1)]です．設計で用いるT-荷重が主桁上のスタッドにどのような影響を及ぼすかを想定します．荷重は，設計荷重の他，実物大試験で車両を再現するようなカウンター (鉄

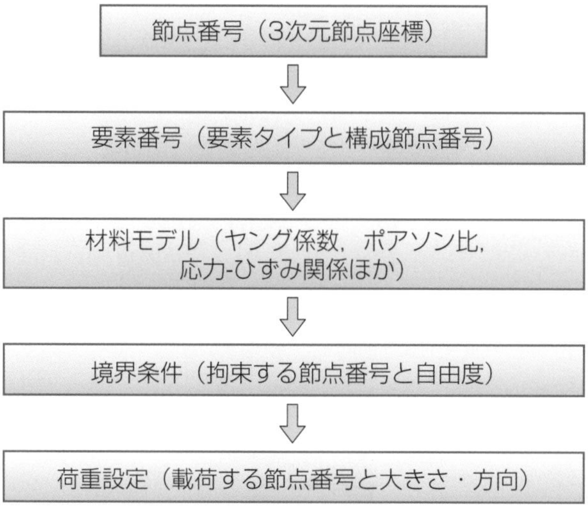

図3-1-3 非線形解析の入力データの例

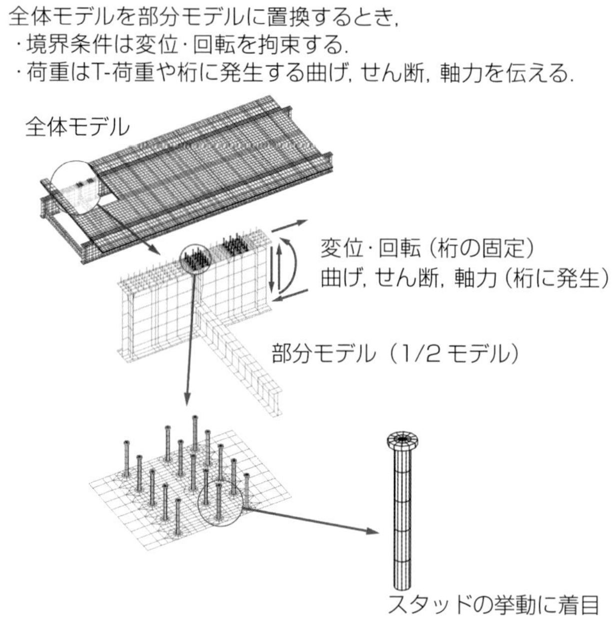

図3-1-4 全体モデルと部分モデルのFEM解析の事例（文献[1]を編集）

の塊による重し）を用いた場合などがあれば，対象とする外力を着目した正しい位置に載荷するメッシュにも配慮してモデル化します．一般的には載荷位置が部材にとって不利になるように設定する場合が多いです．次に境界条件ですが，全体モデルを部分モデルに置換えるときには，外力が載荷されたときの断面力のつり合いを適切に保つ境界条件を設定する必要があります．具体的には，T-荷重などの外力と断面力を乱さないための境界条件，すなわち各方向の変位と回転自由度を拘束します．特に非線形解析を行う場合は，必要に応じて，全体モデルで部分モデルを取り出すとき，外力と境界部の断面力（曲げ，せん断，軸力）の内力のつりあい力を設定します．また，適切な荷重と境界条件が設定されているか，本解析を実施するまえに単位荷重（例えば1tonや1kNなど）によるダミー解析により正しい断面力や変形挙動を示すかを試すことも必要になります．場合によっては，鋼材の引張試験やコンクリートの1軸圧縮試験などを，1要素によるテストで再現して，モデル形状や材料構成モデルの信頼性を確認することもあります．すなわち，FEM解析の信頼性は，解析のみの検討では得られることは少なく，骨組み解析による全体系の設計断面力・変位や部分要素実験のデータなどによる整合性のチェックがポイントとなります．

次に，**図3-1-5**に入力データと一緒に実行するコマンドデータの例を示します．実行データでは，解析モデルの挙動を出力する節点番号，反力，要素番号，ひずみ，応力など，必要な抽出情報の設定をします．幾何学的非線形性（幾何学的非線形性とは，形が大きくひずんだり，回転することで，解析に非線形性が現れること）を再現する有限変位解析では，荷重－変位関係など幾何学的非線形に加え，応力－ひずみ関係による材料非線形（材料非線形性とは，応力－ひずみ関係が比例関係にない状態のこと）を評価することがあります．荷重履歴を模擬した解析では，荷重の繰返し設定をします．その場合は，モデルが変形するごとに系がつり合う収束計算を設定することにも留意します．詳細は他の専門図書に委ねますが，FEMモデルが有限変形をして，つり合う系の解を追跡する収束計算を設定することになります．解の追跡には，updated Lagrange法やtotal Lagrange法などがあります．おおむね，短い線形の増分計算を繰り返して系のつり合いを求め，収束誤差に達したら，次の解析ステップに進むという計算になります．このような変形解析では，後述の要素の形状の設定が影響します．また，出力表示にはソフトウエア[2)]によるプリ・ポスト処理に関する基本的な知識が必要です．

次に，FEMで入力する基本的な知識として，要素の種類，鋼材とコンクリートの非線形材料の理論（構成モデル）について述べます．さらに，鋼とコンクリート構造について，非線形FEMによる解析事例と留意点を紹介します．

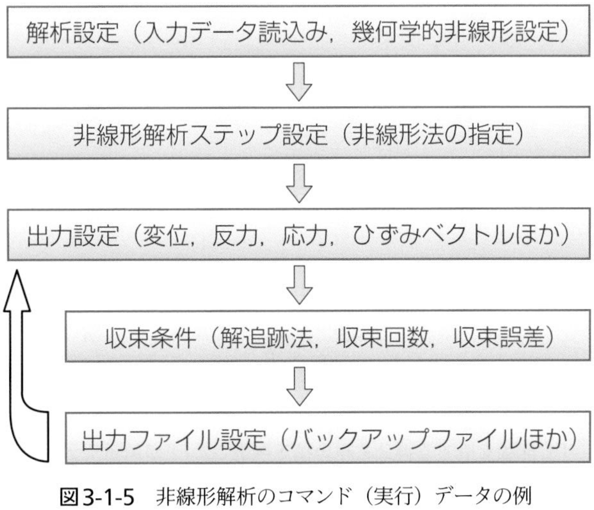

図3-1-5　非線形解析のコマンド（実行）データの例

1-2　使用する要素（シェル，ソリッド，はり）

有限要素法により応力解析をする場合には，複雑な形状をモデル化する必要があります．一般的には，取り扱うモデルが１次元では「はり要素（トラス要素などもある）」，２次元では「シェル要素」，３次元では「ソリッド要素（四面体や六面体）」で分割します．いずれも連続体の理論で設定しています．例えば，部材の曲げ変形の問題を扱う場合は，はり要素で３次元の骨組み全体モデル解析を行い，損傷箇所に着目した部分モデルでシェル要素やソリッド要素により応力解析を行うなどです．

実構造を再現した解析モデルについて，着目部材ごとに対比した事例を**図3-1-6**に示します．

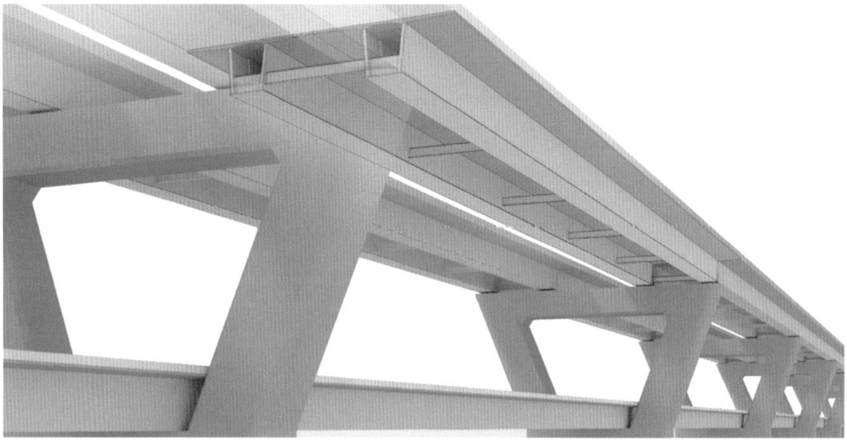

(a) PC床版を有する鋼２主箱桁橋の実構造例

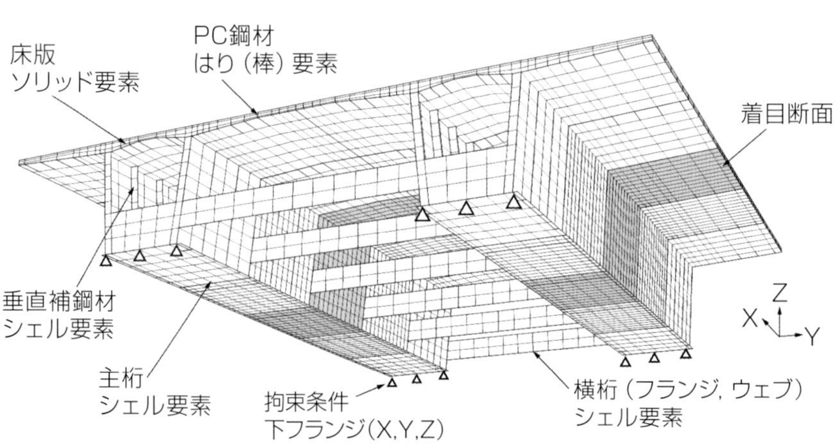

(b) PC床版を有する鋼２主箱桁橋を再現したFEM解析モデルの事例

図3-1-6　実構造と解析モデルの対比事例

図3-1-6では，（a）PC床版を有する鋼２主箱桁橋の実構造例を，（b）FEM解析モデルで再現しております．鋼２主箱桁は，主桁，横桁のフランジ，ウェブ，補剛材などの鋼部材にシェル要素を適用して，床版コンクリートは，ソリッド要素を適用しております．PC床版に埋め込まれているPC鋼線は，はり（もしくは棒）要素でモデル化しております．境界条件（拘束条件）は，主桁下フランジ下端を変位拘束している事例です．一般的には，精細なFEMにおいては，コンクリートは３次元応力状態を再現できるソリッド要素，鋼部材は平面応力状態を再現できるシェル要素，鋼線などは，はりや棒（トラスを含む）要素を適用する場合があります．

コンピュータの性能の飛躍的な進歩により，過去に何日も費やしていた数万節点の大型モデルの非線形解析が数時間でできる機器もあるため，骨組み解析で行う３次元モデルをすべてソリッド要素モデルで行う事例も出てきました．一方で，はり，シェル，ソリッド要素の特徴を知らずに解析すると，実現象とは異なる評価をする可能性もあります．ここでは，各要素の特徴を述べます．

1-2-1　はり要素

はり要素は，Euler-Bernoulliの仮定など，古典的なはり理論で扱うことができます．変形前の中立軸に垂直な断面は，変形後も中立軸に垂直な「平面保持」の仮定が成り立つことが前提です．橋の全体的な挙動を３次元的に捉えるには，はり理論に基づく解析のイメージが湧きやすく，設計的なアプローチには向いています．ただし，損傷を再現する際，例えば腐食を再現するため要素の一部を欠損させる仮定をすることがありますが，はり理論では，損傷付近に平面保持の仮定が成り立ってしまい，局部変形をしている実現象とは異なることに留意する必要があります．

図3-1-7に示すはり要素は，３方向の変位と３方向の回転自由度があるため，曲げを伝えることができますが，はりの高さが高い，せん断変形が無視できない場合は，せん断変形を考慮したTimoshenkoはり要素を用いるなどの工夫が必要になります．ただし，変形が大きい場合には，変位を大きく見積もる「ロッキング現象」が生じるため，要素内の積分方法を工夫（低減積分）することに留意します．

後述の高次要素（**シェル要素，ソリッド要素**）も同様ですが，要素内の応力を算出する積分点（積分点とは、応力やひずみを算出する点．ガウス点（Gauss point）と呼ぶこともある）の設定方法で解析結果が異なることがあります．

1-2-2　シェル要素

鋼板などの板曲げをモデル化する要素に，シェル要素があります．**図3-1-8**に示す三角形の離散Kirchhoff要素，四角形のMindlin理論による要素など古典的な理論に加え，**図3-1-9**に示す（曲面）シェル要素の使用が多くなりました．シェル要素は先のロッキング現象を回避するために，１次要素では通常４節点で４つの積分点（ガウス点ともいう）を１つに低減する要素を用いることがあります．特に，幾何学的非線形解析で局部座屈などを表現するのに有効です．一方，２次要素を使って，８節点で４つの積分点に低減する要素を用いることで，メッシュを粗めにしても精度よい変形を得られる工夫をする場合もあります（１次要素，２次要素とは，要素の

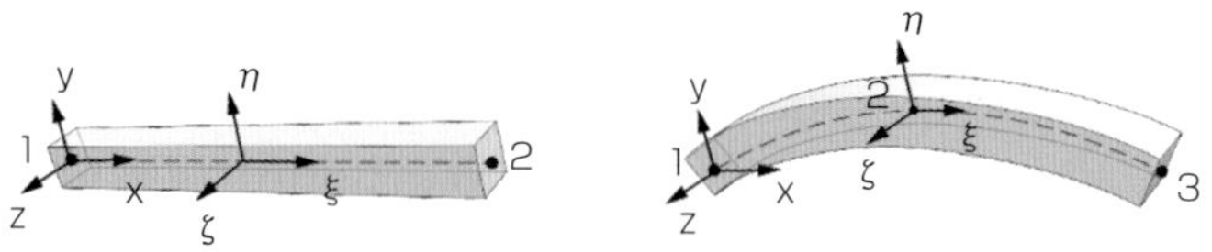

図3-1-7　はり要素（1次，2次）

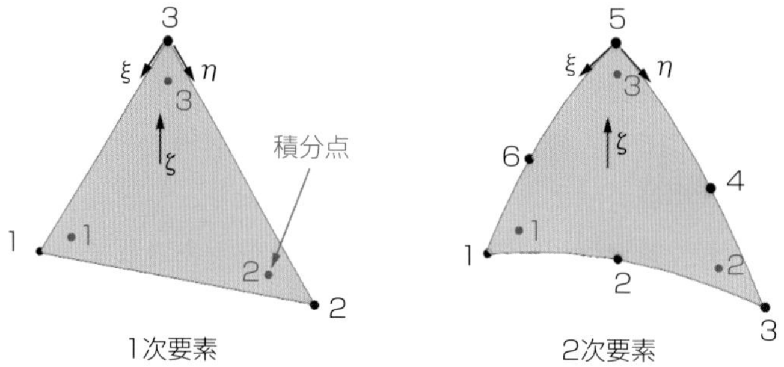

図3-1-8　シェル要素（三角形1次，2次）

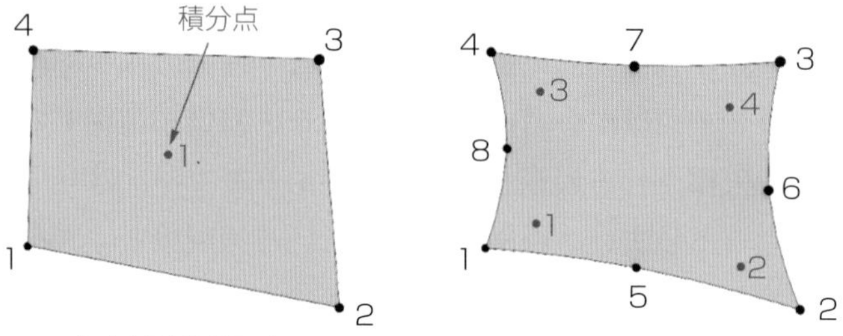

図3-1-9　シェル要素（低減積分要素）

形を表現する形状関数のことを示します）.

はり要素，シェル要素は，連続体である鋼板の曲げ挙動を精度よく再現できるため，鋼製橋脚などの座屈変形を評価するのに使われます．耐荷力や変形性能の評価に用いる荷重-変位関係などは，実験を解析で精度よく再現できます．ただし，シェル要素の自由度は，３方向変位と面に対し２軸回転の５自由度であることに留意します．

1-2-3　ソリッド要素

ソリッド要素は，コンクリート要素などの固体をそのままの形状でモデル化できるため，局部応力などの算出に用いられます．鋼材やコンクリートについて，複雑な形状も四面体や**図3-1-10**に示す五面体，六面体などを組み合わせて容易に表現できます．一方，ソリッド要素の自由度は，３方向の変位で回転自由度がないことに留意します．六面体であれば８積分点があることなど，節点力を算出するための応力算出点の情報に留意します．

コンクリートのひび割れなどの問題を扱う場合には，メッシュの大きさによって解析結果が異なる「メッシュ依存性」を意識してモデル化する必要があります．連続体であるのに，離散

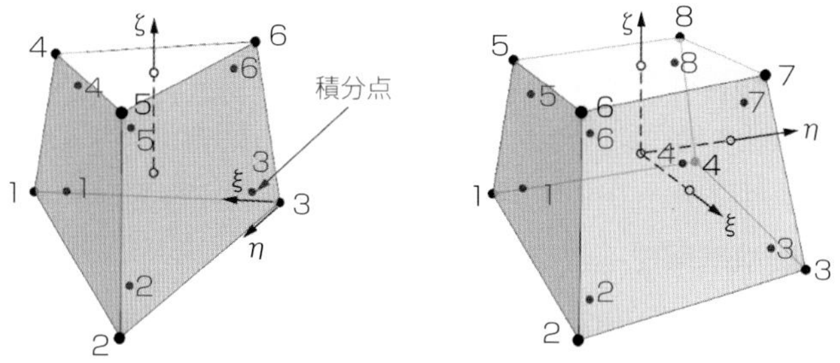

図3-1-10　ソリッド要素（五面体，六面体）

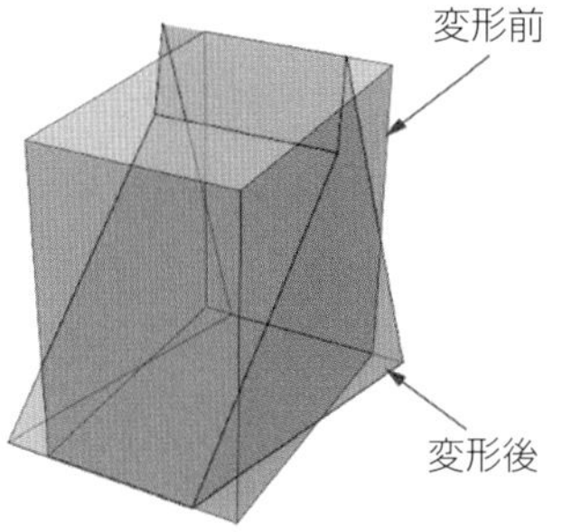

図3-1-11　アワーグラスモード（低減積分要素）

体のひび割れ現象を表現するには限りがあることになります．さらに，ロッキング現象もシェル要素同様に生じます．低減要素を用いた場合には，**図3-1-11**に示すアワーグラスモードという，実現象でありえない変形も生じるため，不安定な解析を扱う場合には，それなりに評価できる解析の経験が必要になってきます．

以上より，FEMでは使用する要素の種類や形によって，再現できる自由度が異なること，節点と積分点の配置などを述べました．非線形解析では，要素タイプと収束計算法や解のつり合い条件，収斂回数の設定など，ほかにも留意すべき知識はありますが，他の専門図書に委ね，ここでは省略します．

次に要素に入れる材料特性（非線形材料モデル）について，鋼材とコンクリートで用いる理論の事例を紹介します．

1-3　非線形材料（材料構成モデル）の理論の例

損傷を再現するため，FEMによる破壊基準の定義は重要です．特に，鋼材，コンクリート材料の破壊基準の理論に留意します．ここでは，非線形材料について，応力空間で破壊を定義する理論について述べます．鋼材ではvon MisesやTrescaの降伏条件，コンクリートではDrucker-Pragerモデルなど破壊曲面の理論があります．

1-3-1　鋼材の材料構成モデル

非線形材料は，応力空間で破壊を定義します．具体的には，応力不変量を用いて定義されます[3)]．「不変量」とは，難しい言葉ですが，破壊を定義する応力に関するつり合い方程式の「解と係数の関係」と理解すれば分かりやすいと思います．応力不変量J_2（J_2理論）の式を用いると，鋼材とコンクリートの破壊基準をそれぞれ定義できます．

ここでは，鋼材に用いられるvon　Misesの降伏基準を３次元応力空間から成る応力不変量J_2（J_2理論）を用いて，以下に平面応力状態，単軸応力状態を導きます．**図3-1-12**に主応力空間におけるvon Misesの降伏曲面（応力点が曲面に達したら破壊と定義）のイメージ図を示します．応力６成分（３方向の応力σ_x，σ_y，σ_zとせん断力τ_{xy}，τ_{yz}，τ_{zx}）を用いて不変量J_2の式（1），（2）が成り立ちます．

この式から，下記に示す鋼材の３軸応力を降伏状態に関して等価な単軸応力の式に導くことができます．この関係は「道路橋示方書」などの鋼材のせん断降伏強度と引張降伏強度の特性値を示す関係式と等価なことは周知のとおりです．

$$f(J_2)=J_2-k^2=0 \qquad (1)$$

$$J_2=\frac{1}{6}\left[\begin{array}{c}(\sigma_x-\sigma_y)^2+(\sigma_y-\sigma_z)^2+(\sigma_z-\sigma_x)^2\\ +6(\tau_{xy}^2+\tau_{yz}^2+\tau_{zx}^2)\end{array}\right]=k^2 \qquad (2)$$

$x-y$平面での平面応力状態では，$\sigma_z-\tau_{yz}=\tau_{zx}=0$ であるため，

$$J_2=\frac{1}{6}[(\sigma_x-\sigma_y)^2+(\sigma_y)^2+(-\sigma_x)^2+6(\tau_{xy}^2)]=k^2 \qquad (3)$$

$$\frac{2}{6}[\sigma_x^2-\sigma_x\sigma_y+\sigma_y^2+3\tau_{xy}^2]=k^2 \qquad (4)$$

$$\sigma_x^2-\sigma_x\sigma_y+\sigma_y^2+3\tau_{xy}^2=3k^2(=3J_2) \qquad (5)$$

$\sqrt{3}k=\bar{\sigma}$（等価応力）と仮定すると，平面応力状態を導くことができます．

$$\bar{\sigma}=\sqrt{\sigma_x^2-\sigma_x\sigma_y+\sigma_y^2+3\tau_{xy}^2} \qquad (6)$$

なお，$\sigma_x-\tau_{xy}$平面においては，$\sigma_y=\sigma_z=\tau_{yz}=\tau_{zx}=0$であるため，

$$\frac{1}{6}[\sigma_x^2+6\tau_{xy}^2]=k^2 \qquad (7)$$

$$\frac{\sigma_x^2}{3}+\tau_{xy}^2=k^2 \qquad (8)$$

$$\left(\frac{\sigma_x}{\sqrt{3}}\right)^2+\left(\frac{\tau_{xy}}{k}\right)^2=1 \qquad (9)$$

$k=\sigma_Y$（降伏応力）と仮定すると，単軸応力とせん断力は，**図3-1-13**に示す関係になります．

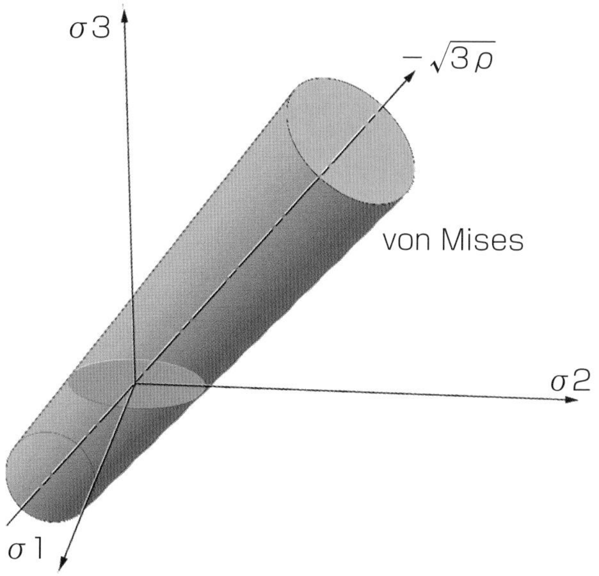

図3-1-12　主応力空間におけるvon Misesの降伏曲面

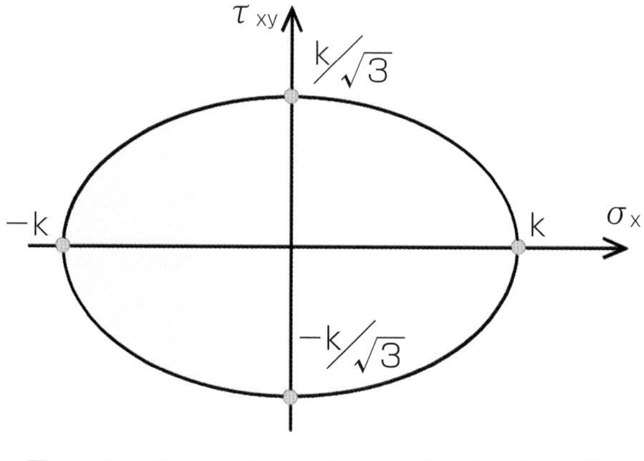

図3-1-13　引張（圧縮）降伏応力とせん断降伏応力の関係

1-3-2　コンクリートの材料構成モデル

（1）コンクリートのモデル化の概要

コンクリートとは砂利，砂をセメント硬化体でのり付けしたものであり，多結晶体である鋼材とはモデル化の考え方が基本的に異なります．最も大きな違いは，①要素分割のスケール感，②要素内でひび割れの発生を前提としていることです．ここでは，文献4）に含むことができなかった基礎的な項目を中心に，FEMにおけるモデル化での留意点を概説します．

①について具体的な説明をします．コンクリート部材を対象としたFEMでは，1辺10 cm程度の要素分割を行うことが好ましいと考えられます．コンクリートでは複数の粗骨材が分散して配置された領域（コントロールボリューム）での平均応力-平均ひずみ関係を構成モデルの基本

単位とすることで，不均一な材料を均一なものとみなして解析を行うことが前提だからです．このスケールの考え方が前述の②の具体的な説明ともなります．すなわち，ある程度のスケールをもった要素の構成モデルなので，基本的にはひび割れそのものはモデル化せず，ひび割れを含んだ要素の挙動として，要素の「軟化」をモデル化します．これは，鋼材のき裂進展解析においてき裂先端付近では特に1mmにも満たないほど要素分割を小さくして応力分布の推移を詳細に分析するのとは対照的です．

(2) コンクリートの軟化

コンクリートのモデルの基本は，圧縮，引張，せん断の3種類です．一般的な強度のコンクリートの一軸圧縮試験で得られる応力-ひずみ曲線は，緩やかなカーブでピークに達した後に緩やかに低下する（軟化する）挙動を示します．圧縮軟化における3次元の拘束効果を考慮するため，3．の冒頭で述べたような応力空間での降伏基準の考え方が用いられることが多く，粘土や岩盤など地盤材料の構成モデルでも用いられるDrucker-Pragerの破壊基準がその代表的なものです．

一方，一軸引張試験等で得られる応力-ひずみ曲線は，ピーク後に急激な低下（軟化）を示します．圧縮の軟化挙動は拘束条件に，引張りの軟化挙動はコントロールボリュームに依存しています．引張軟化は，構成モデルにおいて要素寸法に応じた破壊エネルギー（引張応力-ひずみ関係における軟化領域の面積）を入力値として特徴付けられます．実現象をイメージすると，その理由がよく分かります．もし検討する要素の寸法が大きい場合は，要素内に微細ひび割れが分散して発生し，それら一つ一つが進展して連続化することで，破壊面を形成して破壊に至ります．このため，平均応力-平均ひずみ関係における軟化が緩やかになります．一方，検討する要素の寸法が小さいと，発生した一つの微細ひび割れがそのまま要素を貫通して破壊に至るため，急激な軟化を呈するためです．

せん断の軟化とは，せん断応力-せん断ひずみ曲線の軟化です．これは，ひび割れの発生によって，ひび割れ面を跨いだせん断応力の伝達能力が，ひび割れ前よりも低下することに起因します．一般的な強度のコンクリートのひび割れ面でのせん断伝達能力は，ひび割れ面の凹凸のかみ合わせによって生じるため，軟化はひび割れの開口幅および凹凸面を形成する粗骨材寸法にも依存しています．このようにせん断の軟化は様々な要因が複雑に連関した結果生じますが，実用上は，主たるパラメータとして見掛け上のひび割れ開口幅あるいはひび割れ開口方向の平均ひずみに関連付けてせん断剛性低下率を定義する構成モデルが多いようです．

1-4 鋼柱の解析事例

大規模地震発生後の緊急点検で，橋桁を支える鋼製橋脚が破壊した場合の評価の事例を述べます．ここでは，過去に検討された鋼部材を代表する損傷の一つである，座屈変形を伴う円形鋼柱の非線形解析事例について紹介します．

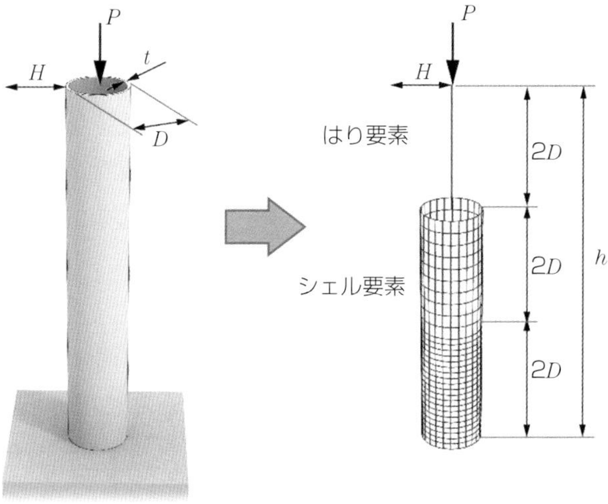

図3-1-14　解析モデルの例

（1）解析モデルの設定

円形鋼柱の諸元として，柱高さ，直径，板厚，上部工荷重の分担を考慮した柱軸力Pを入力します．鋼柱は細長比，円形なら径厚比で設計するので，形状諸元は設計時の基準類で設定できます．次に，曲面シェル要素で解析モデルのメッシュを構築します．ここでは，鋼部材の座屈が柱基部で生じることから，径の２倍程度の高さまでのメッシュを精細に設定し，その上は粗いメッシュで設定，さらにその上から柱頂部までは弾性挙動であることが分かっているので，はり要素でモデル化します．

はり要素とシェル要素の接合点は，剛なはりで節点共有をするか，TyingやMPCで接合するなど，はり下端とシェル要素上端での回転と変位の自由度を拘束して同じ動きを設定する手法もあります．自由度を拘束するには解析ソフトによってクセがあるので，正しく動くことをキャリブレーション解析などで確かめておく必要があります．実験供試体を模擬した解析モデル例を**図3-1-14**に示します．

非線形材料には，等方硬化則よりも移動硬化則，これらを組み合わせた複合（混合）硬化則（精細な修正二曲面モデル[5)]など）を用いることで，鋼材の降伏棚から繰返し載荷におけるバウジンガー効果を再現できることが分かっております．修正二曲面モデルなどの精細な材料構成モデルを汎用ソフトウエアに組み込むには，ユーザーサブルーチンでこの材料モデルの引数を合わせる必要があり，解析の習熟が必要です．加えて，１要素モデル解析などで正しい挙動をキャリブレーション解析で確認する必要があります．収束性もよくないため，計算時間と精細な解析結果のトレードオフの関係に留意します．

（2）載荷条件

地震を再現するのに，まず上部工を想定した一定荷重Pを柱頂部の鉛直下方向に載荷します．次に，柱頂部を水平変位制御で繰返し載荷を設定します．

既往の実験などを参考に，柱の降伏水平変位δ_yの倍数で正負方向に繰返し荷重を載荷します．水平方向には変位制御で載荷しますが，この際に，幾何学的非線形のコマンドを実行ファイルに入れ，非線形解析のステップ幅を設定するのに留意します．解の追跡法にもよりますが，解析ステップは，降伏水平変位の1/10倍などから始め，収束がうまくいかなければステップ幅を細かく設定します．鋼材であれば，座屈変形が生じても破断が生じない限り連続体の理論に正確に従いますので，実験結果などと大きく乖離する結果はないです．反対に大きな差が出た場合は，入力データに誤りがあると想像できます．

（3）変形解析の評価

図3-1-15に実験[6)]を再現した解析結果の事例を示します．鋼材の構成則に，(a) 修正二曲面モデル，(b) 移動硬化則を用いた事例ですが，両結果ともに実験値をおおむね再現できているものの，(a) がより実験結果に近い挙動を示すことになります．材料構成モデルの違いで，結果に差が出ることになります．

次に，**図3-1-16**に実験と解析による柱基部の提灯座屈性状を比較した例[7)]を示します．非線形解析の妥当性が確認できます．実現象では，柱基部の座屈変形の履歴を確認することは困

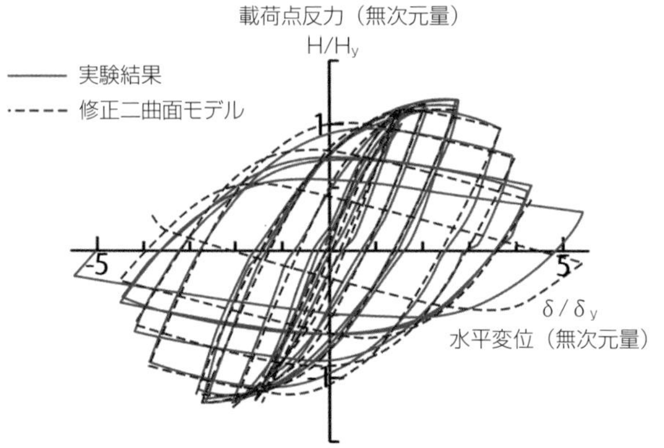

(a) 材料構成モデルに修正二曲面モデルを適用

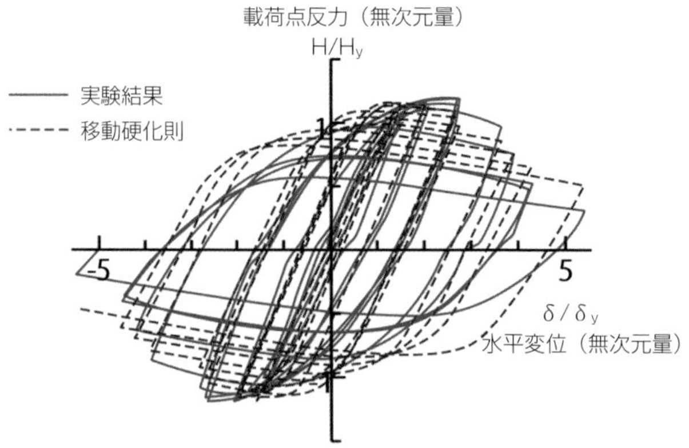

(b) 材料構成モデルに移動硬化則を適用

図3-1-15　荷重－変位関係の例

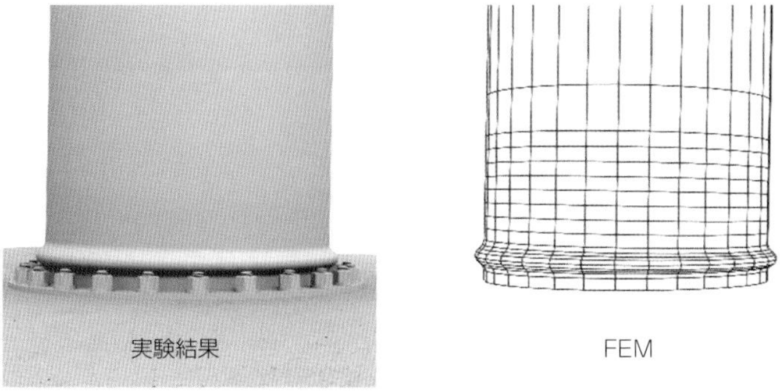

図3-1-16　実験と解析による柱基部の提灯座屈性状の例

難ですが，FEMを用いることで損傷過程を視覚的に予測することができます．この強みを生かして，補強方法を設定し，FEMで補強したモデルでさらに検討することで補強効果を推定することも可能になります．

(4) 応力空間における応力点の挙動

次に積分点に発生する応力点の挙動について考えます．別の解析事例（コンクリート充填鋼管柱）[8]において，**図3-1-17**に鋼柱基部の要素（1～5層目に着目）の抽出結果を示します．図から分かるように，鋼材の応力点が柱軸方向に進展し，von Misesの降伏曲面を超えて，要素によっては，柱の周方向応力（フープ応力）を受けていることが評価できます．このように，非線形解析においては，先の柱の変形性状に加え，部材内部の要素について応力空間での応力点の動きについても評価できることが分かります．

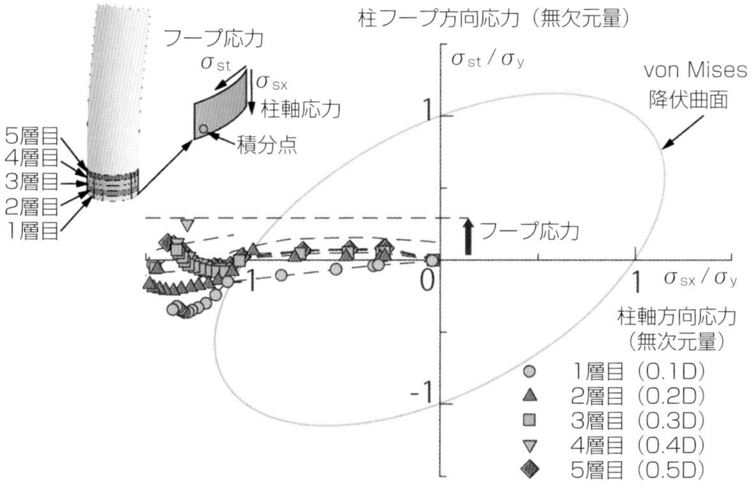

図3-1-17　柱基部要素の応力点の挙動の例

1-5 RC床版の解析事例

1-5-1 構造要因をパラメータとした解析

（1）RC床版諸元

ここでは，RC床版のみに着目した解説をします（橋梁主構造を含んだ全橋モデルの解析事例などの発展的な内容は，文献[9]に示されています）．RC床版の基本的な構造諸元として，床版厚，コンクリート強度，鉄筋量あるいは2方向の鉄筋量の比，支間長等が変われば，曲げ耐力，せん断耐力（版を有限のはりとした場合），また版としての押抜きせん断耐力も当然変わります．これら諸元の変更によって曲げとせん断のバランスが逆転するようなことがなく破壊モードが変わらなければ，このような最大耐荷力の増減は，S-N曲線における疲労寿命の増減に比例的に影響を与えると一般的には考えられます[10]．すなわち，縦軸を各対象床版の静的耐荷力とした場合のS-N線の傾きはおおむね変わらず，耐荷力に応じて線が上下にシフトする状態です．

FEMの入力においては，床版厚や支間長の増減は，要素寸法の変更あるいは要素数の変更によって表現します．この際，コンクリート要素の寸法や形状が比較の基準となるモデルと異なる場合には，要素寸法に依存する破壊エネルギーの設定，あるいは直接的に引張軟化曲線の設定を更新する必要があります．コンクリート強度の変更については，圧縮強度だけではなく，圧縮強度と相関がある引張強度やヤング係数も更新が必要です．鉄筋量の変更については，鉄筋とコンクリート要素の付着を適切に考慮できる棒要素で直接モデル化する場合はその本数や断面積を，鉄筋コンクリートとして要素内の鉄筋比を入力する場合はその数値を変更するだけで構いません．

（2）載 荷 条 件

載荷荷重の最大値あるいは輪荷重の振幅，載荷位置（あるいは載荷レーン）の異なる荷重履歴を考慮した検討も，数値実験的に実施されています[11]．FEMの入力においては，外力の条件を変更するのみでモデル自体の変更は必要がないため，比較的少ない手間で検討が行えると言えるでしょう．しかし，この検討にあたっては，ひび割れ後のコンクリート要素の剛性低下や塑性ひずみの蓄積を逐次直接的に表現できるコンクリートの材料構成則がプログラムに導入されている必要があります．その他の場合は，簡易的には載荷回数と応力振幅に応じて，要素の剛性やひずみの総量を段階的に更新するやり方で載荷の履歴を考慮できれば，おおむね目的を達成することはできるでしょう．

特に，ひび割れ発生の履歴を考慮することの重要性は，ある時点でRC床版にすでに発生しているひび割れの方向と分布が既知のものと類似する場合，既知のたわみの推移と損傷レベルに対応してたわみの増加と残存寿命が予測できること[11]からも，理解ができます．実際の維持管理対象の床版において，床版下面の典型的なひび割れ発生，進展パターンを定期的に確認することが将来予測において重要であることが，あらためて解析で示されたと言えます．一方で，何らかの理由（構造要因あるいは材料劣化等）でひび割れの方向や分布が既知のものとは異なる場合，その後の損傷の進行や疲労寿命の傾向が異なるということも指摘されています[11),12)].

RC床版の載荷レーンの位置による影響を検討する際も，ひび割れの履歴を考慮することが重要です．ただし，文献[11)]では疲労寿命予測の観点では載荷位置の変化で顕著な差はなかったと報告する一方，同じプログラムを用いた別の研究[13)]では，載荷レーンのばらつきが疲労寿命に大きな影響があったと報告しています．この差異は，（1）に述べたように，載荷条件の変更による破壊モードの変化の有無が関係していると考えられます．

（3）プレストレスの導入

プレストレスの導入あるいはプレストレストコンクリート部材の表現は，FEMでは様々な手法で行われます．一般的には，ソリッド要素で構成されたコンクリートの部材のモデルに，実際のPC鋼材（鋼線，鋼棒）の配置どおりに，線要素（節点間で軸力のみ伝達）や棒要素（節点間の軸力伝達だけでなく，要素自体の曲げ剛性やせん断剛性を有する）を配置することが考えられます．これは，PC鋼材が部材軸に対して斜めに配置されている（分割要素の列に平行ではない）場合にも有効です．

モデル作成における注意点は，PC鋼材とコンクリート要素の付着の表現です．プレテンション方式かポストテンション方式か，グラウトによる付着が十分に期待できるか，アンボンド工法かといった条件を十分に検討する必要があります．一般的な，グラウトによる付着が期待できるポストテンション方式のPC部材では，PC鋼材を構成する節点とコンクリート要素の節点が適度な間隔で共有されていれば，PC鋼材とコンクリート要素が一体として挙動し，付着を表現できたことになります（図3-1-18）．なお，PC鋼材を線要素や棒要素でモデル化する際には定着部節点での応力集中を生じやすいため，定着具や補強鉄筋の配置も適切にモデルに取り入れる必要があります．

このほかの手法としては，線要素や棒要素を追加せず，要素のx-y-z座標系に応じてプレストレスに相当するひずみあるいは応力を初期状態として各コンクリート要素に与えることも可

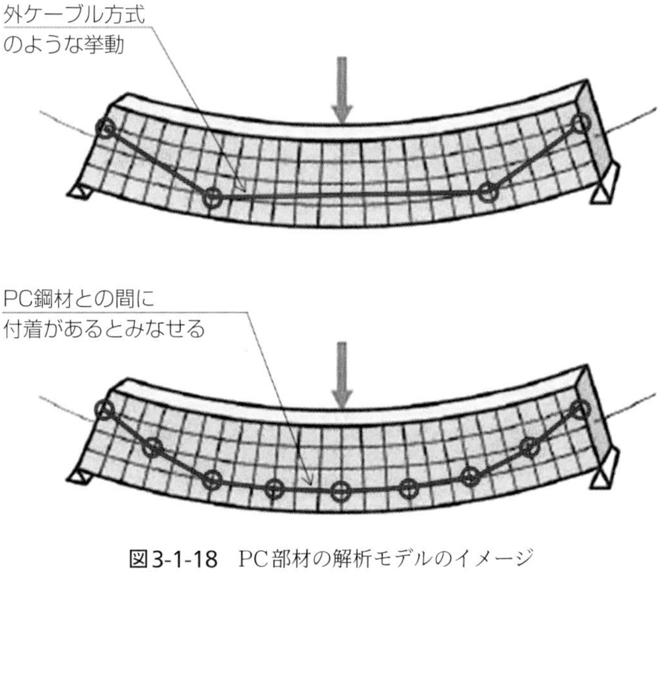

図3-1-18　PC部材の解析モデルのイメージ

能です．多くのPC床版のようにPC鋼材が部材軸に対して平行（分割した要素の列に平行）である場合に適用できます．ただし，この手法ではPC鋼材自体を引張補強材としてモデル化していないため，コンクリートに引張応力が生じない範囲での使用（プレストレス導入によるたわみの減少や応力分布の確認などの目的）に限定されます．

1-5-2　時間経過に伴う材料劣化を考慮した解析

（1）ひ び 割 れ

RC床版に限らず既設のRC部材の性能評価をする際に問題となるのが，様々な要因による材料劣化の影響をどのようにモデルに取り込むかという点です．維持管理業務の観点で分かりやすい例としては，1-5-1（2）でも述べた，目視で観察されるレベルの個別のひび割れの表現法が課題として挙げられます．

RC床版下面のひび割れが典型的な進行過程にあり，面全体にひび割れの分散が確認できる場合，ひび割れを有するコンクリート要素全体の剛性と強度は構成モデルにおける軟化で表現されるので，モデル上は特段の工夫は必要ありません．ただし，現時点での見掛けの力学特性を現状に合わせるために，過去の荷重履歴を推定してモデルに事前に与えておく必要があります．一方，軟化のモデルが精緻でない場合，構造力学的試算で中立軸よりも引張側にあるコンクリート要素の剛性や強度を，はじめから便宜上0に近い値に低減させる方法が考えられます．これは，通常安全側の結果をもたらします．

一方，局所的に大きく開いたひび割れがある場合，あるいは曲げひび割れとは異なるひび割れ，例えば床版内部に明らかな水平ひび割れの開口が確認される場合においては，上記の手法は適切とは言えないこともあります．この場合，確認できる局所的なひび割れ部分にジョイント要素（境界面要素）を配置することで，モデル上でも構造を不連続にする方法が考えられます．一般にジョイント要素では，ジョイント面に直交する方向に対して圧縮力は伝達されますが，引張力は伝達されません．一方，ジョイント面を介したせん断力の伝達については，計算プログラムによって様々な考え方があります．例えば，せん断力は全く伝達しない，せん断剛性を与えることで一定程度のせん断力を伝達させるが伝達可能なせん断力に上限値を設ける（せん断方向の弾塑性あるいは剛塑性モデル），さらに直交方向の拘束圧と連成してモール・クーロン則を適用する等です．いずれも，ある荷重に対する最大たわみを求める際や残存耐力を求める目的において適用可能と言えますが，入力する剛性や摩擦係数などのパラメータが結果を大きく左右することもあるので，数値の設定には注意が必要です．

繰返し荷重下でのひび割れ面の破壊に伴う力学特性の変化を考慮した解析が必要な場合（残存疲労寿命の予測等）は，段階的にジョイント要素のせん断剛性を低下させるなどの工夫も必要となり，プロセスが煩雑になります．この問題を解決する手法として，疑似クラック法[14)]が挙げられます．疑似クラック法とは，もともとひび割れ後のコンクリート要素の剛性低下や塑性ひずみの蓄積を逐次直接的に表現できるコンクリートの材料構成則がプログラムに導入されている場合で，かつ対象とする部材において一つ一つのひび割れの幅，深さ，長さといった情報が特定できる場合にのみ適用可能です．原理は簡単で，目的とする解析の前にモデルに予ひずみ（あるいは予応力）を与えて意図的にプログラム上にひび割れ発生履歴を残すというものです．その後は，目的に応じた漸増荷重や繰返し荷重を与えて，ある時点以降の残存疲労寿命として，そのまま結果を整理することができます．

（2）鉄筋の腐食

鉄筋腐食を伴うRC部材では，鉄筋の腐食生成物による鉄筋とコンクリートとの付着の低下，かぶりコンクリートのひび割れ発生あるいは剥落が見られます．これらの現象をFEMで表現するには，構造解析の観点で直接的な方法と間接的な方法とがあります．

直接的な方法としては，鉄筋コンクリート要素の材料構成則において，鉄筋とコンクリートとの付着に関与するパラメータを低減する，鉄筋の見掛けの強度やヤング係数を減少させる，（1）で紹介した様々な方法でコンクリート要素のひび割れをモデル化する，剥落したコンクリート要素をモデルから除くといった工夫の合わせ技です．

間接的な方法としては，鉄筋の有効断面積を減じるとともに鉄筋を膨張させる，あるいは鉄筋の周囲のコンクリート要素に膨張圧を予ひずみ（あるいは予応力）として与えることで，コンクリート要素の側に生じるひび割れの発生，それに伴う付着の低下といった効果をモデル上で期待するものです[14]．

（3）コンクリートのASRおよび凍害

コンクリートのASRおよび凍害が生じたRC部材では，損傷原因は異なりますが，いずれも一般的にはコンクリートの全体的な力学性能の低下（剛性と強度の低下）が生じることが知られています．ASRは骨材の膨張，凍害はセメント硬化体内部の水分の凍結膨張と融解の繰返しによって，いずれもコンクリート内部でのマイクロクラックが発生・進展した結果の性能低下です．これらの現象をFEMで表現するには，直接的には，損傷度に応じてコンクリート要素の見掛けのヤング係数および見掛けの強度を低減することが考えられます[15]．特に，RC床版の凍害のように，雨水の浸透に起因して上面側から劣化が進行することが明確な場合には，簡易で合理的な手法であると言えます．

一方，ASRは，環境条件によって膨張量が非常に大きくなり，マイクロクラックとは呼べないほど明確なひび割れを生じるケースがあります．例えば，現在の「道路橋示方書」に基づいて設計されたRC床版の場合，水平２方向には鉄筋が十分に配置されていますが，鉛直方向には鉄筋は配置されていません．ASRによる水平方向の膨張挙動は鉄筋によって拘束されてケミカルプレストレスに近い状態になる一方，鉛直方向には膨張が進み水平方向のひび割れが幾層にもミルフィーユ状に生じることが，実際のRC床版で確認されています．このような場合は，単にASRの結果として見掛けのヤング係数および強度を低減するよりも，材料の膨張を予ひずみとして解析に取り入れることが有効と考えられます．さらに，最も精緻な手法としては，ASRのミクロスケールの現象，すなわち骨材周りでのASRゲルの生成，膨張圧の発生と発生したひび割れからのゲルの流出による圧力緩和といったモデルを，コンクリート要素の構成則に取り込んだ事例があります[16]．なお，水の影響および土砂化を表現するマルチスケール統合モデルなどの発展的な内容は，文献[9]に報告されています．

1-6 まとめ

今回はメンテナンスの実務者を意識した，鋼とコンクリート構造で用いる非線形解析に必要な知識と留意点を解説しました.

解析の入力・出力データ，要素，非線形材料モデルの理論などの紹介に加え，解析事例として，鋼材の座屈，RC床版のモデル化の考え方などの例を紹介しました. 非線形性を考慮したFEMで，劣化・損傷を表現できることがイメージでき，今後のメンテナンス業務で検討するきっかけになれば幸いです.

〔参 考 文 献〕

1）河西龍彦，倉田幸宏，和内博樹，松井繁之：鋼2主鈑桁橋のスタッドに関するFEM解析と実物大試験による検証，構造工学論文集，Vol. 50A，pp.1151～1158（2004.3）

2）例えば，Diana User's Manual 10.3（2019）

3）例えば，S. K. Jain, Introduction to Theories of Plasticity Part 1（1989）

4）藤山知加子：道路橋コンクリート系床版の疲労解析の要点，橋梁と基礎，pp. 117～120（2020.8）

5）Shen, C., Mizuno, E. and Usami, T. : A Generalized Two-Surface Model for Structural Steel under Cyclic Loading, Structural Eng. / Earthquake Eng., Proc. of JSCE, Vol.10, No.2, 23（59s）-33（69s）(July, 1993）

6）森下益臣，青木徹彦，鈴木森晶：コンクリート充填円形鋼管柱の耐震性能に関する実験的研究，構造工学論文集，Vol. 46A, pp.73～83（2000.3）

7）葛　漢彬，高　聖彬，宇佐美勉，松村寿男：鋼製パイプ断面橋脚の繰り返し弾塑性挙動に関する数値解析的研究，土木学会論文集，No. 577/ I -41, pp. 181～190（1997）

8）松村寿男，水野英二：曲げ変形を受けるコンクリー ト充填鋼管柱の合成作用の有無を考慮した内部性状に関する三次元有限要素解析，pp. 307～318，土木学会応用力学論文集，Vol. 11（2008.8）

9）高橋佑弥，古川智也，房　捷，土屋智史，石田哲也，マルチスケール統合解析による道路橋RC床版の疲労損傷理解と社会実装，橋梁と基礎，pp. 117～120（2022.2）

10）土木学会構造工学委員会：数値解析による道路橋床版の構造検討小委員会成果報告書（2019.9）

11）平塚慶達，千田峰生，藤山知加子，前川宏一：RC床版の疲労余寿命に及ぼす先行荷重履歴の影響，土木学会論文集E2（材料・コンクリート構造），72巻4号 pp. 323～342（2016）

12）Eissa Fathalla, Yasushi Tanaka, and Koichi Maekawa（2019）. Fatigue lifetime prediction of newly constructed RC road bridge decks, Journal of Advanced Concrete Technology, 17（12），715-727

13）C. Fujiyama., E., Gebreyouhannes. and K., Maekawa, Present Achievement and Future Possibility of Fatigue Life Simulation Technology for Real RC Bridge Deck Slab, Journal of Society for Social Management Systems SMS08-117 - SMS08-117（2008.3）

14）Chikako Fujiyama, Xue Juan Tang, Koichi Maekawa and Xue Hui An, Pseudo-Cracking Approach to Fatigue life Assessment of RC Bridge Decks in Service, Journal of Advanced Concrete Technology Vol. 11, 7-21, January（2013）

15）前島　拓，子田康弘，土屋智史，岩城一郎：塩害による鉄筋腐食が道路橋RC床版の耐疲労性に及ぼす影響，土木学会論文集E2（材料・コンクリート構造），Vol. 70, No. 2, pp. 208～225（2014）

16）Yuya Takahashi, Yasushi Tanaka, Koichi Maekawa（2018）. Computational Life Assessment of ASR-damaged RC Decks by Site-Inspection Data Assimilation, Journal of Advanced Concrete Technology, 16（1），46-60.

第2章

耐震設計における
動的解析の要点

2-1 耐震設計と動的解析

道路橋の耐震設計は，「道路橋示方書[1)]」に準拠して実施します．これまで，「道路橋示方書」をはじめとする橋梁の設計基準類は，地震被害を受けるたびに見直されてきました．その中でも平成7年（1995年）1月17日未明に発生した兵庫県南部地震による道路橋の甚大な被害は，当時の橋梁設計技術者に大きなインパクトを与えました．特にこの被害状況の教訓として，構造物の動的応答を理解したうえで，脆性的な破壊が生じないように耐力とじん性のバランスを考慮することの重要性が指摘されました．

平成8年改定「道路橋示方書[2)]」では，兵庫県南部地震で経験したレベルの設計地震動が追加され，地震時保有水平耐力法による静的設計が標準となりました．そして，地震時の挙動が複雑な橋については，動的解析による照査を行うことが規定されました．しかし，当時はコンピュータの計算処理能力が十分ではなく，実務的には等価線形解析を実施するなど，部材に生じる変形が弾性限界を超えた場合の挙動も考慮できる非線形動的解析の適用は限定的でした．平成29年改定「道路橋示方書[1)]」で動的解析による設計が標準になったこと，コンピュータの性能が向上したことに加え，動的解析ソフトも扱いやすくなってきたことなどから，現在では非線形動的解析による耐震設計は一般的となってきました．

橋梁構造物に地震の影響を考慮する場合，応答値を算出する構造解析手法は，大きく分けて静的解析と動的解析の2つがあります．静的解析は，地震の影響によって構造物や地盤に生じる作用を静的な荷重に置き換えて応答値を求める方法であり，比較的簡便に地震応答を推定することが可能です．しかしながら，静的荷重へのモデル化や地震応答の推定方法については適用可能な条件があり，すべての橋梁形式や構造条件に対して適用できるものではありません．その点，動的解析は，構造形式等に関する制約条件が少なく汎用性があります．なお，解析モデルの設定方法が解析結果に重要な影響を及ぼすことから，解析結果の妥当性の評価等については，動的解析に関する適切な知識と技術が必要となります．

本章は，橋梁メンテナンスに携わる技術者を対象に，「道路橋示方書」に従って既設橋梁に非線形動的解析を適用する際の，解析モデルに関する注意点や解析結果の評価のポイントを説明します．なお，本章の内容は，新設や道路橋以外の橋梁にも適用可能です．

2-2 動的解析の基本

2-2-1 動的解析を適用する橋

「道路橋示方書[1)]」では，下記に該当する橋は，地震時の挙動が複雑な橋として，動的解析による設計を標準としています．

①塑性化やエネルギー吸収を複数箇所に期待する橋

⇒ラーメン橋，免震橋

②１次の固有振動モードが卓越していない橋またはエネルギー一定則の適用性が十分検証されていない橋

⇒橋脚高さが高い橋（一般に，30m程度以上），鋼製橋脚に支持される橋，固有周期の長い橋（一般に，固有周期1.5秒以上），弾性支承を用いた地震時水平力分散構造を有する橋

③塑性ヒンジが形成される箇所が明確ではない橋または複雑な地震時挙動をする橋

⇒斜張橋，吊橋等のケーブル系の橋，アーチ橋，トラス橋，曲線橋

2-2-2　動的解析に用いる地震動

橋梁の動的解析では，地盤の地震動を時刻歴加速度波形として与えるのが一般的です．この加速度波形データは，「道路橋示方書[3)]」では図3-2-1に一例として示している加速度応答スペクトルに類似するように振幅調整されたデータを用います．これらの加速度応答スペクトルは，既往の地震記録による加速度応答スペクトルを，地震動のタイプ別，および地盤種別ごとに整理し，それらを包絡するように設定したものです．ここで，地震動のタイプとは，プレート境界で発生する海溝型地震（平成15年十勝沖地震や平成23年東北地方太平洋沖地震など）をタイプⅠ，内陸直下で発生する地震（平成７年兵庫県南部地震など）をタイプⅡとしています．「道路橋示方書[3)]」に示されている標準加速度波形の一例としてⅠ種地盤のレベル２地震動（タイプⅡ）を図3-2-2に示します．なお，ここに示した地震動加速度波形は，耐震設計上の地盤面（一般には，フーチング下面位置）に入力するものです．地盤も含めた動的解析を行う場合は，工学的基盤面に入力する地震動加速度波形を用います．地震動は，対象とする解析モデルに応じた波形を使用する必要があります．

2-2-3　運動方程式

振動する構造物の運動方程式は，式 (1) で表すことができます（「第Ⅰ編　第3章　地震作用」参照）．

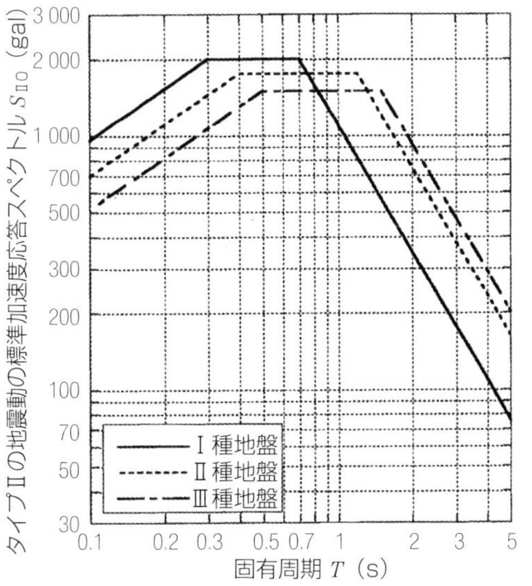

図3-2-1　標準加速度応答スペクトルの例（レベル２地震動（タイプⅡ））[3)]

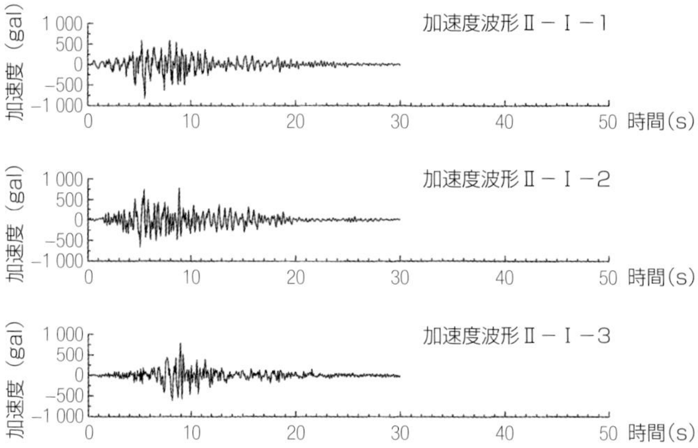

図3-2-2 標準加速度波形の例（レベル２地震動（タイプⅡ），Ⅰ種地盤）[3)]

$$M\ddot{x}(t)+C\dot{x}(t)+Kx(t)=-M\ddot{w}(t) \qquad (1)$$

ここに，

M：質量行列，C：減衰行列，K：剛性行列，

$\ddot{x}(t)$，$\dot{x}(t)$，$x(t)$：それぞれ,節点の加速度，速度，変位，

$\ddot{w}(t)$：地震動加速度，

t：時間

式（1）で，左辺の第一項は慣性力，第二項は減衰力，第三項は復元力，右辺は地震外力を示しています．**図3-2-3**は，１自由度振動系について式（1）の力の関係を模式的に表したものです．慣性力は節点の質量にその位置の加速度を乗じたもの,復元力は部材のばね定数（剛性）に構造物変位を乗じたものです．減衰力は節点の速度に比例すると仮定しています．これらを足し合わせたものが地震外力（節点質量に地震動加速度を乗じたもの）と釣り合うことを示しており，

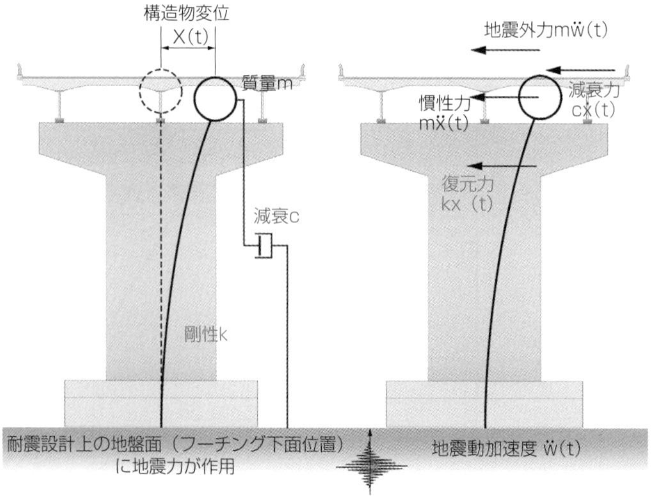

図3-2-3 振動中の構造物に作用している力

この関係が成立するように時々刻々と節点の加速度や変位を計算していく手法を逐次積分法と呼んでいます．その他，**図3-2-4**に示すように応答スペクトル法やモード合成法といった解析手法がありますが，これらは線形解析に適用する解析手法であり，非線形問題を取り扱う場合は，等価な線形に置き換えて計算するなど工夫が必要です．さらに理解を深めたい方は，文献[例えば，6),7)]が参考になります．

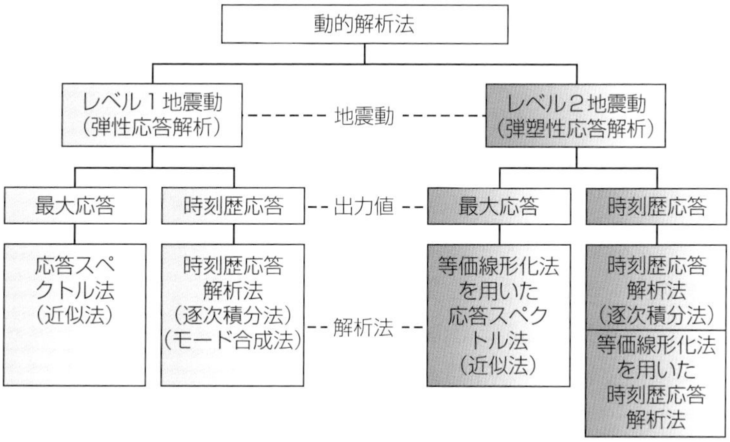

図3-2-4　動的解析の種類[7)に加筆]

2-3　動的解析による橋梁の耐震性能照査

非線形動的解析を用いた橋梁の耐震性能照査手順の一例を**図3-2-5**に示します．本章では，メンテナンスの観点から既設橋梁をイメージして論述します．

2-3-1　解析条件の整理

既設橋梁の動的解析モデルを作成するにあたって，既往設計図書から以下に示すような内容を整理します．

・設計図⇒構造物寸法，配筋，支承条件等

・設計計算書⇒上部構造重量・支承反力，付属物重量，部材断面性能，土質定数等

・地盤調査⇒土質定数，工学的基盤面，液状化層の有無

既往設計図書が現存しない場合は，建設当時の設計基準を用いて復元設計を行い，対象橋梁の諸元を推定する必要があります．なお，復元設計を行うためには，寸法調査，配筋調査，地盤調査，付属物の調査等が必要になり，多大なコスト増となる場合があるので留意してください．

2-3-2　解析モデルの作成

（1）節点割り・質量計算

解析モデルは，構造物をいくつかの節点と節点を結ぶ要素によりモデル化します．節点で変位

や断面力などの情報が出力されますので，地震時の振動挙動や出力情報の分布を考慮して節点割りを行います．そのため，断面変化点や配筋の変化する点には必ず節点を設けます．節点間隔は，「設計要領 第二集 橋梁建設編」[4] では，以下のように分割することを推奨しています．これらを参考にしながら，節点割りや非線形特性を与える要素等を適宜判断してください．

- 上部構造：1支間を10分割程度に分割
- 単柱式橋脚：基部の塑性ヒンジ（L_p）部を2分割，塑性ヒンジ部直上から橋脚高さの1/2までを6分割程度，橋脚高さの1/2から橋脚天端までを4分割程度

［**塑性ヒンジ部が不明確な場合**］曲げモーメントが大きくなる箇所の分割長を短くする．段落し部が塑性化する可能性がある場合は，段落し部直上も細かく分割

単柱式橋脚の解析モデル例を**図3-2-6**に示します．構造物の質量は，構造部材の重心位置の節点に集中させるのが一般的です．付属物がある場合は，近くの節点に付加質量として与えます．

（2）要素モデルの設定

節点間を結ぶ要素モデルは，はり要素，ばね要素などがあります．一般的な桁橋では，上部構造部材は線形はり要素，支承は免震支承を用いる場合や可動支承の摩擦抵抗を考慮する場合は非線形ばね要素，下部構造部材は非線形はり要素，塑性ヒンジ部は非線形回転ばね要素でモデル化します．基礎構造は，フーチング下面に単位荷重を与えたときに生じる水平変位，回転角と等価になるようにばね定数を求め，それらを

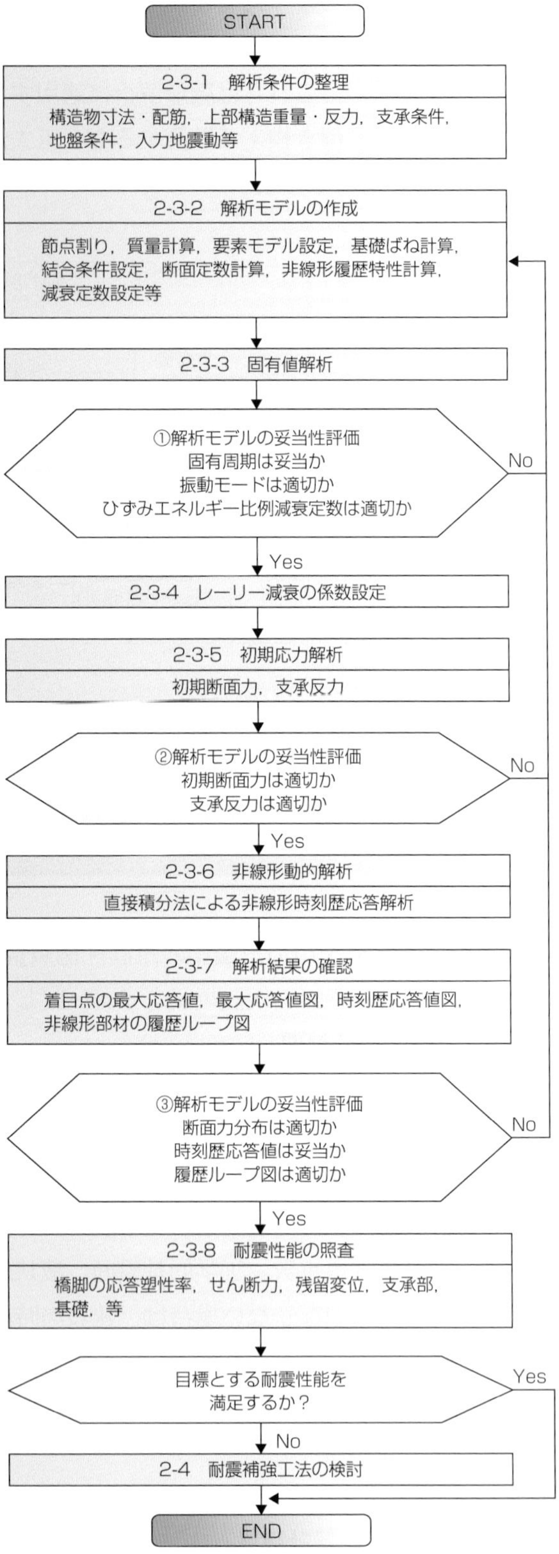

図3-2-5 非線形動的解析による耐震性能照査の手順

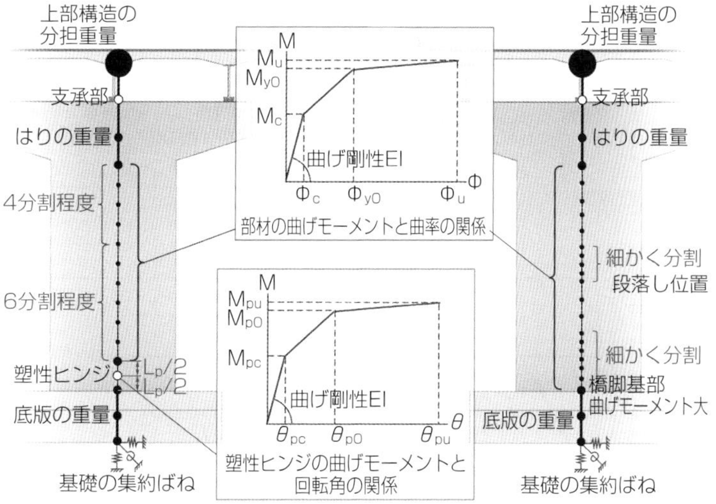

(a) 塑性ヒンジ部が明確な場合　　(b) 塑性ヒンジ部が不明確な場合

図3-2-6　単柱式橋脚の解析モデル例

集約した線形ばね要素としてフーチング下面にモデル化します．

ラーメン橋やトラス橋，アーチ橋などで上部構造部材の塑性化を考慮する場合は，非線形はり要素や，鋼部材であればファイバー要素などでモデル化します．ファイバー要素は，**図3-2-7**に示すように部材断面をメッシュ分割して，材料の軸応力-軸ひずみの関係を各メッシュに与えることで部材断面の非線形特性を表現する要素モデルです．部材に生じる軸力の変動幅が大きい場合や2軸曲げが作用する場合に適した要素モデルです．

各要素のモデル設定に必要な主な諸量は**表3-2-2**に示すものがあり，断面諸定数や非線形履歴特性を計算し設定します．

(3) 履歴モデルの設定

履歴特性の代表的なモデルを**図3-2-8**(a)～(e)に示します．(a)は線形弾性時の特性です．非線形履歴モデルは，実験等から得られる部材の非線形特性に応じて適宜判断して選択します．

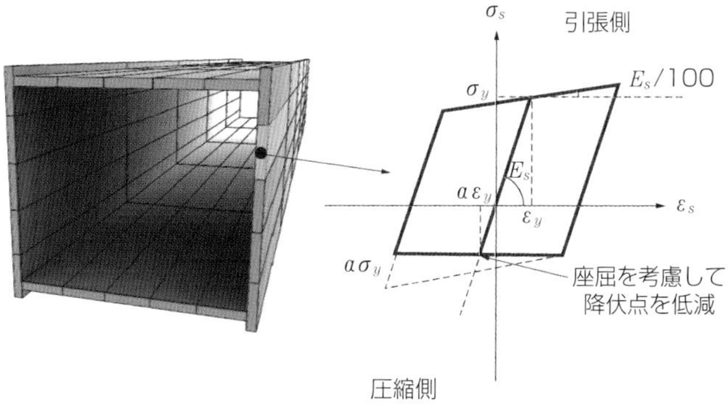

(a) 断面図（鋼部材）　　(b) 鋼材の応力-ひずみ関係

図3-2-7　ファイバー要素断面と応力-ひずみ関係例

表3-2-2　要素モデルの設定に必要な情報（一部）

要素モデル		必要な情報
はり要素	線形	弾性係数，断面積，断面二次モーメント等
	非線形	上記に加え，非線形履歴特性 （曲げモーメント-曲率関係，軸力依存特性）
ばね要素	線形	ばね定数
	非線形	上記に加え，非線形履歴特性 （荷重-変位関係，曲げモーメント-回転角関係）
ファイバー要素	非線形	非線形履歴特性（応力-ひずみ関係）

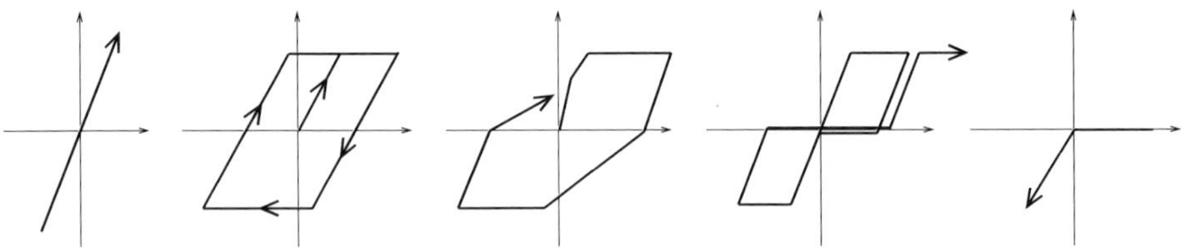

図3-2-8　履歴モデルの例[6)] に加筆

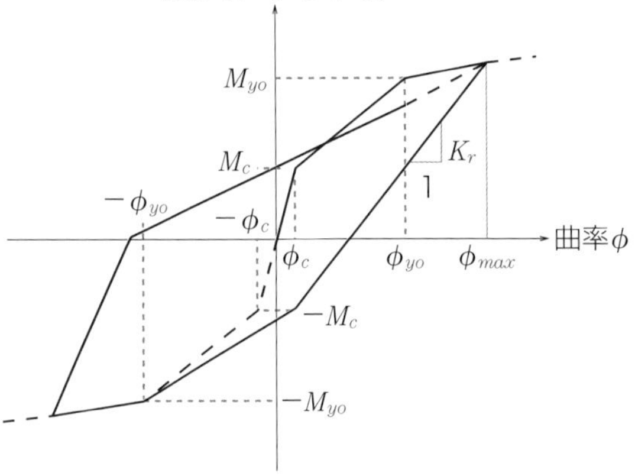

図3-2-9　鉄筋コンクリート部材の非線形履歴モデルの例（Takedaモデル）[9)]

鉄筋コンクリート橋脚の曲げモーメントと曲率あるいは回転角の関係は，ひび割れ点，降伏点，終局点からなるトリリニア型を選択した場合には，塑性率に応じて部材の剛性が低下するTakedaモデル（**図3-2-9**）などの最大点指向の剛性低下型モデルが実務上多く用いられています．その他の構造部材も，部材の変形性能特性に応じた非線形履歴特性を適切に選定します．以上のように，非線形履歴モデルは，部材の正負交番載荷実験結果等に近似したモデルが用いられます．

（4）拘束条件のモデル化

橋梁を３次元でモデル化する場合，節点の自由度は，**図3-2-10**に示すように６自由度（橋軸方向，鉛直方向，橋軸直角方向，橋軸回り，鉛直回り，橋軸直角回り）になります．部材間の結合状態に応じて，各自由度に拘束条件を設定します．例えば，支承部について，「道示」[3)] では，１支承線上の複

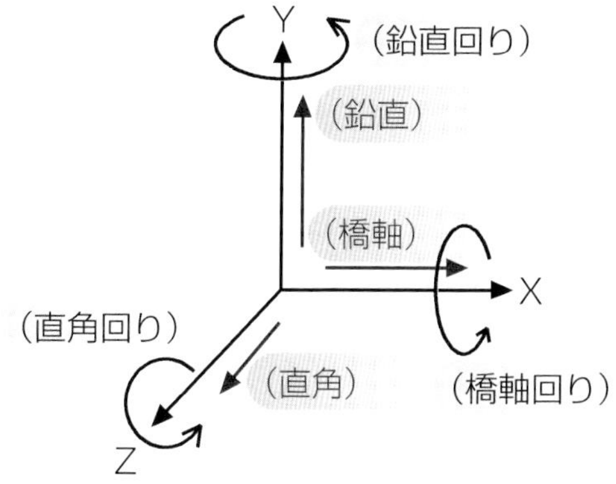

図3-2-10　解析モデルの自由度方向

表3-2-3　支承部のモデル化の例[3)]

支承条件	橋軸方向	橋軸 直角方向	鉛直方向	橋軸回り	橋軸 直角回り	鉛直 軸回り
固定支承	拘束	拘束	拘束	拘束	自由	自由
可動支承	自由	拘束	拘束	拘束	自由	自由
弾性支承	ばね*	ばね*	拘束**	拘束**	自由**	自由**
免震支承	ばね*	ばね*	拘束**	拘束**	自由**	自由**

注1）＊の条件は，橋軸方向及び橋軸直角方向の両方向に弾性支承あるいは免震支承で支持される場合について示した．
注2）＊＊の条件は，厳密にはばね支持となるが，解析結果への影響は一般に小さいため，このようにしてよい．

数の支承をまとめてモデル化する場合，**表3-2-3**のように拘束条件を設定します．なお，支承を一基ずつモデル化する場合は，橋軸回りの拘束条件は「自由」とするのが一般的です．

また，トラス部材は，曲げを伝達せず軸力のみに抵抗する部材であるため，トラス構造を構成する要素端部の結合条件は回転を拘束しないピン結合（回転自由）とします．

（5）減 衰 定 数

構造物の揺れは，地震等の外力がなくなると自然に揺れが小さくなり，ある時間が経つと収束します．これは，構造物には減衰力が作用するためです．一般的な地上構造物の減衰の種類は，材料の内部減衰（材料内部の分子間摩擦によるもの），摩擦減衰（接合部など部材間の摩擦によるもの），粘性減衰（空気や水との摩擦抵抗によるもの），逸散減衰（構造物の振動エネルギーが地盤等の外部へ消散されるもの），履歴減衰（非線形材料の履歴によるエネルギー吸収）等があります．これらの減衰を個々に評価することは困難であるため，動的解析では，速度に比例する粘性減衰としてモデル化するのが一般的です．「道示」[1)]では，過去の実験等に基づいて，部材ごとの減衰定数の標準的な値が示されています（**表3-2-4**）．

2-3-3　固有値解析

固有値解析とは，構造物の固有周期（振動数），固有ベクトルを求める解析です．また，それらを用いて，刺激係数，ひずみエネルギー比例減衰定数，レーリー減衰の係数設定を行います．また，解析モデルの妥当性確認を行います．

表3-2-4 構造要素の減衰定数の例[1)に加筆]

構造部材	鋼構造	コンクリート構造
上部構造	0.02 （ケーブル：0.01）	0.03
弾性支承	0.03（使用する弾性支承の実験より得られた等価減衰定数）	
免震支承	有効設計変位に対する等価減衰定数	
橋 脚	0.03 0.01[*1]	0.05 0.02[*1]
基 礎	0.1：Ⅰ種地盤上の基礎およびⅡ種地盤上の直接基礎 0.2：上記以外の条件の基礎	

＊1：非線形履歴モデルによるエネルギー吸収を別途考慮する場合

（1）固有周期（振動数）と固有ベクトル

構造物が揺れているとき，構造物を揺らしている外力を取り除いても，しばらくは一定の周期で規則的に振動しています．この外力がなく自由に揺れている状態を自由振動といい，このときの揺れの周期を固有周期といいます．なお，固有周期の逆数が固有振動数です．

式（1）で減衰力と地震外力を0とすると，減衰力が作用しない自由振動の式（2）になります．

$$M\ddot{x}(t)+Kx(t)=0 \qquad (2)$$

構造物が自由振動をしているとき，$x(t)$ は式（2）を満足するようなある一定の周期（固有周期）で揺れます．1自由度振動系の固有周期，固有振動数は，構造物の質量と剛性により，式（3）～（5）で計算することができます．

$$T=2\pi\sqrt{M/K} \qquad (3)$$

$$f=1/T \qquad (4)$$

$$\omega=\frac{2\pi}{T}=\sqrt{K/M} \qquad (5)$$

ここに，

T：固有周期（s），f：固有振動数（Hz），

ω：固有円振動数（rad/s），

M：構造物の質量（$kN\cdot s^2/m$），

K：剛性（kN/m）

式（3）から，質量が大きく剛性が小さい（柔らかい）構造物は長周期で揺れることが分かります．その場合，長周期地震動に対して揺れやすく注意が必要です．

ある固有周期で揺れるときの各節点の振幅の比を固有ベクトルといいます．固有ベクトルを各節点に与えて図化すると，その固有周期で揺れる形を表します．そのことから固有ベクトルを固有振動モードともいいます．

固有周期，固有ベクトルは，節点の自由度の数（n）だけ求まります．固有周期が長い（固有振動数が短い）順に並べて，1次，2次，･･･n次モードと呼びます．構造物が単純な場合は，1次モードが卓越した形で揺れます．構造物が複雑になると，複数の振動モードが重なり合った複雑な揺れ方になります．

固有値解析結果の例として，**図3-2-11**のPCラーメン橋の固有値解析結果を**表3-2-5**に示

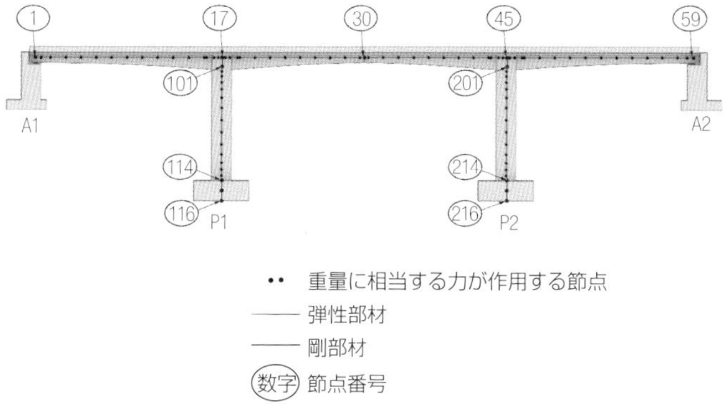

図3-2-11　PCラーメン橋の解析モデル例（橋軸方向）

表3-2-5　固有値解析結果例（PCラーメン橋 橋軸方向）

モード次数	固有振動数(Hz)	固有周期(sec)	刺激係数		有効質量比(%)		ひずみエネルギー比例減衰
			橋軸方向	鉛直方向	橋軸方向	鉛直方向	
1	0.675	1.482	84.15	0.00	63.85	0.00	0.0403
2	1.643	0.609	0.02	16.31	0.00	2.42	0.0307
3	2.510	0.398	26.50	0.03	6.33	0.00	0.0335
4	3.062	0.327	0.01	58.88	0.00	31.60	0.0359
5	4.401	0.227	23.70	0.02	5.06	0.00	0.0493
6	4.613	0.217	0.01	15.31	0.00	2.14	0.0707
7	5.009	0.200	47.88	0.00	20.67	0.00	0.0711
8	6.238	0.160	0.00	80.87	0.00	59.61	0.0861
9	6.533	0.153	7.82	0.02	0.55	0.00	0.0748
10	7.043	0.142	0.01	0.04	0.00	0.00	0.0485

します．橋軸方向の刺激係数の大きさから，この橋は主に1次モード（固有周期：1.482秒）で揺れることが分かります．**図3-2-12**に橋軸方向の刺激係数が大きい1次，3次，5次，7次モードの固有振動モード図を示します．また，鉛直方向の刺激係数が大きい2次，4次，6次，8次，10次モードは，鉛直方向に揺れるモードで橋軸方向の揺れにはほとんど関与しないことを示しています．なお，5次，7次モードの橋軸方向の刺激係数は比較的大きいですが，これは質量の大きい基礎が揺れるモードであることが原因であり，実際の揺れにはほとんど影響しないモードであることに注意してください．固有値解析について，要点を以下にまとめます．

① 構造物には固有の揺れやすい周期がある．

② 固有周期は構造物の質量と剛性から決まる．

③ 固有周期・固有振動モードは節点の自由度の数だけ存在する．

（2）刺激係数と有効質量比

刺激係数は，構造物がある次数の振動モードで揺れるときの地震動加速度の倍率を表す係数のことです．正規化した固有ベクトルを用いた場合は，式（6）で求めることができ，刺激係数が大きい次数の振動モードで揺れやすいということを表しています．各節点の固有ベクトル

(a) 1次モード

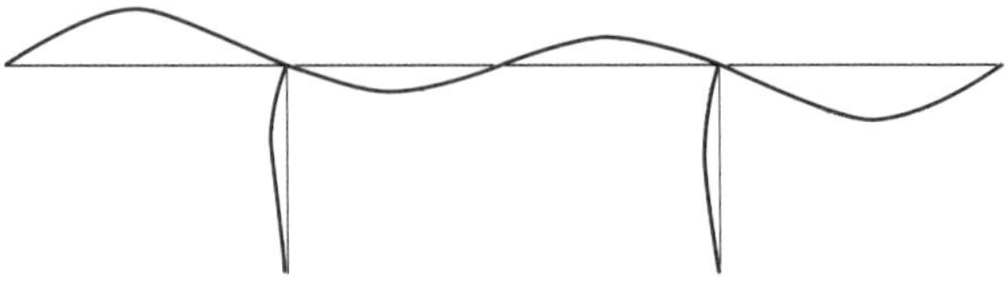

(b) 3次モード

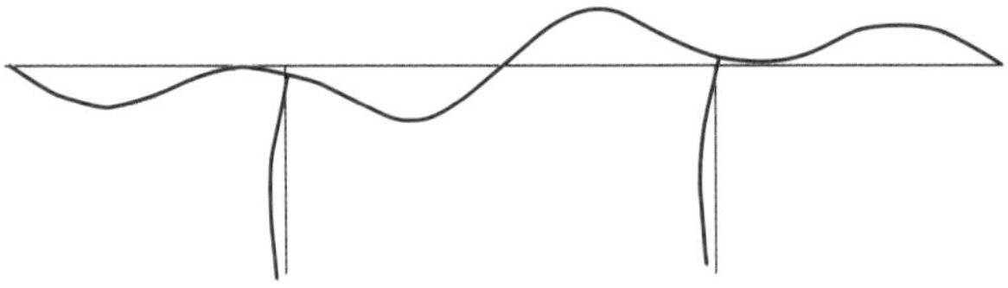

(c) 5次モード

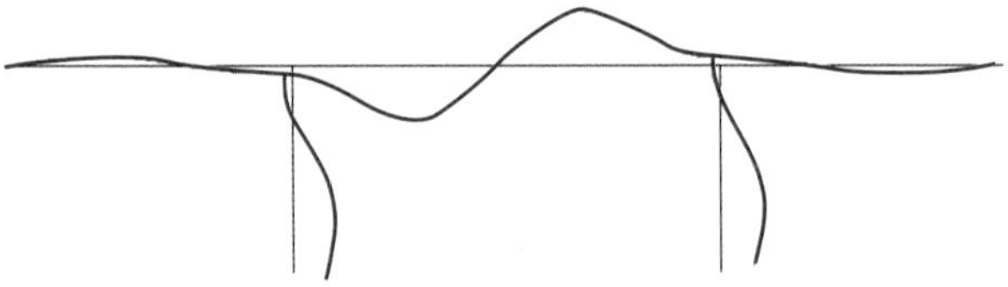

(d) 7次モード

図3-2-12　固有振動モード図の例

が同じ方向に大きいモードや，質量の大きな節点の固有ベクトルが大きいモードは，刺激係数がより大きな値となって現れます．

$$\beta_s=\sum_{i=1}^{n} m_i \phi_{is} \qquad (6)$$

ここに，

β_s：s 次モードの刺激係数

m_i：i 節点の質量

ϕ_{is}：i 節点の s 次モードの固有ベクトル（正規化後）

n：自由度の数

ここで，正規化した固有ベクトルとは，式（7）が成立するように調整した固有ベクトルのことです．

$$\sum_{i=1}^{n} m_i {\phi_{is}}^2 = 1 \qquad (7)$$

有効質量とは，ある振動モードで揺れる１自由度系に置き換えた場合に等価となる質量を表しています．有効質量は，上述の刺激係数を用いて，式（8）で求めることができます．

$$M_s = {\beta_s}^2 \qquad (8)$$

ここに，

M_s：s 次モードの有効質量

各振動モードの有効質量の合計は解析モデルの全質量と一致します．全質量に対する有効質量の割合を有効質量比といい，有効質量比の合計は1（100%）になります．構造物の揺れる形は，各振動モードが重なり合った形になりますが，有効質量比が大きい振動モード（形）で揺れやすいということがわかります．

ただし，質量の大きい底版や橋台が揺れるモードの有効質量比は大きく算出されることがあるため，構造物全体の地震時挙動に関わる支配的な振動モードを評価するためには，有効質量比の数字だけを見るのではなく，振動モード図とセットで判断することが重要です．

また，モード合成法による線形動的解析では，いたずらに高次振動まで計算する必要はなく，有効質量比の累計が0.8（80%）～0.9（90%）になる次数までを考慮すれば実用上は十分な精度の結果が得られます．

（3）ひずみエネルギー比例減衰

ひずみエネルギー比例減衰は，各要素に蓄えられるひずみエネルギーの一部が減衰エネルギーとして消費されるという考え方に基づくものであり，**表3-2-4**に示した構造要素の減衰定数，剛性行列，固有ベクトルを用いて求めます．動的解析では，ここで求めた減衰定数に近似するように減衰行列Cを設定します． ひずみエネルギー比例減衰の数学的な算出方法は，他の文献[例えば7)]を参照してください．

（4）解析モデルの妥当性確認

固有値解析結果から，解析モデルの妥当性確認を行うことができます．解析モデルの妥当性確認は，下記に着目して行います．

・固有周期の値は妥当な範囲か？
・固有振動モード図は適切か？
・ひずみエネルギー比例減衰は適切か？

固有周期の目安として，一般的な桁橋やラーメン橋で0.5～1.5秒程度，弾性支承の橋や高橋脚の橋で1.0～2.0秒程度，吊橋などの長大橋で2.0～10秒程度になります．１次モードの固有周期が上記の範囲から大きく外れている場合は，節点の質量や剛性を誤って入力している可能性があります．よくある間違いは，質量と重量の違い，断面諸定数，ばね定数の単位系の違いなどです．固有振動モード図からは，一般に橋が振動すると考えられる形になっているか，節点が不連続になっていないか，拘束条件で設定したとおりの変形になっているかなどについて確認します．ひずみエネルギー比例減衰は，各振動モードで大きく変形している構造要素の減衰定数に近い値になります．減衰定数が設定した値から大きく外れている場合は，構造要素の減衰定数を0.05と入力すべきところを5.0（%）と入力していることなどが考えられます．

入力する単位系は，解析ソフトウエアによって異なりますので，使用するソフトウエアの入力方法を十分に確認してください．

2-3-4　レーリー減衰の係数設定

式（1）に示した減衰行列Cは，**表3-2-5**のひずみエネルギー比例減衰をそのまま用いる方法もありますが，複雑な解析モデルや非線形解析では，解析の収束性が悪くなり解析時間が長くなります．そのため，レーリー減衰という減衰モデルがよく用いられます．

レーリー減衰は，式（9）に示すように，減衰行列Cを質量行列Mと剛性行列Kの線形和で表現したものです．こうすることで固有ベクトルの直交性という性質を活用することができるようになり，解析の収束性がよくなります．

$$[C]=\alpha[M]+\beta[K] \qquad (9)$$

ここに，α，βは比例係数で，αを0とすると剛性比例減衰，βを0とすると質量比例減衰になります．

剛性比例減衰は振動数に比例し，質量比例減衰は振動数に反比例します．比例係数α，βは，ひずみエネルギー比例減衰に近似するように，主要な振動モードを2つ選択することで求めることができます．前述のPCラーメン橋の事例では，**図3-2-13**に示すように1次モードと3次モードを選択してレーリー減衰の係数を求めています．レーリー減衰の曲線が1次と3次のモード減衰定数を通り，橋軸方向に振動するモードの減衰を近似できていることが分かります．構造物が複雑になってくると，主要な振動モードすべてに近似するような係数を設定することは難しくなります．そのような場合は，主要な振動モードの近くを通り，他の主な振動モードに対して過度に安全側または危険側にならないように注意して，2つの振動モードを選択します．

なお，注意点として，ダンパーや摩擦履歴型の支承をバイリニア型の非線形ばね要素でモデル化した場合は，一次剛性が大きく過減衰となるため，ダンパーや支承がほとんど動かなくなる現象が起こります．この場合は，要素別レーリー減衰を用いて，対象となる要素の係数α，βを0にするなどの対処が必要です．レーリー減衰の係数を設定する際のポイントを以下にまとめます．

① レーリー減衰の係数は，主要な振動モードを近似できるように設定する．

② 減衰の大小は応答値に大きな影響を及ぼすため，慎重に2つのモードを選択する．

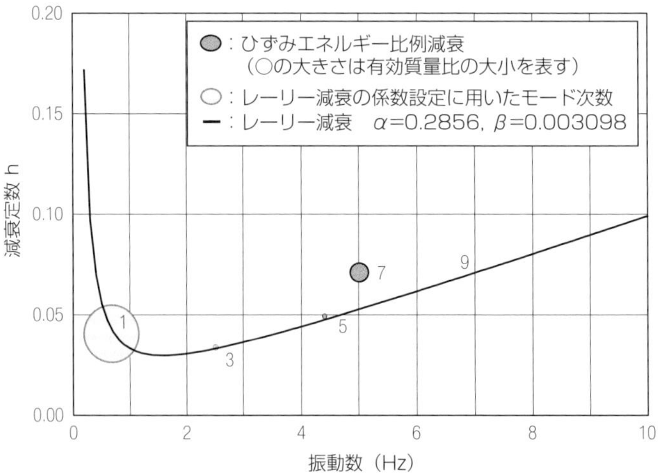

図3-2-13　動的解析に用いた減衰と振動数の関係（PCラーメン橋 橋軸方向）

③　1次剛性が大きい要素は，過減衰とならないように要素別レーリー減衰を設定する.

2-3-5　初期応力解析

解析モデルが完成し，固有値解析結果に問題がなければ，初期応力解析を行い，地震が作用する前の部材応力状態を再現します．一般的な初期応力解析は，静的に鉛直方向に重力加速度を作用させて部材応力を求めます．橋梁形式によっては，架設時の断面力やプレストレス力などによる応力が完成形の構造部材に発生しているため，架設ステップを再現して，初期応力状態を橋の完成形としての応力に近似させる必要があります.

初期応力解析の結果，異常な応力が発生している部材はないか，支承反力は設計計算時の死荷重反力と同等であるかなどに注目して解析モデルの妥当性を確認します．初期応力解析を行う際のポイントを以下にまとめます.

①　地震が作用する前の部材応力状態を再現する.

②　橋梁形式によっては，架設工程から再現する.

③　支承の死荷重反力を確認する.

2-3-6　非線形動的解析

非線形動的解析は，逐次積分法という方法で時々刻々と次ステップの応答値を求めていきます．この方法は，次ステップの応答加速度を推定し，式（1）の運動方程式が成立するように繰り返し計算を行う方法です．非線形要素が多い場合や塑性化前の剛性と塑性化後の剛性の差が大きい場合などは，解が収束しないことがあります．この対処法として，解析時間間隔を細かくすることや次ステップの応答値の推定方法を変更する[*1]ことなどが考えられます.

2-3-7　解析結果の確認

非線形動的解析の結果として，変位，加速度，速度，断面力などの最大応答値やその分布図，時刻歴波形図，免震支承の水平力～変位関係，橋脚の曲げモーメント～曲率関係などの履歴図が得られます.

耐震性能照査では，主に最大応答値を使用するため，最大応答値だけに着目する技術者がいます．しかし，動的解析がきちんと計算できていることを確認するためには，最大応答値だけではなく，最大応答値分布図，時刻歴応答波形図，履歴図等を出力し，以下に示すチェックポイントを確認することが重要です.

①　意図しない箇所に塑性化が生じていないか？

②　断面力分布は不自然ではないか？

③　入力波形と応答波形は類似しているか？

④　応答波形の周期は固有周期に近いものか？

⑤　履歴曲線は適切なループを描いているか？

⑥　応答波形は発散していないか？

⑦　応答波形にスパイクが生じていないか？

図3-2-11のPCラーメン橋の動的解析結果の例を**図3-2-14～16**に示します．また**図3-2-**

＊1：ニューマークのβ法の場合は，βの値を変更するなど

(a) 最大変位図

(b) 最大曲げモーメント分布図

図3-2--14　最大応答値図の例（PCラーメン橋 橋軸方向）

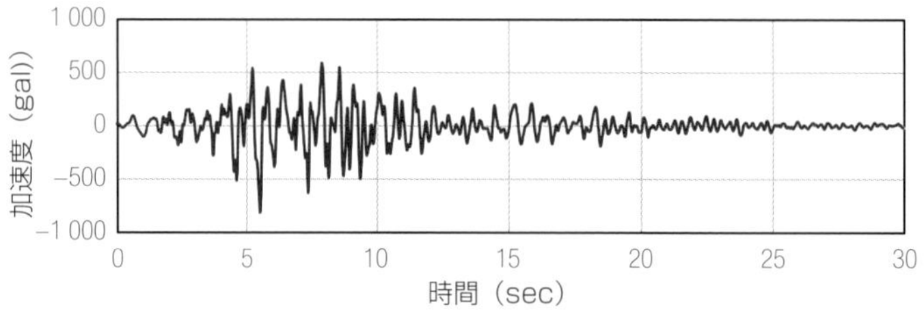

(a) 入力地震動

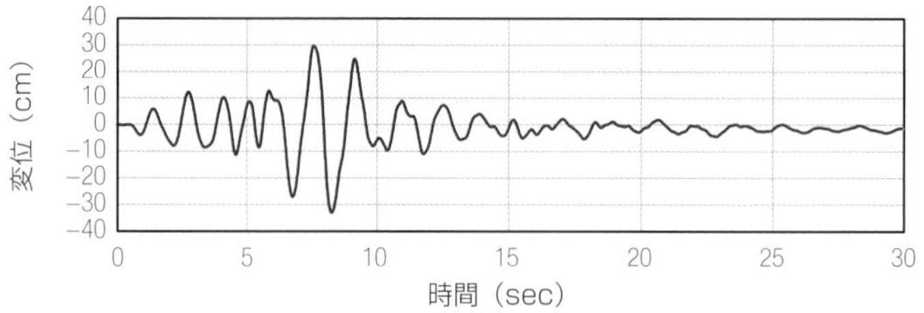

(b) 上部構造慣性力作用位置の変位

図3-2--15　時刻歴応答波形の例

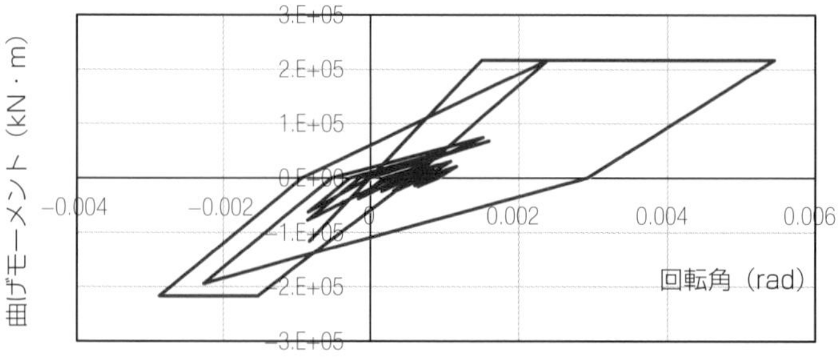

図3-2-16　橋脚基部塑性ヒンジ部の曲げモーメント-回転角履歴図の例

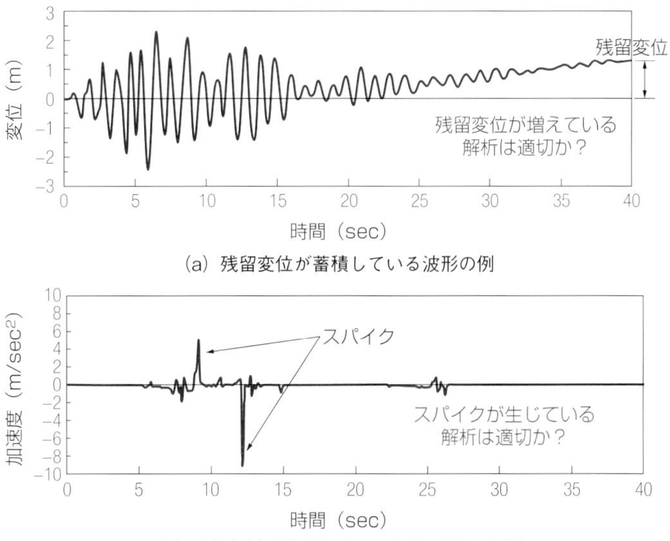

(a) 残留変位が蓄積している波形の例

(b) 応答加速度波形に‘スパイク’が生じた例

図3-2-17　動的解析の妥当性が心配な例[7] に加筆

17は動的解析結果のチェックポイントとして，注意すべき現象が生じている事例を示しています．

2-3-8　耐震性能の照査

「道路橋示方書[3]」では，設計地震動のレベルと橋の重要度に応じて，橋に求める耐震性能が規定されています．特に重要度が高い橋では，レベル２地震動に対して，耐震性能２（地震による損傷が限定的なものにとどまり，橋としての機能の回復が速やかに行い得る性能）を目標とします．

耐震性能照査では，動的解析結果の応答値が耐震性能に応じた許容値以下であることを確認します．

2-4　耐震補強工法の検討

目標とする橋の耐震性能を満足していない場合は，性能を満足するように耐震補強を行います．

既設橋梁の耐震補強は，基本的には耐力やじん性が目標値を満足しない箇所を補強します．しかし，現地条件によっては施工が困難な箇所もあります．このような場合は，橋梁全体系で慣性力を低減させる工法や補強しやすい橋脚に慣性力を分担させるような工法も検討し，その適用性が妥当な補強工法を施工性と併せて検討することが重要です．

支承条件を変更した場合や，コンクリート橋脚にRC巻立て補強を行い橋脚剛性が変化する場合など，橋脚に作用する地震時水平力が変化するため，補強後の構造系に対して改めて動的解析による耐震性能照査が必要です．また，常時，レベル１地震時に対する照査が必要となる場合もあります．

基礎は補強を行うことが困難であることから，基礎に伝達する断面力は極力増やさないような工法を検討します．

その他，既設橋梁の耐震補強設計は，文献5），10），11）などが参考になります．耐震補強工法を検討する際のポイントを以下にまとめます．

① 動的解析結果から橋全体で耐震性が向上する補強工法を検討する．

② 施工条件を勘案して補強工法を検討する．

2-5 まとめ

地震時の橋梁の応答挙動は複雑であり，動的解析を行うことで初めて理解できることが多数あります．近年，解析ソフトが充実し，振動工学の基礎知識がなくても動的解析を行えるようになったことから，非線形動的解析が今後は一般的に行われると思われます．しかし，動的解析は耐震設計を実施するための1つの道具であり，道具は正しい使われ方をしてこそ実用に足るものです．決して動的解析結果をそのまま信用することはせず，本稿に示した観点で妥当性を確認してください．特に，適切なモデル化や見逃しのない妥当性の確認を行うためには，対象とする構造物が地震動の種類によってどのような応答をするかを事前にイメージすることが重要です．プログラムで様々なことができるようになればなるほど，解析者ではなく設計者としての技術者の想像力が必要になることを理解してください．

〔参 考 文 献〕

1）日本道路協会：道路橋示方書・同解説Ⅴ耐震設計編（2017.3）
2）日本道路協会：道路橋示方書・同解説Ⅴ耐震設計編（1996.12）
3）日本道路協会：道路橋示方書・同解説Ⅴ耐震設計編（2012.3）
4）NEXCO：設計要領第二集 橋梁建設編（2016.8）
5）NEXCO：設計要領第二集 橋梁保全編（2017.7）
6）日本道路協会：道路橋の耐震設計に関する資料（1998.1）
7）土木研究センター：橋の動的耐震設計法マニュアル（2006.5）
8）土木学会：実務に役立つ耐震設計入門（2011.1）
9）日本道路協会：道路橋示方書・同解説Ⅴ耐震設計編に関する参考資料（2015.3）
10）日本道路協会：既設道路橋の耐震補強に関する参考資料（1997.8）
11）国土技術政策総合研究所・土木研究所：既設橋の耐震補強設計に関する技術資料（2012.11）

第3章

センシングとモニタリング

3-1 モニタリングの目的

モニタリングとは，構造物の状態を常時もしくは複数回で観測し，状態の変化を定量的に把握する行為と説明されます．近年の半導体技術，情報通信技術の飛躍的な発展に伴い，構造物の力学的挙動をセンサで常時計測できるようになっています．すなわち，センサ情報と構造工学の諸理論を融合し，構造物の状態を定量的に評価することを目的としています．近年は，計測データをクラウド上に集約し，計測データに潜んでいる構造物の力学特性の変化に着目した損傷検知を遠隔で行えるようにもなっています．

遠隔損傷検知手段としてのモニタリングにおいては，まずモニタリング対象の物理量（特徴量）を決め，正常時の構造物の状態を観測し，損傷や異常判断の基準情報を確保します．次に，新たに計測されるセンシングデータから対象とする特徴量（例えば，ひずみ，たわみ，加速度など）を決め，基準特徴量の情報と比較することで損傷や異常の存在を推定します．このような遠隔モニタリングは，例えば，事務所から離れた位置に散在する橋梁などの道路構造物に限らず，今後建設が増える洋上風力発電設備[1)]，地下トンネルなど多くの土木構造物において，その主たる状態監視手段とならざるを得ない状況から，モニタリング技術の寄与が強く求められています．

社会のモニタリングに対する要請，期待も近年大きく変化しています．国家戦略として情報通信技術（ICT）を最大限に活用したSociety 5.0の実現を目指す中，そのコア技術はデジタルツインなどのサイバーモデルベースに移行しており，インフラ管理もサイバーシステムへの移行が着々と進められています．例えば内閣府の第1期戦略的イノベーション創造プログラム（SIP）の課題として「インフラ維持管理・更新・マネジメント技術」が取り上げられました．SIPのインフラ分野においてはICT，人工知能（AI）技術のインフラへの適用に重点が置かれ，インフラの維持管理，マネジメント技術の中でも，余寿命予測技術，AI技術との融合に重点が置かれています．モニタリング技術についても同様の変化が求められています．

3-2 モニタリングの役割と種類

インフラの老朽化が進行する現在，社会コストの観点から，通行止めや架替えを未然に防ぐ技術が求められています．このためには，構造物の劣化因子の定量化や余寿命予測が重要となり，構造力学に基づいた構造物の損傷検知と損傷メカニズムの解明が，センシングとモニタリングに対する社会的要請となっています．すなわち，センサを設置し構造物の性能変化（例えば，剛性変化）を検知しようとするモニタリングに対する社会的要請です．

モニタリングの目的は，構造物の状態監視，異常検知，健全度評価，脆弱性評価などに加え，作用外力や腐食など外部環境の把握が目的とされる場合もあります．例えば，外力一定の条件で，等分布荷重（q）が作用する支間長Lの単純ばりのたわみ量（y）を計測し，たわみ量の増加が観測されることは，はり理論（$EIy^{IV}=q$）に従い，橋の曲げ剛性（EI）低下がその原因になることは自明です．つまり，物理量のたわみを計測することで曲げ剛性の変化がモニタリングできます．センサ利用がまれだった昔は，**図3-3-1**（a）のように竿により鉄橋のたわみを計測して状態監視を行っていましたが，現在では様々なセンサが開発され，例えば**図3-3-1**（b）に示すような方法で橋のたわみを計測することが可能となっています．

また，質量（m）の単純ばりの曲げ剛性が低下した場合，支持条件と質量の変化がなければ，はりの曲げ１次振動数（$f=\pi/L^2\cdot\sqrt{EI/m}$）が低下することも自明です．時間的に変化する物理量を計測できれば，振動数が分かり，曲げ剛性の変化をモニタリングできます．

このように，モニタリングの目的に応じて，観測対象の曲げ剛性や振動特性といった観測対象の物理量が決まり，これに応じてセンサを選定し，モニタリングを計画することが一般的です．また，構造物の破壊メカニズムが明らかとなれば，その破壊シナリオに応じて，効果的にセンサを配置し，効率的なモニタリングが実施できます．また多様なセンサに加え，振動，画像による状態量の推定などを利用して，遠隔から高精度で状態監視が実現できるようになってきています．

一方で，インフラの点検モニタリングが難しい理由として，損傷箇所が広範囲に分散していることや，ライフスパンの長さが考えられます．例えば疲労破壊を考えた場合，き裂は高い応力集中部位に発生することは分かっていても対象とする位置は無数にあり，そのすべてにひずみゲージを貼り付け，数十年間モニタリングを続けることは現実には不可能でしょう．また，たわみ変化がセンサで検知できるレベルまでき裂が進展する状況は，点検がされていないか，脆性破壊が発生した場合以外には想定できません．したがって疲労き裂のような微小な損傷の

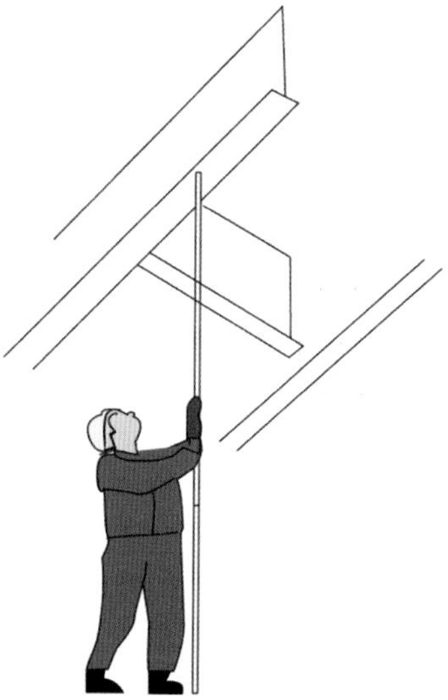

(a) たわみモニタリング（昔）

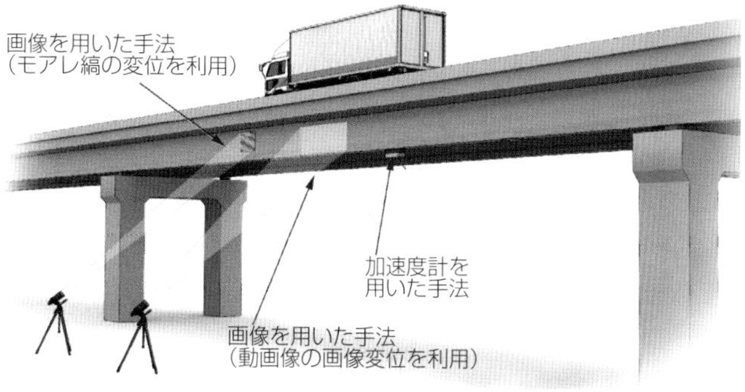

(b) たわみモニタリング（今）

図3-3-1　たわみモニタリング

検出は現状では目視点検に頼らざるを得ません．しかし点検自体にも「見ない，見えない，見過ごし」の問題，つまり損傷や異常判断におけるばらつきに起因する点検結果の信頼性の問題[2)]が指摘されています．このような問題に対して，点検とモニタリングを組み合わせることで，損傷検知の精度と効率を上げることが可能で，点検を補完する手段としてモニタリング技術を利用していくことが重要と考えられます．

当然のことですが，モニタリングの手段は，初期の小さな損傷レベルで検知する場合と，落橋につながるような大きな損傷の検知とは難易度が異なります．初期の小さな損傷検知は，補修コスト低減につながる予防保全的な対策として重要ですが，損傷検知のためのコストは高くなります．

上述のように，維持管理のモニタリングにおいては「何のために何を計るか」といった目的や目標設定が重要です．モニタリングの目的は大きく２タイプに分類できます．一つは「状態監視モニタリング」で，例えば損傷検知を目的とする応力モニタリングが該当し，点検を支援する情報を提供します．もう一つは損傷発生部材が特定されている場合の「危険予知のためのモニタリング」です．すなわち，センサを損傷発生位置に設置して，損傷発生の予兆をとらえたり，損傷発生後の損傷進展を予測・追跡するためのモニタリングです．これは落橋，通行止めなど重大な事故の予兆，あるいは発生を検知するもので，地震時の支承変位のモニタリングなどがそれに該当します．状態監視モニタリングと危険予知モニタリングでは，検知手法や要求される情報の質に違いがあり，その目的に応じたモニタリング手法を選定する必要があります．

3-2-1　変位モニタリング

古典的はり理論における各物理量（たわみ，たわみ角，曲げモーメント，せん断力，分布荷重）と変位（たわみ），速度，加速度の関係性を**図3-3-2**に示します．**図3-3-2**から分かるように，たわみはモニタリングのセンサ情報を理解する基本特徴量です．構造物のたわみ変位の変化から，その剛性の変化を知ることができます．しかし，たわみ変化が検知できるほどの損傷が発生するのは，洗掘等による橋脚の倒れ，大地震による支承の離脱，部材の座屈破壊など異常荷重時に限

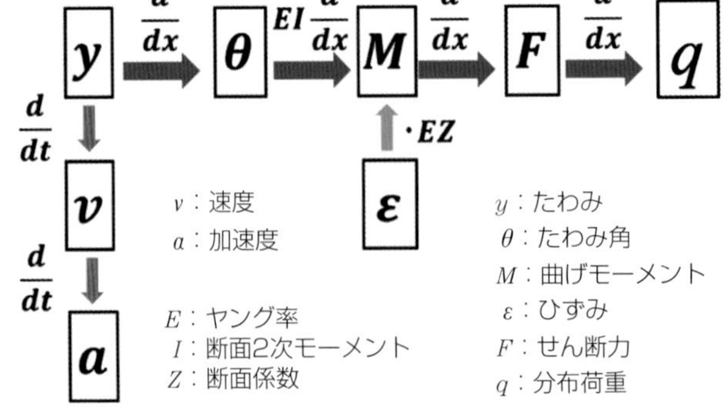

図3-3-2　古典的はり理論における変位，たわみ角，曲げモーメント，せん断力，分布荷重と速度，加速度の関係性．

定されます．また，例えば橋の活荷重によるたわみの変化をモニタリングしようとしても，温度によるたわみ変化，活荷重以外の力の作用，アスファルト舗装の剛性変化，工事点検車両，重機など様々なノイズが影響します．したがって，たわみと同時に，活荷重以外の影響因子に対するモニタリングも必要となります．また，変位モニタリングには，過度な変位の発生有無に着目するニーズもあり，ある管理基準変位を超えるとセンサが断線する現象に着目する破断型モニタリングもあります．

モニタリングのためのたわみの計測方法としては，変位計，傾斜計を用いてたわみを直接計測する方法と，加速度信号を時間積分して変位を計算する方法があります．このためにはたわみを50Hz程度以上のサンプリング間隔で，時間的に連続してとらえる必要があり，画像計測，レーザードプラー計などは利用しにくい場合があります．また，レーザードプラー計のように関連費用の点でモニタリングには適さない場合もあります．加速度を積分して変位を計算する場合には，たわみ成分以外のノイズ振動や，ドリフト成分が含まれ，通常の積分では結果が発散しやすいです．これを抑えるための各種手法が提案されており，数秒程度のインターバルであればドリフト，ノイズを除去してたわみが検出できるようになっています．

（1）傾斜センサによるモニタリング

傾斜センサを橋梁の進入側と退出側に設置して，車両通過時の回転角をモニタリングした例を対象橋梁とともに**図3-3-3**に示します[3)]．回転角と同時に通過車両の重量をWIM（Weigh-in-Motion）等により検出することで，橋梁の曲げ剛性を評価できます．また傾斜センサを橋脚天端に設置して，基礎の回転ばねを評価でき，この結果を橋脚の耐震性能評価，危険検知につな

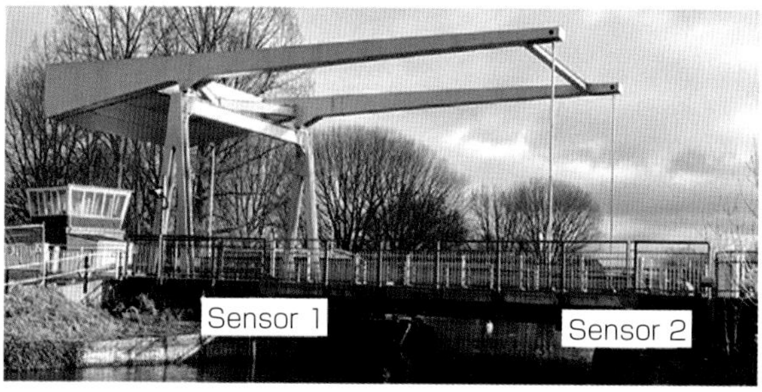

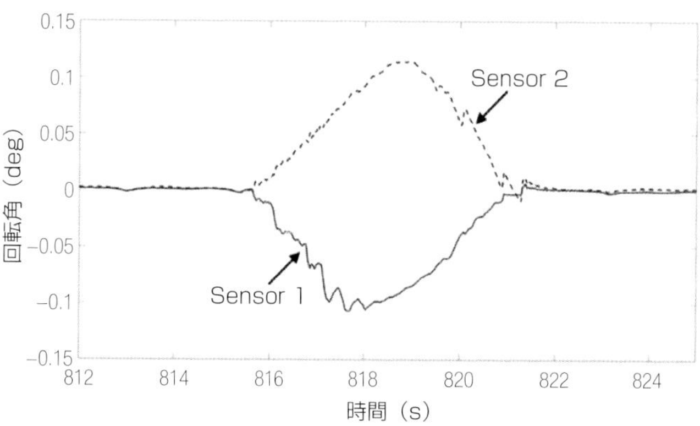

図3-3-3 橋梁たわみ角のモニタリング例

げることができます．

（2）断線型モニタリング

カナダケベックでは2006年にコンクリート桁切欠き部が破壊し死亡事故が起きています．このような事故を防ぐための危険予知モニタリングとして，ひび割れ開口部にパイゲージを取り付け，開口幅が設定した閾値を超えたならば警報を出す断線型モニタリングが考えられます．しかし，注意すべき点は，き裂の開口は温度，活荷重によって常時起きており，これを勘案して破壊の危険を正しく判定できるように工夫する必要があります．判定に誤りが生じれば，モニタリングシステム設置の意味がなくなるだけでなく，空振り警報を繰り返せば，モニタリングの信頼性を落とし，検知の弊害になる場合もあります．社会実装において無人モニタリングシステムの誤判定は大きな問題となる場合があります．今後，モニタリング導入の際には，不確定性を考慮した信頼性評価やリスク評価を取り入れる必要があります．

3-2-2　腐食の検知

（1）鋼橋の腐食の検知

鋼橋の腐食は進行が穏やかで，緊急の補修が必要となるのは放置された場合に限られます．腐食の形態には，塗膜劣化とともに全面にさびが拡がり減肉する場合と，局部的な塗膜の弱点，キズから深く浸透する局部的な腐食があり，検出手段は異なります．腐食部の検出，腐食程度の評価は，通常は点検によって行われており，検知は，狭隘部，点検困難箇所を除き，それほど難しいものではありません．表面の凹凸から減肉量の計測が行われています．計測には音波スキャナ，磁気センサが用いられる場合もありますが，通常は深さゲージなどで実施されます．腐食センサなどにより部材の腐食を検知する事例もあり，いずれにしても人手を介することが必要です．

（2）鉄筋の腐食

通常は鉄筋腐食が生じる場合には，貫通ひび割れが生じ，さび汁が漏出しコンクリートの剥離が生じることから内部の腐食を検知できます．また腐食が生じた鉄筋は，水の浸入を止めない限り，腐食は止まらないことから，浸入経路の特定が重要となります．さび汁が生じる前の鉄筋に対しては施工前に鉄筋にAECセンサや水分検知センサを設置し，RFID（Radio Frequency Identification）を利用してコンクリート内部の腐食環境の観測を行うことができます．

（3）PC腐食破断のモニタリング

PC鋼材の破断によるPC橋の挙動変化の振動モニタリング実験結果が報告されています[4)]．加速度センサによりPC鋼線の部分的な破断による減衰率の上昇が検出できたこと，PC鋼線のプレストレス減少によりわずかですが振動数変化が検知されたことが報告されています．またPCの破断をAE（Acoustic Emission）センサでモニタリングすることも可能です．AEは破断時のAE波をとらえることができ，複数のセンサ間の到達時間差から破断位置の推定が可能です．またPCグラウトの有無によりAE波の振幅が変化することが報告されています．

3-2-3　振動モニタリング

振動モニタリングの目的の一つはたわみモニタリングと同じく，構造物の剛性の変化を検知するものです．構造物の振動には，環境雑音など多くの振動数成分が含まれますが，その中に含まれる構造物の固有振動数は共振により大きな振幅を示します．この共振モードの振動数，振幅をモニタリングすることで，構造物の振動特性の変化を知ることができます．さらに減衰定数，振動モードによる橋梁に生じる損傷評価も行われています．一方で，振動モードによって損傷に対する振動特性の感度が異なり，どの振動モードを特徴量とするかをあらかじめ決めておく必要があります[5]．

3-2-4　き裂検知（主部材の疲労）

き裂の除去は橋梁の破壊防止の重要な方策ですが，例えば100 mの構造物の中には数kmの溶接線があり，そこに供用数十年後に発生する数mmのき裂をセンサで検出することは，そのスケール比から考えても困難なことが想像できます．点検においてはき裂発生箇所，発生時期を予想して，その箇所の塗膜割れを探し，その下にあるき裂を検知しています．しかし検知には近接目視が必要となるため，アクセスできない箇所については，画像からき裂を有する塗膜割れを検出する方法が検討されています．

（1）き裂検知のための補完的モニタリング

き裂発生が高い活荷重応力に起因する場合は，荷重履歴と継手の疲労強度からき裂の発生位置，時期を予想することができます．応力モニタリングと組み合わせることで，ピンポイントの点検，検知モニタリングを行うことも可能です．

また，磁粉探傷によるき裂の検出には人の接近が必要で，効率化が難しい作業といえますが，ドローン等を利用した塗膜割れ検出，機械学習によるき裂の有無判定方法の開発などが進められています[6]．このような遠隔モニタリング，センシングを併用してき裂点検を効率化できる可能性があります．

（2）き裂の進展モニタリング

小さなき裂が発見された場合，それが疲労き裂であれば，き裂が成長するにつれて進展速度が加速し，最終的には脆性的な破壊モードに移行します．き裂の進展予測が必要な場合には，き裂先端に銅線，光ファイバーなどを貼付し，断線センサとして用いることで，遠隔でのき裂の進展モニタリングが可能となります．銅線を長くすることで，１本断線センサを用いて橋梁内の複数箇所でのき裂発生を監視できます．このような断線センサは安価で電源消費も少ないことから，インフラ構造物のモニタリングに適したものと考えられます．

3-2-5　き裂検知（２次部材の疲労）

２次部材のき裂の多くは変位誘起型疲労と呼ばれています．この場合の疲労は，主部材の弱軸方向（ウェブ面外方向）の変形で引き起こされるため，通常の設計では発生が想定されていない疲労損傷といえます．この変形が横桁，対傾構などの横方向部材により拘束されると，２次部材と主部材に挟まれた補剛リブ（ウェブギャップ板など）の溶接部に大きな応力が生じ疲労き裂が発生します．このような変位誘起型疲労の発生数は主部材のき裂に比べ非常に多く，目視点検では塗膜割れを見つけた後，一括して磁粉探傷試験（Magnetic Particle Testing）を行い，き裂の有無を確認しています．しかし，き裂検出のヒット率は全塗膜割れの２割以下といわれてお

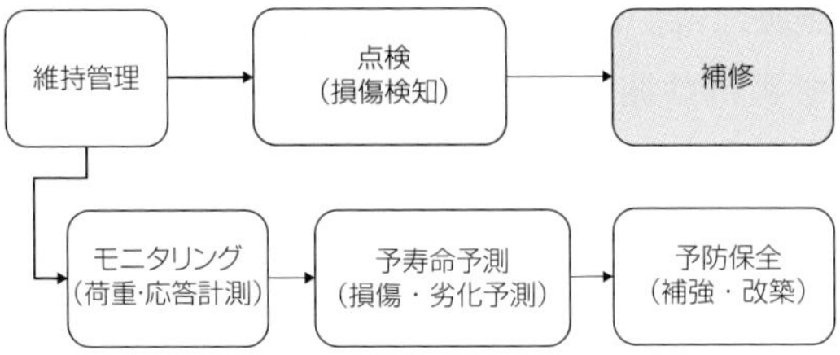

図3-3-4　点検とモニタリングの補完イメージ

り，点検コストの圧迫要因となっています．変位誘起型疲労き裂は床版たわみ，主桁間の相対変位差が大きな橋ほど発生しやすく，活荷重応力の頻度計測結果を用いてき裂の発生予測が可能です．つまり常時の応力，変位モニタリングによりき裂損傷が重大化する可能性が高い場合には，予防保全対策として，既設構造物に対して溶接止端部の切削整形，ピーニング等の疲労強度改善対策が検討できます．

このような点検とモニタリングの相互補完のイメージを**図3-3-4**に示します．

3-2-6　腐食環境のモニタリング

鋼橋の腐食は大気環境，特に塩分の影響を受けます．飛来塩分量の把握にはドライガーゼ法，付着塩分拭き取り法，土研式タンク法などがあります．これらの方法は人による計測作業が必要となりますが，腐食環境センサによるモニタリング法として，ACM型腐食センサなどのように表面の付着物による電気抵抗から水分，飛来塩分などの量を計測するセンサが考案されています．これを用いて腐食環境の厳しさを定量的に計測できます．センサ自身も腐食するため長期の計測が困難となります．また水滴のかかる場所での使用には向かないといわれています．腐食環境センサによるモニタリングは，必要とされる防錆対策のレベルを決定するための短期計測や，コンクリート内部の材料の腐食環境調査などに利用されています[7)]．

3-2-7　破壊の検知，脆弱性の検知

構造物の破壊箇所が予測できる場合には破壊のモニタリングが可能です．例えば鉄道橋では橋桁が大きく移動した場合には断線センサが機能して警報を出し列車を停止させるシステムや洗掘により橋脚が傾斜した場合に警報を発する傾斜検知センサが利用されています．また，破損箇所が特定できないような場合には光ファイバーを線状に敷設することで，破断位置を含め検知が可能です．例えば鉄道沿線の山間部の斜面災害を検知するために落石，土砂崩壊，土石流，雪崩検知のためのセンサが数多く設置され，検知された情報は防災情報システムにリアルタイムに伝達される仕組みとなっています[8)]．

（1）破 壊 検 知

構造物全体の挙動変化をとらえるグローバルなモニタリングと，損傷が発生する可能性のある部材に直接センサを取り付けるローカルなモニタリングが考えられます[7)]．前者として，橋梁のたわみや低次モードの振動数変化から損傷を検知する事例がありますが，小さな損傷では検知が難しいです．後者としては，損傷が予想される部材にひずみゲージ等を貼り付けて直接部材の損傷を検出する方法が考えられますが，損傷位置が特定できなければ，多くのセンサが

必要となります．地震時には支承，伸縮装置など支点周りの部材に損傷が集中することが報告されていることから，破壊検知のモニタリングとして，これらの部材に断線センサ，変位センサを取り付けることができます．支承の変位履歴が得られれば，最終的な支承位置から交通開放の判断ができますが，断線センサが断線した場合は，支承損傷の可能性しか分からない場合があります．

（2）脆弱性の検知

点検の目的は，小さな損傷という点の情報を得ることに対し，モニタリングは構造物の脆弱性を評価し，構造全体に生じる重大損傷を未然に防止することを大きな目的としています．点検が点の損傷情報を収集し，それを補修する手段とすれば，モニタリングは剛性などの構造物の力学特性を直接把握し，損傷発生の危険性を推定する手段としてとらえることもできます．例えば，橋梁下部工の衝撃振動試験は下部工の基礎ばねの変化を計測する手段のひとつです．またその代わりに橋脚天端に振動センサを取付け，常時荷重による振動振幅，振動数から基礎ばねの変化をモニタリングする洗掘検知モニタリングが行われています[9]．これらの情報を維持管理DBに登録し，全橋脚の脆弱性評価を俯瞰することで，対応すべき構造物を正しく把握し，維持管理が効率化できる可能性があります．遠隔モニタリングを含む維持管理プラットフォームにおける情報の流れを**図3-3-5**に示します．

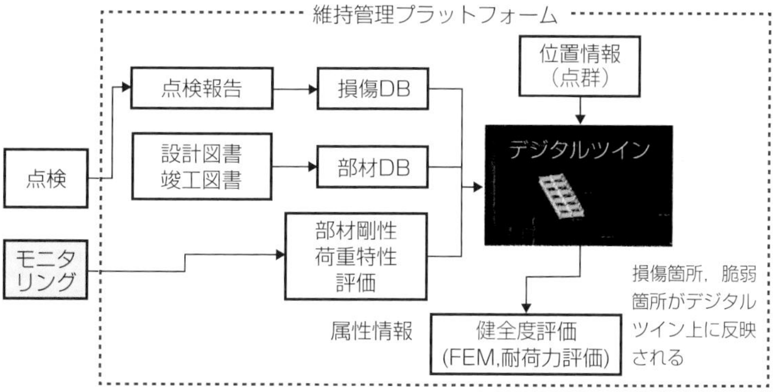

図3-3-5　維持管理情報プラットフォームにおける情報の流れ

3-3　損傷検知のためのセンサ

モニタリングにおいてセンサが使用される大きな理由は，観測結果が電気信号で得られることと観測結果の客観性でしょう．つまり人が行う主観的観測に対してセンサは客観的観測器で，誰が測っても同じ結果が得られます．またセンサによる観測は，人の五感ではとらえられない超音波，赤外線，電磁波といった物理量をとらえることが出来，応答速度が早く，長時間一定の性能を維持できる特徴があります．

表3-3-1　モニタリングに利用されるセンサ

計測対象	計測点	センサ	備考
たわみ，変位	1点	変位計，リング変位計，レーザー変位計	
		電磁誘導式変位計	支点反力推定に利用
		傾斜計	脚の倒れ計測，基準点不要
	多点	3Dレーザースキャナ，LiDAR	構造物の位置，形状把握
移動量		ひずみ式変位計，ワイヤ式変位計，レーザー距離計	
ひずみ	1点	ひずみゲージ，摩擦型ひずみゲージ	
	多点	FBG，OSMOS	
振動数	1点	ひずみ式加速度計，サーボ型加速度計，FBG加速度センサ	
		MEMS加速度計，水晶式加速度センサ	MEMSタイプ
		レーザードプラー振動計	遠隔検知
	多点	FBG加速度センサ	
ひび割れ	1点	パイゲージ	
	多点	画像センシング（デジタル画像）	画像処理にひび割れを抽出
腐食		ACMセンサ	金属の腐食電流を計測
PC破断		AEセンサ	AE波により破断検知
力		ひずみ式力センサ（ロードセル），ひずみ式トルクセンサ	ひずみにより力を計測
		磁歪式力センサ．圧電式力センサ，加圧導電ゴム	

危険予知に関しては，広く分散したインフラ構造物の観測情報を，異常発生後に人が現場に行き収集するのではなく，モニタリングデータとしてリアルタイムに伝達される利点があります．

センサで損傷の検知を行う場合，橋梁など巨大な構造物では，損傷を直接検出できる場合は少なく，損傷によって生じる２次的な現象（構造物の剛性変化による応力変化，振動数の変化）によって損傷の発生をとらえる必要があります．**表3-3-1**に橋梁など大規模構造物のモニタリングに利用されるセンサをまとめます[7]．これらセンサの検知のしくみ，特性を解説します．

3-3-1　ひずみセンサ

（1）金属線ひずみゲージ

金属線の抵抗は，金属線を伸ばすと大きくなります．これは金属線が伸縮した場合に，断面積，長さが変化し，この両方の効果で抵抗値が変化するためです．長い金属線のままでは局部のひずみが計れないため，蛇腹状に折りたたみ狭い範囲のひずみを計測できるようにしたものがひずみゲージです．蛇腹の直線部分の方向がひずみの生じる方向に一致するようにゲージをセットすれば，ひずみ発生時の抵抗変化が最大となります．３枚のゲージを組み合わせた３軸ゲージは，0，45，90°のひずみを同時に計測することで主ひずみ，せん断ひずみを計算することができます．ひずみゲージの原理を**図3-3-6**に示します．ひずみゲージを含む４つの抵抗でホイーストンブリッジ回路を組み，ひずみゲージの長さの変化によって生じる抵抗の変化を電圧の変化に変換し，ひずみを検知します．ホイーストンブリッジに与える入力電圧と出力電圧の関係，およびひずみと抵抗の変化の関係は式（1），（2）のとおりとなります．

$$v=(R_1R_3-R_2R_4)/((R_1+R_2)\times(R_3+R_4))V \qquad (1)$$

v：出力電圧，V：入力電圧

$$\epsilon=\Delta L/L=\Delta R/(K\times R) \qquad (2)$$

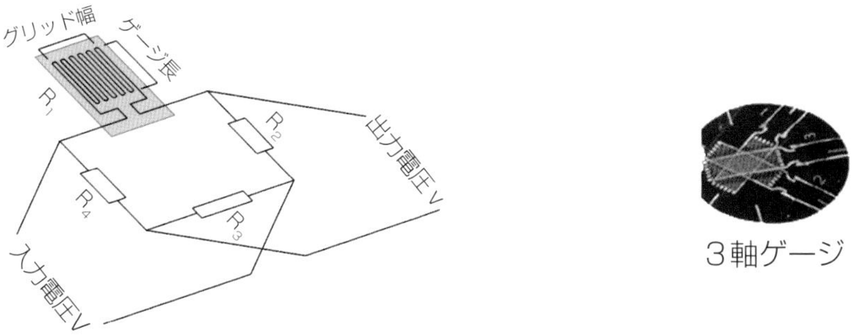

図3-3-6　ひずみゲージの原理

L：ゲージ長×折り返し数，ΔL：変化長，$R_{1\sim4}$：ゲージ抵抗，ΔR：抵抗変化，K：ゲージ率

抵抗が等しく，$\Delta R \ll R$ならば，電圧とひずみの関係は式（3）のとおりとなります．

$$\epsilon = 4\Delta v/VK \qquad (3)$$

ひずみはもとの長さに対する長さ変化の比（$\Delta L／L$）なので無次元です．ΔL＝0.1mm，L＝1000mmの場合，ひずみは1000×10^{-6}となり，この場合，“ひずみは1000マイクロ”と呼ぶことが多いですが，マイクロはひずみの単位ではなく，10^{-6}を表す言葉なので間違えないようにしてください．

（2）光ファイバーひずみセンサ

FBG（Fiber Bragg Grating），OTDR（Optical Time Domain Reflectometer）などの光ファイバーの方式があり，数cmの動的変位観測が可能なBOCDA方式も開発されています．光ファイバーセンサは1本のファイバーで数十kmの多点計測が可能です．FBGセンサは金属ひずみゲージと同じように計測位置に貼付して利用できます．光ファイバーセンサの利点は，10年以上の耐久性（計測器機の寿命はそれ以下の場合もあります）と磁気ノイズの影響を受けない点です．例えば，道路斜面の安定性に懸念がある場合には1本の光ファイバーを敷設すれば，切断位置も分かり，通行止めの判断が可能です．FBGセンサの概要を**図3-3-7**に示します．センサの長さ変化を利用して，構造物の局所的なひずみを計測します．ファイバーのグレーディングの間隔の変化によりひずみを計算します．グレーチングとは格子を利用した干渉縞の入った層

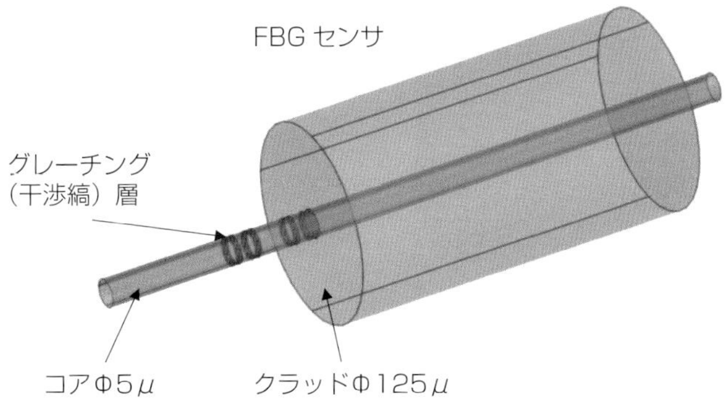

図3-3-7　光ファイバーセンサの原理

で，この間隔に応じて特定の波が反射されます．センサが伸びるとスライス間隔が変化し，反射される波長が変化することから，この変化より伸びの量がわかるという仕組みです．感度等はひずみゲージとそれほど違いはありません．光ファイバーの素線は曲げにより折れる場合があるため，ファイバー敷設は専門家が行う必要があります．

3-3-2 変位計測センサ

（1）ポテンショメータ

回転式ポテンショメータは回転軸の回転角を計測するセンサであり，直線型ポテンショメータもあります．ポテンショメータの原理は，摺動片が抵抗体端子の上をスライドすると抵抗が変化するため，回転角を電圧変化として取り出すことができます．回転角が360°を超える場合には回転軸の回転をカウントする方式が用いられます（**図3-3-8**）．この方式は光電スイッチのオンオフをカウントするためのカウンターが必要となりますが，このオンオフの回数をカウントし，積算して回転角を計算します．この方式は「ロータリーエンコーダー」と呼ばれます．回転式ポテンショメータと計測対象やセンサなどをワイヤで接続し，ワイヤの繰り出し距離から計測対象の変位や，センサ位置を計測できます．

（2）光電素子型変位計

光の照射量により抵抗値が変化する光伝導素子を用いた変位計で，照射された光のあたる部分が通電して電流が流れるため，吊橋の主塔頂部にレーザーを設置し，主塔の倒れによるレーザー光の照射位置の変化から倒れのモニタリング計測を行った事例があります．また，反射鏡によるレーザー光の軌跡から反射鏡の動きを検出し，レーザー光軸直交方向の変位をモニタリングできます．このようなレーザーの反射輝点を画像計測を組み合わせた変位計測が用いられるようになっています．

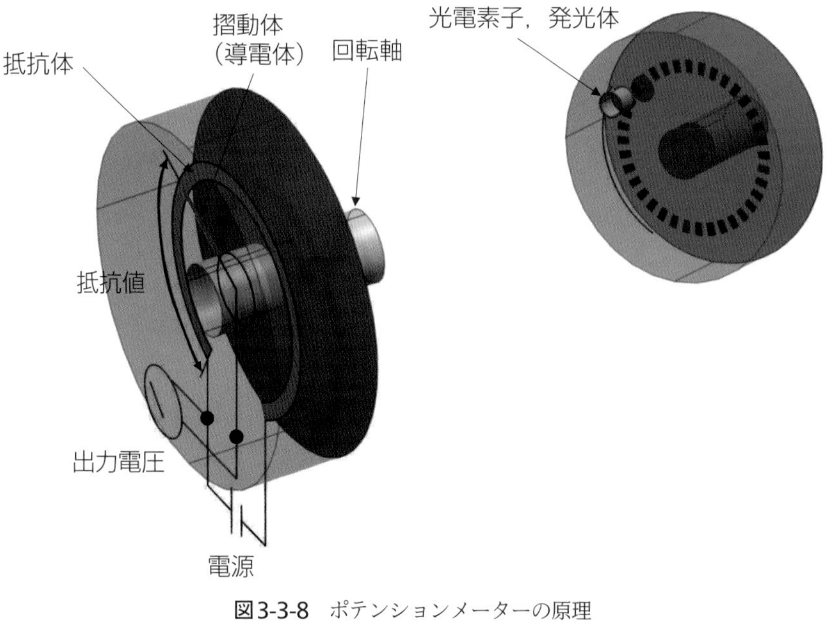

図3-3-8 ポテンショメーターの原理

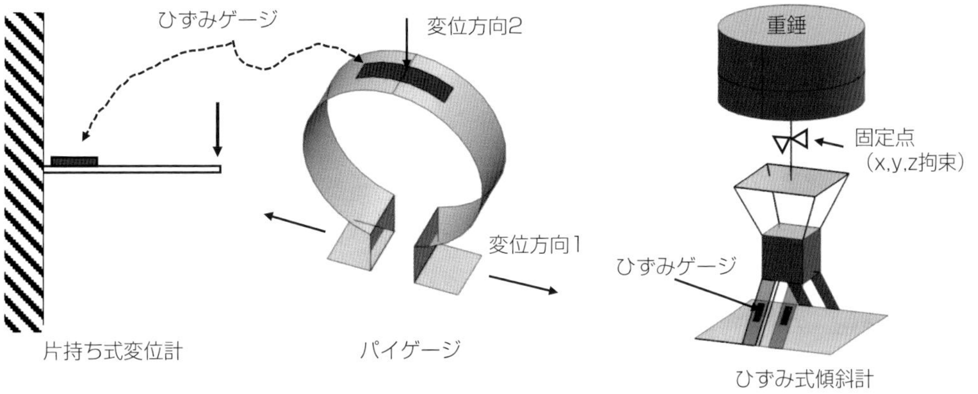

図3-3-9　ひずみ式変位計の原理

(3) ひずみ式変位計

10〜50 mm程度の変位を計測する場合には，ひずみ式変位計が多用されます．ひずみ式変位計の原理を**図3-3-9**に示します．ひずみ式変位計測の原理は，変位に伴って変形する板バネにひずみゲージを貼付し，変位と板バネの変形が線形となる関係を利用して変位を計測するものです．そのため，通常は計測前にキャリブレーション（変位とひずみの関係を調べ，換算係数を設定する作業）を行います．

3-3-3　振動センサ

表3-3-1に示した加速度計が振動のセンシングに利用されます．変位センサ，ひずみセンサ等によっても振動の検出は可能ですが，高周波数に対しては追随性の問題から加速度計が利用されます．逆に橋のたわみ振動などは数Hz，活荷重による部材の1次振動も50Hz程度以下のため，低周波に対しては加速度信号が小さくなることから橋梁のモニタリングでは高感度，低ノイズのセンサが必要となります．この観点からはサーボ型加速度計，水晶式加速度センサが優れた性能を示します．加速度計の原理を**図3-3-10**に示します．加速度センサには圧電型，サーボ型，ひずみゲージ式，半導体式があります．圧電式は水晶やロッシェル塩などの圧電素子に力を加えると電圧が生じる圧電効果を利用します．サーボ型加速度計はサーボアンプによるフィードバックループを利用して重錘のコントロールトルクを検出することで重錘にかかる加速度を検出します．ひずみゲージ式は圧電型センサの素子をひずみゲージに変えた場合に相当します．半導体式は，検出素子を半導体チップや基板に組み込んだもので，MEMS（Micro Electro Mechanical System）センサなどと呼ばれています．サーボ型加速度計は，内部に電磁誘導タイプの変位計を内蔵しており，1Hz程度の低周波も高精度に計測が可能できますが，価格が高くなります．これに対して，ひずみ式，MEMSタイプの加速度計は安価に生産できますが，振動体が小さい分，低周波の計測には向いていません．レーザードプラー振動計は，レーザー反射波の位相ズレから距離の変化を計測することで，10〜20 mの距離から200Hz程度以下の振動を計測することができます．計測原理から低い周波数に対しても高感度でノイズの少ない信号が得られます．モニタリングの目的や目標に合わせて振動センサを選

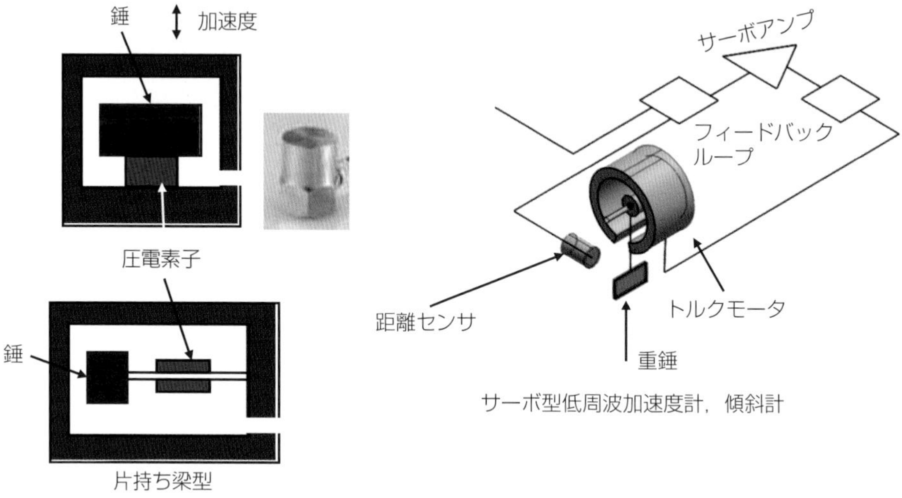

図3-3-10　加速度計の原理

定することになります.

3-4　新しい点検・モニタリング技術の開発

土木学会の2019年度〜2021年度の年次学術講演会の報告の中からモニタリングに関連する研究を選び，分類を行いました．特記すべき点は，画像や3Dセンシングのモニタリングへの適用が増加していることです．モニタリングに関連する発表タイトルを以下に示します.

（1）状態監視モニタリング

・多次元自己回帰モデルを用いた統計的損傷検知手法
・GPS 時刻同期型 MEMS センサによるモニタリング
・固有振動数健全度診断指標を用いた状態監視手法
・ウェーブレット変換を用いた構造物の損傷検知
・支点拘束小規模鋼鈑桁橋の温度変化による挙動
・変位誘起型疲労損傷原因究明のための変形可視化
・新設線区橋脚における固有振動数比較検討
・空間統計学を用いた肉厚減少量の空間分布予測

（2）危険予知，損傷検知

・局部加振法による損傷検出評価法
・たわみの影響線を利用した橋梁の劣化箇所同定
・支承の変位応答計測に基づいた橋梁の異常検知
・損傷による鉄筋コンクリート部材の減衰定数の変化
・トンネル覆工画像解析による変状抽出

・剥落危険予知のための熱画像処理システムの開発
・画像処理技術によるポットホール検出
・Deep Learningを用いた鋼構造物の素地調整時の除錆度判断に関する研究
・アクティブ近赤外線ロックイン計測による本州四国連絡橋の防食塗装膜の劣化評価
・モニタリングシステムを活用したBP-A支承の可動状況及び発生応力の測定

(3) セ ン サ

・ひずみゲージ無線化ユニット
・鋼橋監視装置の開発について
・道路附属施設物への光学振動解析技術の適用検討

(4) 画像センシング

・動画像解析による橋梁変位の推定精度向上に関する検討
・動画像解析による変位量を用いた橋梁支承部の機能評価に関する検討
・高精細画像を用いたひび割れ自動検出技術のPC箱桁内部点検への活用事例
・温度画像を活用した鉄道鋼橋における発生応力分布可視化の実証実験
・画像解析を用いたボルトのゆるみ検知手法の開発
・土木構造物点検への高解像度カメラの活用

(5) 3Dセンシング

・復元設計に着目した3D計測の利活用について
・点群データを活用したコンクリート構造物の点検
・3Dスキャニング技術を活用した点検記録作業の効率化・省力化

3-5 ま と め

構造物点検の省力化，効率化のためにモニタリングの重要性が認識されるようになってきています．しかしその現場実装は思うように進んでいないように見えます．そのひとつの理由として，モニタリングの役割が現場に理解されておらず，一部にはモニタリングが点検にとって代わるものという誤解があるようにも思えます．モニタリングと点検は２者択一という選択問題ではなく，モニタリングのひとつの役割である「状態監視モニタリング」は，人には不可能な継続的定量観察により，損傷原因，損傷メカニズムを分析し損傷の評価と診断を行うためのものです．また「異常検知モニタリング」は，即時性，無人化のメリットを生かし，初期の危険予知を行います．モニタリングはデジタル化した社会インフラの中で実用性が認識されてきた技術ですが，これからのインフラの安全のために不可欠な技術となると考えられます．

また，モニタリングのセンサ情報と構造力学を融合した「データ駆動型構造解析（Data-driven Structural Analysis）」も，今後の橋梁維持管理に重要な役割を果たすと考えます．データ駆動型構造解析は，有限要素モデルアップデート（Finite Element Model Update）とも言われ，センサ情報を再現できる構造解析モデルを構築し，現状を反映した構造解析による構造物の耐荷性能評価を目標としています.

本章を通して，モニタリングを通じた点検，維持管理マネジメントの効率化の可能性，さらには構造物の性能評価につなげるための構造工学の重要性が理解していただけたと思います.今後は，センシングや状態推定に着目した今までのモニタリングに，モニタリングの費用対効果やリスク分析を加味することでモニタリングの普及につなげる努力も必要です.

〔参 考 文 献〕

1）https://www.enecho.meti.go.jp/statistics/total_energy（閲覧日：2022年4月10日）
2）Reliability of Visual Inspection for Highway Bridges, Volume I: Final Report, FHWA（2001）
3）F. Huseynov, C. Kim, E.J. OBrien, J.M.W. Brownjohn, D. Hester, K.C Chang, Bridge Damage Detection Using Rotation Measurements-Experimental Validation, Mechanical Systems and Signal Processing, 135: 106380（2020.1）
4）橋梁のモニタリングに関する現状と展望，中日本高速技術マーケティング(株)（2016）
5）金　哲佑：橋梁点検と構造ヘルスモニタリング，橋梁と基礎，pp.46～51（2020.1）
6）和田義孝，竹安真己志：機械学習による疲労き裂進展予測，計算力学講演会講演論文集，30巻，p.27（2017）
7）モニタリング技術と融合した橋梁マネジメントに関する調査研究委員会講習会，土木学会関西支部（2018）
8）センシング情報社会基盤，土木学会（2015）
9）吉留一博，金　哲佑，五井良直，濱田吉貞，北川慎治，篠田正紀：常時微動モニタリングによる鉄道橋の洗掘評価に関する検討，土木学会第74回年次学術講演会，概要集I-122（2019.9）

第4章

これからの橋梁メンテナンス

本章では，これから技術者不足が懸念される中，現在の橋梁メンテナンスの課題を示すとともに，今後の橋梁メンテナンスを効率化・高度化するための技術と将来像を示したいと思います．

なお，これから述べる内容については，橋梁メンテナンスのすべてを網羅しているわけではなく，不足している観点が多分にあると思いますが，今後の橋梁メンテナンスを考える1つの材料としてください．

4-1　点検・診断

4-1-1　点検・診断の課題

橋梁などの重要構造物は，国が定めた定期点検要領等に準じて，5年に1回の点検を行っています．自治体（地方公共団体）においても同様です．定期点検は，近接目視により損傷を把握することが基本であり，近接できない箇所は，高所作業車や橋梁点検車を用いて近接して目視点検や打音検査を行います．

目視点検の結果は決められた様式で記録されます．記録様式は，橋梁の基本事項（諸元等），損傷図，写真台帳，総合的な所見などで構成されます．国が管理する橋梁では，損傷図や写真台帳により，損傷状況を詳細に記録しますが，自治体が管理する橋梁では，国に提出する比較的簡易な様式のみを作成したり，各自治体が定めた独自の様式で記録をしています．これらの記録を基に，対象橋梁の診断を行い，対策を検討することになります．点検および診断において，課題と思われる事項を以下に示します．

・損傷は桁下や端部が多く，近接しにくい箇所が多い
・目視点検は定性的で定量データが取得されにくい
・材料劣化と構造的な損傷が区別しにくい
・変状の進行性の有無について把握しにくい
・診断結果やその根拠が分かりにくい場合がある

4-1-2　点 検 技 術

単径間で桁下が低く，桁下や桁端部にアプローチしやすい橋梁は，近接目視点検を容易に実施することが可能です．一方，多径間で桁下が高く，河川などを跨いでいる橋梁では，桁下や桁端部にアプローチしにくく，高所作業車や橋梁点検車，ロープアクセスなどで近接しなければ，点検できない場合があります．

高所作業車を使う場合，桁下に車両を停められる広い空間が必要です．橋梁点検車の場合には，橋面を片側通行または全面通行止めを行ったうえで，橋梁点検車を設置し，ブームを桁下までまわす必要があります．ロープアクセスは特殊技術を必要とし，作業可能な人が限定されてしまいます．これらの方法は，一般的にコストや時間が必要となる場合があります．

これに対しては，ドローンによる点検が有効です．最新のドローンは，自動飛行で画像を取

得し3Dモデル化し，ひび割れ等の損傷をAIで自動抽出することが可能となっています（**図3-4-1**）.

このように，ドローンでひび割れ等の損傷を画像で記録し，損傷の位置や幅，長さを定量的に把握することが可能になれば，損傷を正確に記録するだけでなく，損傷の進行の有無を把握したり，3Dモデル化することにより，損傷と水掛かりや構造的な位置との関係が明確になり，損傷の原因を特定する際にも有効な情報となります.

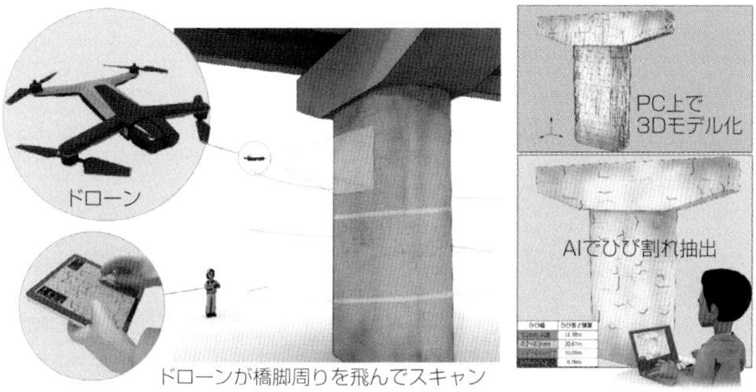

図3-4-1　ドローンによる橋梁点検効率化の例

ここで，構造工学を理解したうえで，橋梁を点検したり，その結果を解析・評価することが重要であることを示します．上部工（RCT形桁）や下部工（RC橋脚）のひび割れのうち，構造的な要因が懸念されるひび割れのパターンを**図3-4-2**に示します．このようなひび割れは，部材のどの位置に発生しているか，その方向やパターンに特徴があります．したがって，ひび割れなどの損傷を3Dモデルに示すことは，構造的な損傷を把握するうえでも有効です．さらに，今後はBIM/CIMによる3Dモデルへの損傷情報の追加や，損傷を考慮したFEM解析などによる構造性能評価への展開が期待されます.

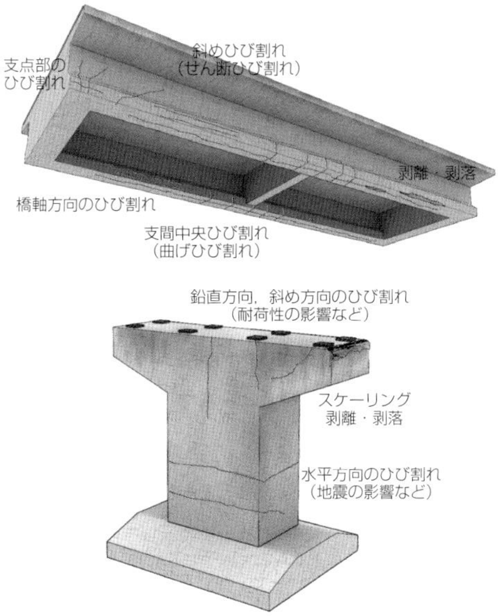

図3-4-2　RCT桁およびRC橋脚におけるひび割れの例

必要に応じてアーム形のロボットを使用することも有効です．アーム先端のカメラが対象に近接し画像を取得します（**図3-4-3**）．機種によっては，打音検査をするための装置を搭載しているものもあり，目視点検だけではなく，打音検査を併せて実施することも可能です．

このように，ドローンやアーム形のロボットなどを活用することで，点検を効率化できることを示しました．現状では，すべての橋梁に対して，点検を効率化できるわけではなく，特殊な車両や作業を必要とする場合に有効性が確認されているようです．今後は，これらの技術の効果が発揮できる条件を明確にし，色々な技術を組み合わせることにより，多くの橋梁点検が効率化・高度化されることが期待されます．

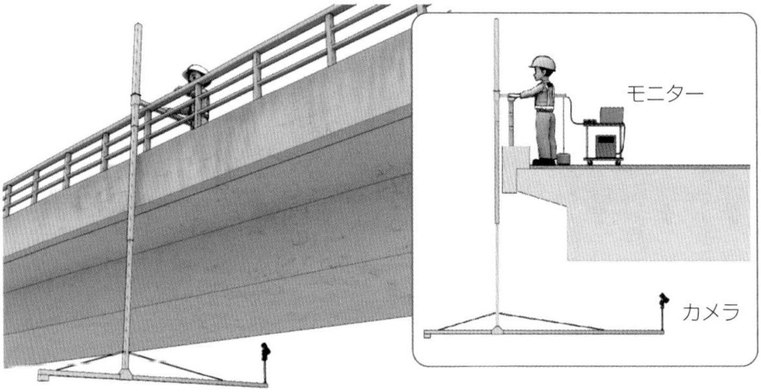

図3-4-3　アーム形ロボットによる橋梁点検の例

4-1-3　診断技術

対象橋梁において，点検結果を基に診断することになります．診断とは，構造物に生じた劣化・損傷の①原因と②損傷の程度を特定し，対策の必要性を判断する行為であると言えます．

国が管理する橋梁においては，点検業務と診断業務が個別に発注されており，点検と診断が分かれています．一方，自治体が管理する橋梁においては，点検業務に診断が含まれている場合があり，１つの業務で点検と診断を行う必要があります．

このように，点検と診断を同時に実施する場合，技術者の技量に左右されることがあり，技術者の知識と経験が重要となります．一方で，点検や診断を行う際に参考となる様々な資料がありますが，特に診断については，劣化や損傷の事例や劣化のメカニズムを説明した資料が多く見られます．しかしながら，実際の橋梁に対して，どのようなロジックで診断すべきかについて整理された資料は少ないのが現状です．具体的には，対象橋梁が置かれている環境や供用条件，設計・施工年代，初期欠陥，劣化・損傷の状態を総合的に把握して，どのような原因が対象橋梁の変状に影響を与えているのか特定し，必要な対策を提示することは，そう簡単なことではありません．

もしも，この診断結果がばらついてしまうと，橋梁の維持管理方針に影響を与えてしまいます．例えば，橋梁点検・診断を実施した年度によって，診断結果がばらついてしまった場合，多くの橋梁を管理している自治体管理者は，「要対策」と判断された橋梁群に対して，どのように優先順位を付けて対策を講じるべきか苦慮することになります．自治体の中には，点検・診断を実施した後に，担当した技術者と管理者で合同会議を開催し，診断結果をチェックしているところがありますが，技術者不足のため対象となる橋梁群に対して，点検・診断結果の妥当性を適切に判断することが難しい場合があります．

（国研）土木研究所では，予防保全に重点を置きつつ，予防保全段階およびそれよりも損傷が進んだ段階を含めて，信頼性の高い診断を実施するための支援技術を開発することを目的として，官民共同研究を実施しており，その中で熟練技術者の診断における知識や思考方法に基づいたAIを活用した支援システム（橋梁診断支援AIシステム）の開発が進められています（**写真3-4-1**，**図3-4-4**）．維持管理における診断では，具体的な説明が求められるため，エキスパートシステムを採用することで，診断のロジックを明確にしていることがこのシステムの特徴です．今後，橋梁診断支援AIシステムの現場検証等を通じて，システムが実運用され，現場実務を支援することが期待されます．

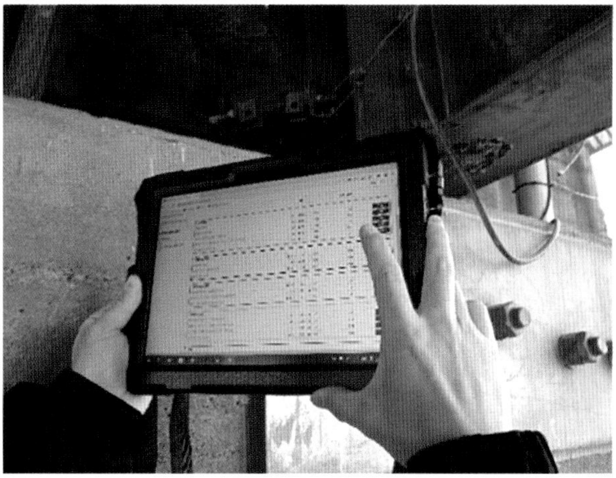

写真3-4-1　橋梁診断支援AIシステムの入力画面

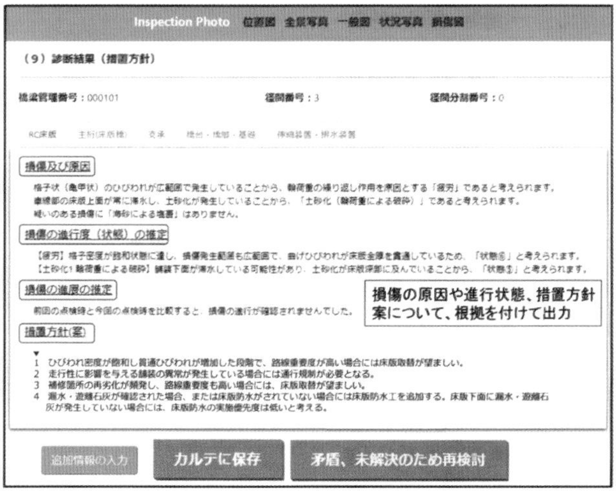

図3-4-4　診断結果出力画面の例[1)]

4-2 対　策

4-2-1　補修設計・工事の課題

補修設計では，点検で得られた損傷状態や診断による対策方針に基づいて，今後の補修・補強対策について検討します．具体的には，点検結果を基に，必要に応じて損傷を確認したり，詳細調査（非破壊検査や試料採取・分析など）を行い，損傷原因とその程度や範囲を把握し，対策工法を比較し，対策方法や範囲を決定します．

国が管理する橋梁における補修設計は，補修工事の発注資料を作成する意味合いが強く，補修図面，数量表，施工計画等を作成します．一方，自治体では，補修設計と補修工事が分けられず，補修工事に含まれる形で補修設計が行われる場合があります．

これらの補修設計・工事において，課題と思われる事項を以下に示します．

- 適切な補修・補強対策を講じるために詳細調査が必要な場合があるが，詳細調査を行う費用がなく，必要な情報が得られない場合があること
- 塩害劣化の場合，劣化因子の供給や浸透，鋼材腐食などの情報が必要となるが，対策を講じるうえで，これらの情報が十分でない場合があること
- 損傷が著しく橋梁の構造性能に影響を及ぼすことが懸念される場合，実構造物でその程度や影響を把握することが難しいこと
- 補修工事を実施した後，補修効果を把握することが難しい場合があること

4-2-2　劣化や耐荷性に関する技術

ここでは，塩害劣化を把握する技術について説明します．飛来塩分や凍結防止剤の散布により，対象橋梁に付着した塩分を把握する方法として，付着塩分のモニタリングが挙げられます．薄板モルタルやワッペン試験片を構造物表面に設置し，一定期間暴露した後に回収し分析します（**図3-4-5**）．

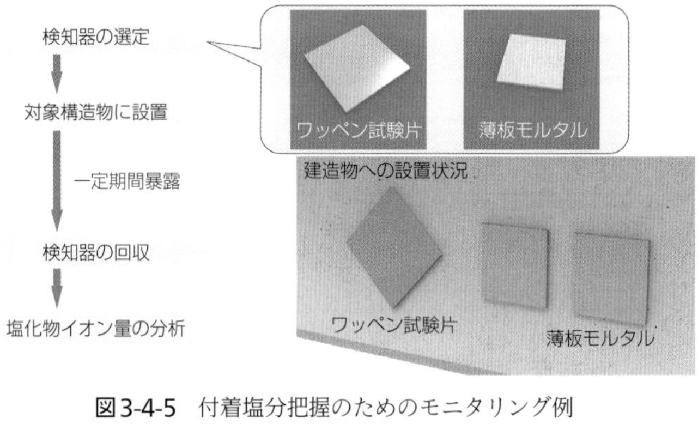

図3-4-5　付着塩分把握のためのモニタリング例

この方法で，ワッペン試験片の腐食減耗量を確認したり，表面に付着した塩分を測定することにより，構造物の表面塩分量を把握することが可能です．また，対象橋梁に複数設置するこ

とで，橋梁全体の中で，塩害を受けやすい箇所（弱点）や塩害劣化を代表する箇所を抽出することができ，詳細調査を実施すべき位置や対策範囲の特定に役立てることが可能となります．

塩分がコンクリート中に浸透し，内部の鋼材が腐食することで劣化が顕著となりますが，劣化の初期段階を目視で把握することが難しく，腐食ひび割れが表面に現れたときに目視点検で塩害劣化を把握できることになります．言い換えれば，定期点検では，腐食ひび割れが生じるまで塩害劣化を発見することが難しいと言えます．

そこで，かぶりコンクリート部分における塩分などの劣化因子の浸透状況や，コンクリート中の鋼材の腐食状況をモニタリングすることにより，塩害劣化の初期段階を把握し，有効な対策に役立てることが可能です（**図3-4-6**）．

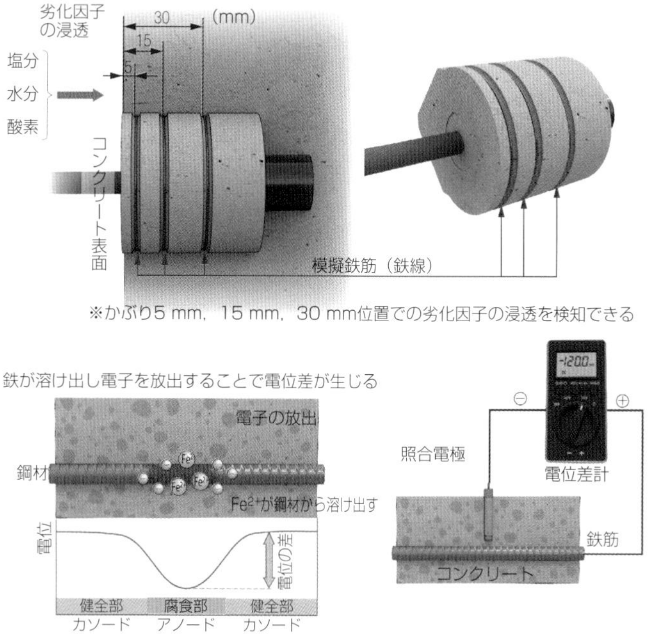

図3-4-6　かぶり部の劣化や鋼材腐食のモニタリング例

損傷が顕著で，構造的な影響が懸念される場合，ひび割れの状況や鋼材の損傷程度を把握することに加えて，上部工の耐荷性にかかわる情報を得ることが重要となります．

例えば，対象橋梁に荷重車を走行させ，振動やたわみなどの値や変化を計測することにより，供用時における橋梁の挙動や状態を把握し，設計計算結果や数値解析結果と比較して，耐荷性の評価を行うことも重要だと考えられます．

図3-4-7には，橋梁のたわみを計測する方法のイメージを示しています．桁下直下から直接測定する方法，加速度を用いて把握する方法，画像を取得しこの画像の変化から把握する方法など様々な方法があります．各手法のそれぞれで，適用条件が異なりますので，各手法の特徴を考慮して活用することが必要となります．

損傷が進行し，供用を一部制限して監視を行う必要がある場合，下部工の洗掘などで監視が必要な場合に，桁端部の開きや段差などの変位に着目し，桁端部の異常を検知するモニタリングを活用することが可能です．

管理事務所から遠くに橋梁が点在しており，巡視などの日常パトロールの実施が難しい場合には，遠隔で監視することが可能です．もしも，桁端部に異常が生じた場合には，LED警告灯を点灯させて利用者に知らせるほか，管理者にメールで異常を通知したり，現在の状態をWebで確認することも可能です（**図3-4-8**）．

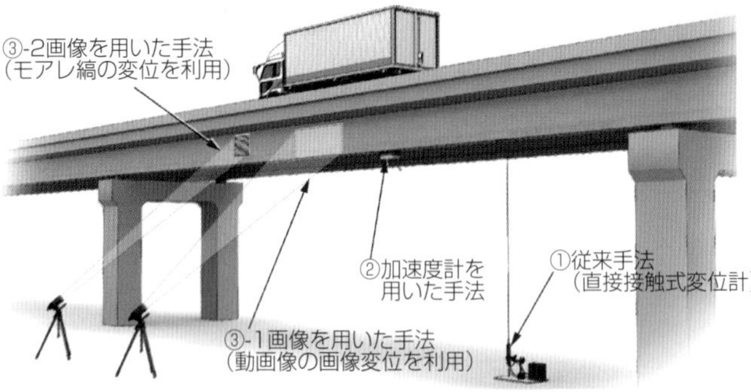

図3-4-7　実橋でのたわみ計測イメージ

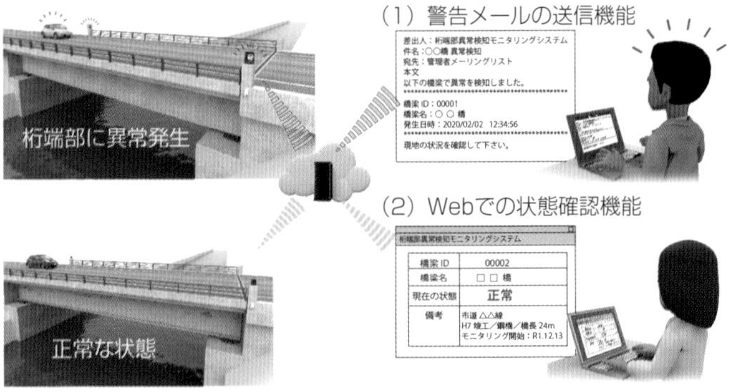

図3-4-8　桁端部異常検知モニタリングの例

4-2-3　塩害補修の再劣化を把握する技術の紹介

塩害劣化の補修工法として，断面修復工法が用いられることが多くありますが，補修していない箇所の残存塩分の影響により，既設コンクリートと断面修復部の境界付近でマクロセル腐食による再劣化が生じることがあります（**図3-4-9**）．そこで，既設コンクリートと断面修復部の境界付近にセンサを設置し，マクロセル腐食の状況を把握することが可能です（**図3-4-10**）．このことにより，塩害補修効果に関する情報が得られ，再劣化防止対策に役立てることが期待されます．

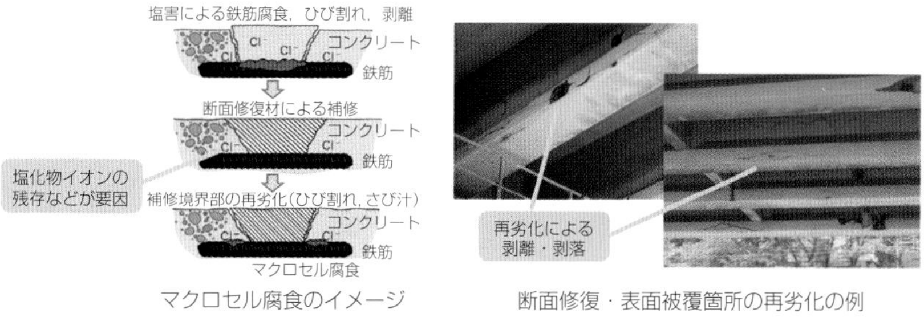

図3-4-9　マクロセル腐食と塩害再劣化の例[2)]

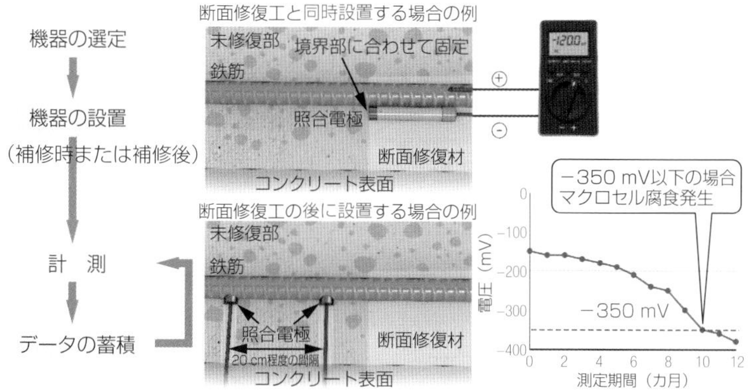

図3-4-10　塩害補修効果のモニタリングの例

4-3　記録・活用

（1）メンテナンスの記録・活用の課題

橋梁の設計，施工，維持管理の各段階で記録が行われます．これらの記録が橋梁ごとに整理，紐づけされ，必要に応じてこれらの情報を確認・活用することが求められますが，必ずしもこれらの情報が蓄積・整理されておらず，十分活用されていない場合があります．

（2）橋梁データベース構築と活用方法

管理者によっては，10年を超える古い設計図書や施工記録がほとんど残っていない場合や，図面や施工記録などの紙資料は5年を経過すると廃棄されることがあります．

また，橋梁の一覧表はありますが，そこから具体な資料にたどり着けない場合や，対象橋梁の設計図書や工事記録，補修記録などが残っていない場合があります．そこで，**図3-4-11**のように橋梁ごとに設計，施工，点検，補修履歴が整理され，詳細情報を確認できるシステム化が望まれます．これらの情報を一元化した管理・共有が重要です．

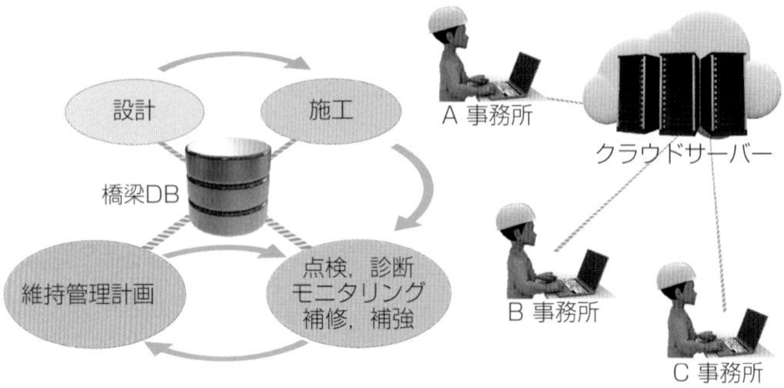

図3-4-11　橋梁データベースの例

4-4　橋梁群のメンテナンス・マネジメント

（1）橋梁群のメンテナンス・マネジメントに関する課題

橋梁をメンテナンスする場合，個別に対応することも必要ですが，管理する橋梁群に対し，優先順位を付けて，限られた人的資源や予算の中で，効果的にメンテナンスし，サービスレベルを維持することも重要です．

そのためには，多くの橋梁の点検や補修に関する記録を整理し，これらの供用環境や条件，重要度などを考慮したうえで，維持管理計画等に反映させる必要があります．そのために必要な課題を以下に示します．

・橋梁環境，構造形式，損傷データを分類・整理し，劣化進行の傾向を把握し，維持管理に役立てる
・補修工法と再劣化状況を整理し，効果的な補修工法や効果が発揮される期間などを把握する
・地域のネットワークや交通条件などを考慮し，橋梁が老朽化や補修工事で通行止めになった場合の影響を把握し，対策の優先順位に反映する
・上記取組みを地域住民に説明し，インフラメンテナンスの必要性を理解してもらう

（2）橋梁データベースの活用や橋梁重要度の検討例

点検結果は，ある程度のばらつきを有していますが，これらの点検データを群としてとらえると，劣化の傾向を把握することが可能です（**図3-4-12**）．自治体ごとで，この傾向は異なりますが，橋種などの種別ごとの健全度の低下モデルを作成すれば，将来の橋梁健全度の推計が可能となります（**図3-4-13**）．これに橋梁ごとの重要度に応じた補修のシナリオや補修費用をインプットすれば将来の予算予測が可能となります．

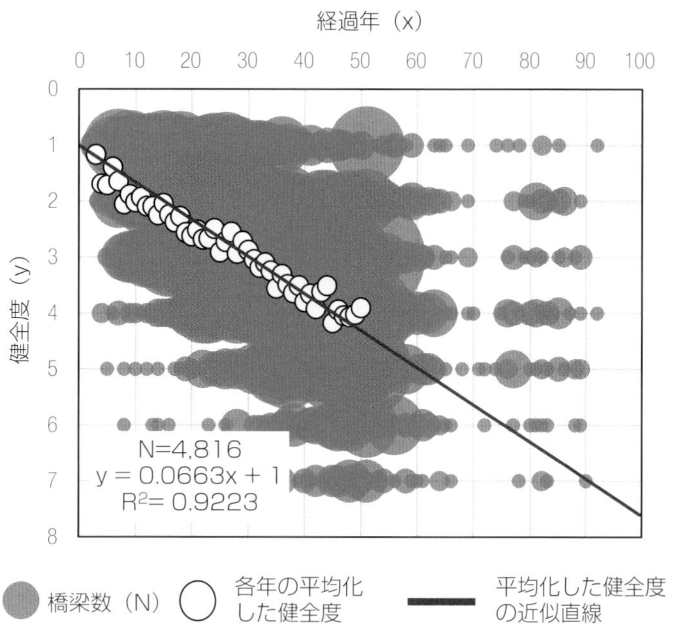

図3-4-12　新潟県市町村橋梁劣化度の整理例[3)]

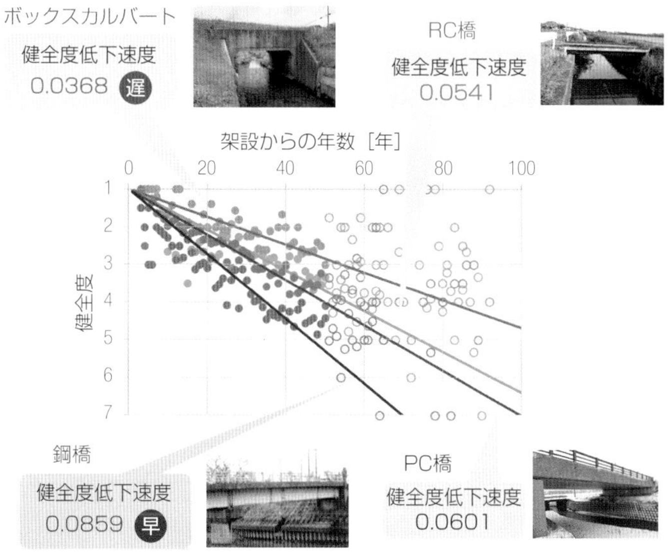

図3-4-13　橋種別の劣化度の整理例[3)]

自治体において，橋梁の位置データと道路ネットワークデータを用いて，橋梁通行止め時の迂回路計算を行った事例を示します．橋梁の中で，利用度は低いものの，損傷などで橋梁が通行止めになった際，迂回路が長く，近々の利用者の生活への影響が大きい橋梁があります．このような迂回路距離が長い橋梁については，管理レベルを引き上げてメンテナンスすることが可能です．

また，地方自治体では，人口減少で橋梁の利用者が減ることが分かっている中で，橋梁の老朽化が進み，補修が必要となり，さらに税収が減ることも予想されるので，将来予測に基づいた補修優先順位や廃橋，橋梁集約を計画することが必要になってきます．そこで，橋梁健全度と人口推計データを活用することで，人口減少を考慮した維持管理シナリオ作成が可能となります．**図3-4-14**に橋梁の迂回路計算の例（左）と，橋梁健全度と人口将来予測の例（右）を示します．

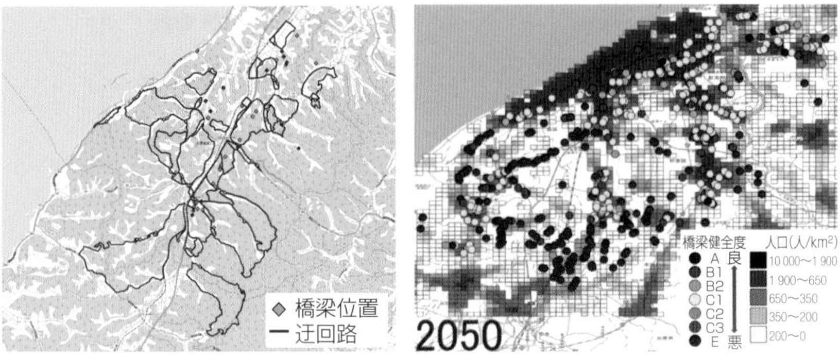

図3-4-14　橋梁迂回路計算と健全度人口将来予測の例[3)]

4-5　橋梁メンテナンスの理想形の例

（1）設計・施工の効率化と維持管理への連携

国土交通省では，i-Constructionの取組みとして，設計・施工の更なる効率化を図り，維持管理への連携を進めています．**図3-4-15**にそのイメージを示します．

設計段階ではBIM/CIMにより構造物の設計が3D化されます．この3D設計データを基に工事が発注されます．その後，施工者は3D測量データと3D設計データによる施工計画を作成します．施工段階では，ICT 建設機械により施工が効率化され，3Dデータを用いた施工管理が行われます．さらに3Dデータを活用した検査の省力化が図られ，これら一連の3Dデータは維持管理へ活用されます．

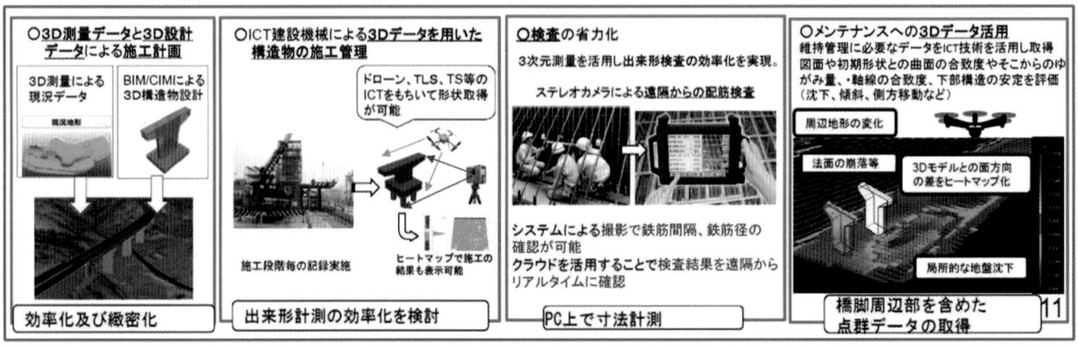

図3-4-15　設計・施工の効率化と維持管理への連携のイメージ
出典：国土交通省，i-Construction 推進コンソーシアム第6回企画委員会資料-4，2020年8月4日

（2）首都高速道路の先進的な事例

橋梁等のインフラ維持管理の先進的な事例を紹介します．首都高速道路では，スマートインフラマネジメントシステム（*i*-DREAMs®）を2017年から運用しています．これは，インフラの効率的な維持管理をトータルに支援・実現するシステムです．具体にはIoT等を活用して取得したデータをGISプラットフォームに統合・蓄積し,時系列等の総合的な分析により，管理状況を見える化しています．さらに，高度なデジタルツインやビッグデータ×AIを用いた高精度な予測等，インフラマネジメントの効率化・高度化にも取り組んでいます（**図3-4-16**）．

図3-4-16　首都高速道路の*i*-DREAMs® 4)

（3）橋梁メンテナンスの将来像

最後に，橋梁メンテナンスの将来像を**図3-4-17**に示します．これはイメージ図ですが，図中の技術ですでに具体化されているものもあります．それぞれの技術を上手く組み合わせることによって，情報が蓄積・共有され，継続的に橋梁メンテナンスに活かされる仕組みや運用形態が必要であると考えます．今後，橋梁メンテナンスがさらに効率化・高度化され，国民の安心・安全で豊かな生活を支えるインフラであり続けることが望まれます．

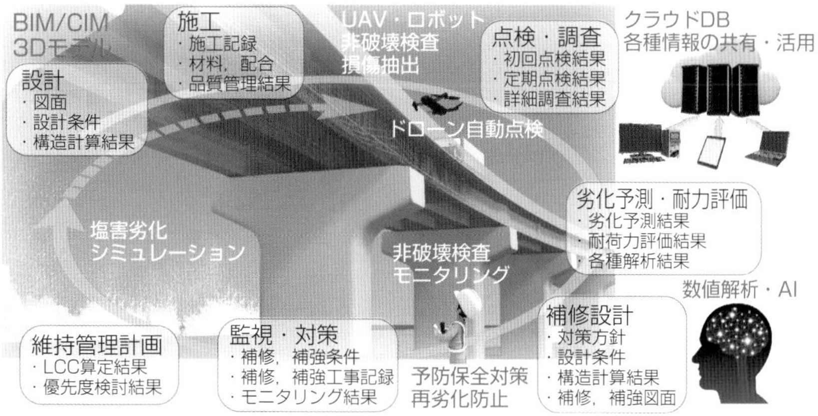

図3-4-17　橋梁メンテナンスの将来像

〔参 考 文 献〕

1）澤田　守，江口康平，石田雅博：道路橋の予防保全に向けた総合診断と診断AIシステムの研究開発，土木技術資料63-1, pp. 8～10（2021）
2）土木研究所，モニタリングシステム技術研究組合：土木構造物のためのモニタリングシステム活用ガイドライン(案)，土木研究所資料4408号，pp. 638～639（2020）
3）長井宏平：地方公共団体の橋梁維持管理へのICT活用の可能性，プレストレストコンクリート，Vol. 61, No. 6, pp. 10～15（2019）
4）首都高速道路：スマートインフラマネジメントシステム ***i*-DREAMs®**，https://www.shutoko.co.jp/efforts/safety/idreams/（2022年4月閲覧）

あとがき

橋梁のメンテナンスには点検，診断，補修の各フェーズがありますが，いずれのフェーズにおいても構造工学の知識が必要となることは言うまでもありません．また，この知識を有効に活用できる必要があります．近年では，ドローンやAIに代表される技術の進化により，点検，診断の効率化が図られています．しかし，これらはあくまでも支援ツールであり，最終的な判断は技術者自身が下す必要があります．点検や診断に関する技術の発展には目をみはるものがありますが，橋梁メンテナンスに関わる技術者自身の技術力の向上も決しておろそかにはできません．橋梁メンテナンスに携わる者として，知るべきことは多岐にわたります．

５年ごとの橋梁点検も２巡目となり，いろいろな課題も明らかになっています．その中の一つは点検に必要な予算が十分確保できないことではないでしょうか．このため橋梁管理者によっては，自前の技術者による職員点検が実施されているようです．また，建設コンサルタントをはじめとする企業による点検結果に対して十分な判断をするためにも，管理者の技術力が問われます．橋梁メンテナンスのためには官民を問わず，技術という土俵の上で対等な議論ができる土壌の醸成が欠かせません．これにより橋梁利用者に安心と安全を提供できるのではないでしょうか．

本書「橋梁メンテナンスのための構造工学【実践編】」は令和元年に刊行された前書「橋梁メンテナンスのための構造工学入門」の続編となります．前書では橋梁メンテナンスにおいて，初級技術者が身に着けるべき構造工学の知識を明示し，その修得が容易となる内容とすることを主眼としました．一方本書では，橋梁メンテナンスの実務において遭遇する場面が多く想定される損傷のメカニズムと補修・補強に重きを置いています．また，これらの損傷の発生要因となる作用に関しても説明を加えました．さらに，橋梁の健全性を評価するツールとなりうる有限要素法，動的解析，センシング・モニタリングについても述べています．前書は発刊依頼多くの技術者，管理者にご利用いただいており，実践編となる本書も橋梁の維持管理に大いに役立つものと考えております．

末筆ながら，本書の企画・執筆・編集にご尽力いただいた土木学会構造工学委員会「メンテナンス技術者のための実用教本作成小委員会（本間淳史委員長）」の委員ならびに（株）建設図書の皆様に深く感謝いたします．

メンテナンス技術者のための教本作成小委員会
委員　麻生稔彦

索　引

あ行

か行

さ行

た行

な行

は行

ま行

や行

ら行

わ行

これだけは知っておきたい
橋梁メンテナンスのための構造工学入門（実践編）

令和５年５月１日

編　者　公益社団法人 土木学会 構造工学委員会
　　　　メンテナンス技術者のための教本開発研究小委員会

発行者　高橋　一彦

発行所　株式会社 建設図書

〒101-0021　東京都千代田区外神田2-2-17
TEL：03-3255-6684／FAX：03-3253-7967
http://www.kensetutosho.com/

カバー写真撮影：写真家　山崎エリナ
カバー写真撮影協力：東日本高速道路株式会社
　　　　　　　　　　三井住友建設(株)・ドーピー建設工業(株)特定JV
製　作：株式会社キャスティング・エー

ISBN978-4-87459-001-0　　23053000　　Printed in Japan